Mein Weg in den Beruf

Duden

Mein Weg in den Beruf

Der umfassende Bewerbungsguide für Hochschulabsolventen

Von Judith Engst und Hans-Georg Willmann
in Zusammenarbeit mit der Dudenredaktion

Dudenverlag
Berlin

Die Duden-Sprachberatung beantwortet Ihre Fragen zu Rechtschreibung, Zeichensetzung, Grammatik u. Ä. montags bis freitags zwischen 09:00 und 17:00 Uhr.
Aus Deutschland: 09001 870098 (1,99 € pro Minute aus dem Festnetz)
Aus Österreich: 0900 844144 (1,80 € pro Minute aus dem Festnetz)
Aus der Schweiz: 0900 383360 (3,13 CHF pro Minute aus dem Festnetz)
Die Tarife für Anrufe aus den Mobilfunknetzen können davon abweichen.
Den kostenlosen Newsletter der Duden-Sprachberatung können Sie unter www.duden.de/newsletter abonnieren.

Bibliografische Information der Deutschen Nationalbibliothek
Die Deutsche Nationalbibliothek verzeichnet diese Publikation in der Deutschen Nationalbibliografie; detaillierte bibliografische Daten sind im Internet über http://dnb.dnb.de abrufbar.

Es wurde größte Sorgfalt darauf verwendet, dass die in diesem Werk gemachten Angaben korrekt sind und dem derzeitigen Wissensstand entsprechen. Für dennoch wider Erwarten im Werk auftretende Fehler übernehmen Autoren, Redaktion und Verlag keine Verantwortung und keine daraus folgende oder sonstige Haftung. Dasselbe gilt für spätere Änderungen in Gesetzgebung oder Rechtsprechung. Das Werk ersetzt nicht die professionelle Beratung und Hilfe in konkreten Fällen.

Das Wort **Duden** ist für den Verlag Bibliographisches Institut GmbH als Marke geschützt.

Für die Inhalte der im Buch genannten Internetlinks, deren Verknüpfungen zu anderen Internetangeboten und Änderungen der Internetadresse übernimmt der Verlag keine Verantwortung und macht sich diese Inhalte nicht zu eigen. Ein Anspruch auf Nennung besteht nicht.

© Duden 2017   D C B A
Bibliographisches Institut GmbH, Mecklenburgische Straße 53, 14197 Berlin

Redaktionelle Leitung Juliane von Laffert
Redaktion Dr. Hildegard Hogen
Text Judith Engst, Barbara Kettl-Römer, Hans-Georg Willmann
Interviews und Erfahrungsberichte Christina Bachmann

Herstellung Maike Häßler
Layout Magdalene Krumbeck, Wuppertal
Umschlaggestaltung Magdalene Krumbeck, Wuppertal
Umschlagabbildung Schuhe © shutterstock, fashionall (/gallery-1394992p1.html)
Satz Britta Dieterle, Berlin
Druck und Bindung AZ Druck und Datentechnik GmbH, Heisinger Straße 16, 87437 Kempten

Printed in Germany

ISBN 978-3-411-75452-6
Auch als E-Book erhältlich unter: ISBN 978-3-411-91235-3
www.duden.de

INHALT

Alle Musterdokumente aus diesem Buch können Sie kostenlos herunterladen und ganz einfach selbst bearbeiten.

So gehts:
- Besuchen Sie https://duden.de/download-Bewerbungsguide
- Registrieren Sie sich einmalig als Kunde.
- Laden Sie die Dateien einfach auf Ihren Computer.

Fertig!
Klingt ganz einfach, ist es auch.

HERZLICHEN GLÜCKWUNSCH!

Das Ende Ihres Studiums rückt in greifbare Nähe. Vielleicht haben Sie Ihren Hochschulabschluss auch schon in der Tasche und planen nun, ins Berufsleben einzusteigen. Die große weite Berufswelt liegt vor Ihnen. Aber welcher Weg führt dahin, und welche Schritte sind nötig? Dieses Buch ist für alle Hochschulabsolventen und -absolventinnen geschrieben, die nach ihrem Studium direkt ins Berufsleben einsteigen wollen. Es steht also kein längerer Auslandsaufenthalt an und auch kein Freiwilliges Soziales Jahr. Auf den folgenden Seiten finden Sie eine Wegbeschreibung und viele konkrete Hinweise, Tipps und Anregungen, wie Sie den bevorstehenden Übergang von der Hochschule in den Beruf erfolgreich meistern – ohne dabei viel Zeit zu verlieren, gute Chancen zu vergeben oder aufs falsche Pferd zu setzen.

In Erfahrungsberichten von Hochschulabsolventen finden Sie Beispiele dafür, was funktioniert und was nicht. Außerdem kommen Experten aus der Arbeitswelt zu Wort. Lernen Sie so auch die andere Seite kennen, und erfahren Sie, worauf es denen besonders ankommt, die Sie einstellen wollen. Freuen Sie sich also auf acht prall gefüllte Kapitel.

Verschaffen Sie sich im Kapitel »Erste Schritte« einen Überblick, wie Sie Ihr Vorgehen systematisch planen und umsetzen, damit Sie am Ende auch wirklich das bekommen, was Sie haben wollen. Dann geht es auch schon ganz praktisch los. Im Kapitel »Die Stellensuche« lesen Sie, wo und wie Sie die besten Stellenangebote aufspüren. Sobald Sie Ihre Fähigkeiten und Karriereziele identifiziert haben, geht es in Aktion.

Wie sehen erfolgreiche Bewerbungsunterlagen aus? Das erfahren Sie im Kapitel »Erfolgreich bewerben«. Nutzen Sie die konkreten Tipps, um sich mit Ihrem Anschreiben und Ihrem Lebenslauf von anderen Bewerbern und Bewerberinnen abzuheben. Besonders Absolventen und Absolventinnen der geistes- und sozialwissenschaftlichen Studiengänge konkurrieren um wenige Stellen. Sie müssen wissen, wie sie sich erfolgreich positionieren. Aber auch Absolventen der Wirtschaftswissenschaften und der gefragten

MINT-Fächer brauchen überzeugende Bewerbungsunterlagen, um bei ihrem Traumarbeitgeber zu landen.

Selbst wenn Sie im Bewerbungsprozess nach allen Regeln der Kunst vorgehen, Absagen werden kaum ausbleiben. Im Kapitel »Mit Absagen umgehen« lernen Sie nicht nur, wie Sie den Frust vermeiden, sondern auch, wie Sie nach einer Absage doch noch im Rennen bleiben können.

Und dann kommt sie: die Einladung zum Vorstellungstermin. Im fünften Kapitel »Das Vorstellungsgespräch« finden Sie die wichtigsten Dos und Don'ts für das erste Zusammentreffen mit Ihrem potenziellen Arbeitgeber. Dieser vorläufige Höhepunkt im Bewerbungsprozess sorgt erfahrungsgemäß bei vielen Berufs-einsteigern für Aufregung. Das ist ganz normal. Und es ist gut, sich darauf gründlich vorzubereiten.

Das gilt vor allem dann, wenn vor dem Vorstellungsgespräch oder währenddessen Tests angekündigt werden. Im Kapitel »Einstel-lungstests« erfahren Sie Einzelheiten über die gängigsten Tests, wie Sie sich darauf am besten vorbereiten und was Sie bei der Durchführung beachten sollten.

Haben Sie mit Ihrer Selbstpräsentation im Gespräch überzeugt, erhalten Sie die Zusage. Aber wollen Sie den Job überhaupt? Vielleicht haben Sie ja noch etwas Besseres in Aussicht. Viele Berufseinsteiger fühlen sich mit der Entscheidung für oder gegen ein Angebot unsicher. Im Kapitel »Die Zusage« finden Sie hilfrei-che Tipps dafür, wie Sie professionell auf eine Zusage reagieren, und wie Sie Ihre Entscheidung dafür oder dagegen absichern können.

Plötzlich ist er dann da: der erste Arbeitstag im neuen Job. Jetzt gibt es viele Dinge zu beachten, die Ihnen das Leben leichter machen können. Welche Punkte das sind und wie Sie sich auf Ihre ersten Arbeitswochen gut vorbereiten, das lesen Sie im letzten Kapitel »Der neue Job«.

Willkommen in der Berufswelt!

Hans-Georg Willmann und das Duden-Redaktionsteam

Erste Schritte

Wie geht es weiter nach dem Studium? Trainee oder Direkteinstieg, Laufbahnstelle, Volontariat oder Praktikum – was ist besser für die Karriere? Welche bürokratischen Dinge sind unbedingt zu beachten? Und was macht man, wenn es mit dem Berufseinstieg erst einmal nicht klappt? Wer nach dem Abschluss direkt ins Berufsleben einsteigen will, hat viele Fragen. Im ersten Kapitel finden Sie die Antworten.

Hochschule abgeschlossen. Abschlussfeier vorbei. Wie geht es jetzt weiter? Laut Studien des Statistischen Bundesamtes schließen in Deutschland jedes Jahr etwa 400 000 junge Menschen die Hochschule ab; in Österreich und in der Schweiz sind es jeweils gut 50 000. Nicht alle wissen, wie es dann weitergehen soll.

Haben Sie sich schon Gedanken darüber gemacht, wo und wie Sie ins Berufsleben starten wollen? Wer sofort arbeiten will, sollte schon vor dem Abschluss mit dem Planen beginnen – wenn es der Prüfungsstress irgendwie erlaubt. Dabei gilt es, einen ganzen Berg an Aufgaben abzuarbeiten: sich orientieren, Stellen suchen, Bewerbungen schreiben, sich präsentieren, sich entscheiden, in den Beruf einsteigen und sich dort bewähren.

Gehen Sie systematisch vor. Nutzen Sie dazu diesen umfassenden Bewerbungsguide, der Ihnen einen Überblick über die einzelnen Schritte vermittelt und Sie zügig zu Ihrer ersten, genau für Sie passenden Arbeitsstelle führt.

> Haben Sie sich schon Gedanken darüber gemacht, wo und wie Sie ins Berufsleben starten wollen?

DEN ÜBERGANG GESTALTEN

> Mit dem Ende des Studierendendaseins und mit der Exmatrikulation ändert sich vieles.

Das Hochschulabschlusszeugnis in der Hand und rein in den Bewerbungsmarathon? Da wird schnell vergessen, dass es mit der Statusänderung auch wichtige organisatorische Dinge zu regeln gilt. Denn mit dem Ende des Studierendendaseins und mit der Exmatrikulation ändert sich vieles. Vergünstigungen laufen aus, wie zum Beispiel die Studierenden- oder Familienkrankenversicherung, und die monatlichen BAFöG- oder elterlichen Unterhaltszahlungen enden.

Nicht jeder hat das Glück, bereits in der Abschlussphase des Studiums zu wissen, wie es weitergehen wird. Und nur wenige bekommen mit der ersten Bewerbung gleich einen gut bezahlten Arbeitsplatz. Laut Statistik der Bundesagentur für Arbeit brauchen 20 Prozent der Hochschulabsolventen und -absolventinnen sechs Monate, bis sie die erste Stelle finden, 15 Prozent zwölf Monate, und zwölf Prozent brauchen länger als ein Jahr. Sehr ähnlich ist die Situation in Österreich und in der Schweiz.

In der Übergangsphase von der Hochschule zum Beruf kann es sinnvoll sein, sich bei der Agentur für Arbeit arbeitssuchend zu melden. Denn wer über wenig oder gar kein Vermögen verfügt, keinen existenzsichernden Nebenjob hat und auch nicht durch die Eltern finanziert wird, kann Arbeitslosengeld II beantragen. Dafür zuständig sind entweder die Arbeitsgemeinschaften (ARGE) von Kommune und Bundesagentur (Jobcenter) oder die Kommunen selbst. Ein Anruf oder ein Besuch bei der zuständigen Agentur für Arbeit lohnt sich.

Grundsätzlich haben Hochschulabsolventen in Deutschland Anspruch auf den Regelsatz plus Miete, Heiz- und Nebenkosten sowie den Beitrag zur gesetzlichen Kranken- und Pflegeversicherung. Das ist nicht unerheblich und kann durchaus entlasten. Eine Antragsfrist gibt es nicht. Aber je früher Sie sich melden, desto früher können Sie Geld bekommen. So ein Antrag kostet Zeit.

Prüfen Sie, ob es für Sie sinnvoll ist, dass Sie sich arbeitssuchend melden.

Den richtigen Versicherungsschutz wählen

Nach dem Studienabschluss ändert sich auch der Versicherungsschutz, besonders bei der Krankenversicherung. Wer bislang über die Familienversicherung seiner Eltern mitversichert war, muss sich jetzt selbst versichern. Wer während des Studiums in einer studentischen Krankenversicherung versichert war, braucht jetzt eine neue Versicherung.

Nach dem Studienabschluss ändert sich der Versicherungsschutz.

Welche das sind, wird durch den Weg bestimmt, den Sie nach dem Studium einschlagen. Für Angestellte gelten andere Regeln als für Beamte oder für Selbstständige. Informieren Sie sich bei einer Krankenkasse Ihrer Wahl oder bei der Verbraucherzentrale, wenn Sie zunächst eine unabhängige Auskunft wünschen. Für den Fall einer vorübergehenden Arbeitslosigkeit bieten manche Krankenkassen auch einen vergünstigten Tarif an. Und wer Arbeitslosengeld II bezieht, ist automatisch über die Arbeitsagentur krankenversichert.

Unabdingbar ist eine Privathaftpflichtversicherung: Sie kommt für Sach- und Personenschäden Dritter auf, die Sie verschuldet haben und für die Sie nach dem Gesetz haften.

Sie sollten auch über eine Berufsunfähigkeitsversicherung nachdenken, die das Risiko der Berufsunfähigkeit absichert. Überlegen

Sie auch, ob Sie eine Rechtsschutzversicherung abschließen, die im Streitfall die Rechtsanwalts- und gegebenenfalls auch die Gerichtskosten übernimmt. Denkbar ist auch eine Kombination aus Berufs-, Verkehrs- und Mietrechtsschutzversicherung. Selbstverständlich geht es nicht darum, sich mit dem Arbeitgeber oder dem Vermieter vor Gericht zu streiten, aber das (Berufs-)Leben im 21. Jahrhundert ist schnell und wild, und im Zweifelsfall ist man froh darüber, einen Rechtsanwalt fragen zu können, ob zum Beispiel ein Arbeitsvertrag oder ein Arbeitszeugnis in Ordnung oder eine Klausel im Mietvertrag zulässig ist.

Es gibt eine Menge weiterer Versicherungen, und Versicherungsagenturen sehen Hochschulabsolventen als wichtige Zielgruppe. Beachten Sie aber, dass die meisten Versicherungen für Berufseinsteiger nicht sinnvoll sind. Eine unabhängige Beratung lohnt sich! Dabei sollten Sie erfahren, wie Sie sich angemessen versichern – so, dass die großen Risiken abgesichert sind, Sie aber keine unnötigen Versicherungen zahlen.

Eine unabhängige Beratung lohnt sich!

Checkliste

Nach dem Abschluss

- ◯ Exmatrikulation von der Hochschule beantragen.
- ◯ Arbeitssuchend melden und Arbeitslosengeld II beantragen?
- ◯ Neue Krankenversicherung abschließen?
- ◯ Privathaftpflicht versichern!
- ◯ Berufsunfähigkeitsversicherung abschließen?
- ◯ Rechtsschutzversicherung abschließen?

Beruflich orientieren

Wie konkret wissen Sie bereits, in welchen Bereichen Sie tätig werden möchten und welche Arbeitgeber für Sie in Frage kommen? Und welche Ansprüche stellen Sie generell an Ihre künftige Arbeit? Wenn Sie noch unsicher sind, können Jobmessen (Karrieremessen) helfen, einen Überblick über Berufsfelder und Arbeitgeber zu gewinnen.

Nutzen Sie auch die Veranstaltungen der Hochschulteams der deutschen Bundesagentur für Arbeit bzw. des österreichischen Career Services Austria oder der Career Center der Hochschulen der Schweiz. Sie bieten in vielen Städten Veranstaltungen zum Übergang von der Hochschule in den Beruf an sowie Einzelgespräche zur Karriereplanung und Bewerbungs-Checks.

Nutzen Sie auch die Veranstaltungen der Hochschulteams!

Sobald Sie eine ungefähre Vorstellung von den Jobs haben, auf die Sie sich bewerben wollen, geht es an die Stellensuche und in den Bewerbungsmarathon.

Doch viele Hochschulabsolventen haben noch kein Berufsbild vor Augen und wissen noch zu wenig, wie der Arbeitsalltag in den verschiedenen Berufsfeldern aussieht. Vor allem Geistes- und Sozialwissenschaftlern, aber auch Juristen, Wirtschaftswissenschaftlern und Physikern bietet sich nach dem Studium ein sehr breites Spektrum an beruflichen Einstiegspositionen und Aufgabenfeldern.

Führen Sie sich zunächst vor Augen, welche Einstiegsmöglichkeiten es gibt, und klären Sie, welche für Sie am ehesten in Frage kommen:

Klären Sie, welche Einstiegsmöglichkeiten für Sie am ehesten in Frage kommen!

- **Praktikum:** Viele Geisteswissenschaftler nutzen Praktika zur Orientierung und Vorbereitung auf das Berufsleben, z. B. im Non-Profit-Bereich und in der Werbebranche.
- **Traineeprogramm/Nachwuchskräfteprogramm:** Mittlerweile für Absolventen aller Studienfächer interessant. Meist bei größeren Mittelständlern und Konzernen zu finden, z. B. das Juniorenprogramm von Villeroy & Boch oder das Traineeprogramm der Deutschen Bahn.
- **Volontariat:** Eher für Geisteswissenschaftler gedacht und oft im Medienbereich, beim Fernsehen oder Rundfunk, bei Print- und Onlinemedien, z. B. bei Medienkonzernen oder bei öffentlich-rechtlichen Rundfunkanstalten.
- **Laufbahn:** Interessant für Absolventen aller Studienrichtungen, die in den öffentlichen Dienst wollen, z. B. zur Polizei, zur Bundeswehr, zum Auswärtigen Amt oder generell in die Verwaltung.
- **Direkteinstieg:** Der bevorzugte Berufseinstieg für Ingenieure und Wirtschaftswissenschaftler, oft bei kleinen und mittelständischen Unternehmen.

- **Zeitarbeit:** Vor allem Wirtschaftswissenschaftler und Ingenieure sind bei Zeitarbeitsfirmen beliebt. Zeitarbeitsfirmen vermitteln in alle Branchen: Industrie, Handel, Dienstleistung oder Gesundheitsbereich. Zeitarbeit kann eine echte Alternative sein, wenn es mit dem Berufseinstieg sonst nicht sofort klappt.

Für eine sichere Entscheidung, wie Sie nach der Hochschule weitermachen sollten, können Sie einiges beachten. Lesen Sie hier, welche Punkte das sind.

Praktikum: Berufserfahrung sammeln

Die »Generation Praktikum« gibt es nicht.

Etwa 13 Prozent aller Hochschulabgänger absolvieren nach ihrem Studium zunächst ein Praktikum. Bei Geisteswissenschaftlern sind es rund 33 Prozent, bei Wirtschaftswissenschaftlern etwa 20 Prozent und bei Ingenieuren mit unter fünf Prozent deutlich weniger. Der Anteil der Frauen, die ein Praktikum absolvieren, ist in allen Fachrichtungen mit 18 Prozent deutlich höher als der der Männer (zwölf Prozent). Zur Beruhigung: Die »Generation Praktikum« gibt es nicht. Nur ein Prozent aller Absolventen hangelt sich nach Ihrem Studium länger als ein Jahr von Praktikum zu Praktikum. Und laut Institut für Arbeitsmarkt- und Berufsforschung gelang in den letzten Jahren rund 300 000 Hochschulabsolventen der Schritt aus einem Praktikum in ein sozialversicherungspflichtiges Arbeitsverhältnis.

Vorsicht vor der Praktikumsschleife!

Nach Ihrem Hochschulabschluss sollten Sie nicht mehr als zwei Praktika absolvieren. Schließlich haben Sie eine fundierte Ausbildung, und Sie können etwas! Eine halbwegs angemessene Bezahlung sollte Ihnen deshalb zustehen. Wer mehrere Praktikantenstellen innehatte, wirkt auf Arbeitgeber unsicher, planlos und entscheidungunfähig, wenn nicht sogar ungeeignet für den ersten Arbeitsmarkt.

» Ich wusste nach dem Studium nicht so genau, was ich wollte, ich wusste nur, was ich nicht wollte, nämlich als Designerin arbeiten. Aber ich wollte immer noch etwas mit Mode machen. Während meines Studiums hatte ich ein halbjähriges Praktikum bei einem Stylisten absolviert und dort viel mit PR-Agenturen zusammengearbeitet. Das war eine Richtung, die ich mir vorstellen konnte. Darum habe ich nach dem Studium ein dreimonatiges Praktikum bei einer Agentur gemacht, um zu testen, ob es wirklich etwas für mich ist. Jetzt bin ich bei einer PR-Agentur Volontärin im Bereich Luxusmode.

Anne-Kathrin R., 24 Jahre, Bachelor Modedesign, Volontärin im Fashion-Team bei einer PR-Agentur

Eigentlich gehören Praktika ins Studium, unabhängig vom Studienfach. Und dort sind sie sehr wertvoll: Zum einen helfen sie Studierenden, herauszufinden, welche Berufsfelder sie interessant finden und welche nicht. Zum anderen lassen sich damit erste Berufserfahrungen sammeln und Kontakte knüpfen.
Egal ob Praktika während des Studiums Pflicht sind oder nicht, Studierende profitieren davon, bereits während des Studiums Praxisluft geschnuppert zu haben. Nach dem Hochschulabschluss allerdings, der überprüfbare Qualifikationen und sicheres Know-how einschließt, sind schlecht oder gar unbezahlte Praktika nicht mehr angemessen.
Dennoch gibt es gute Gründe, nach dem Studium ein, zwei Praktika zu absolvieren:

- Wer während seines Studiums keine Gelegenheit hatte, Berufserfahrung zu sammeln, kann das jetzt nachholen.
- Ein Praktikum nach dem Studium ist geeignet für den Quereinstieg in ein Berufsfeld, auf das der Studiengang nicht ausgelegt war.
- Ein Praktikum kann eine Alternative zur Arbeitslosigkeit sein und den Berufseinstieg ermöglichen.

> Mit Praktika lassen sich erste Berufserfahrungen sammeln und Kontakte knüpfen.

19

Erste Schritte

Achten Sie
darauf, dass Sie
nicht als billige
Arbeitskraft
eingesetzt
werden.

Achten Sie bei der Wahl Ihrer Praktikumsstelle jedoch darauf, dass Sie nicht mit falschen Versprechungen auf eine Festanstellung angelockt und dann lediglich als billige Arbeitskraft verheizt werden. Misstrauisch sollte man zum Beispiel werden, wenn kleine Unternehmen viele Praktikantenstellen ausschreiben. Informieren Sie sich auf jeden Fall genau über den Praktikumsbetrieb. Nutzen Sie auch das Portal der Initiative »Fair Company« (www.faircompany.de). Hier haben sich Unternehmen zusammengeschlossen, die Praktikanten angemessen bezahlen und reguläre Vollzeitstellen nicht mit Praktikanten besetzen.

Traineestellen: ein Praxisprogramm absolvieren

Als Trainee durchlaufen Sie ein 12- bis 24-monatiges Einstiegsprogramm in einem Unternehmen. In dieser Zeit haben Sie keinen festen Arbeitsplatz, sondern lernen verschiedene Fachbereiche und Aufgabenschwerpunkte kennen und erhalten so einen umfassenden Einblick in ein Unternehmen und das Zusammenspiel der einzelnen Abteilungen.

Von dieser klassischen Form der Traineeship unterscheidet sich das Fach-Traineeprogramm. Hier durchlaufen Trainees lediglich eine Fachabteilung, und sie tragen auch schon mehr Verantwortung. Das Fach-Traineeprogramm enthält damit Elemente des Direkteinstiegs. Viele Traineeprogramme beinhalten auch die Betreuung durch Mentoren, die Vermittlung von Methodenwissen und Soft Skills und häufig auch einen Auslandsaufenthalt. Ziel dieser Einstiegsprogramme ist es, Fähigkeiten und Stärken auszubauen, die später auf den festen Stellen des Unternehmens gebraucht werden.

Der Begriff Traineeprogramm ist nicht geschützt. Wenn Sie an einem solchen Programm interessiert sind, sollten Sie auch nach weiteren Bezeichnungen suchen, zum Beispiel Traineeship, Einstiegsprogramm, Juniorenprogramm, Graduate Programm, Nachwuchsprogramm, Global Leader Program, Managementprogramm oder Führungskräftenachwuchsprogramm.

Immer mehr Firmen richten sich mit ihren Traineeprogrammen nicht mehr nur an Absolventen der Wirtschaftswissenschaften und an Ingenieure, sondern auch an Juristen, ITler sowie Geistes- und Sozialwissenschaftler. Unternehmen profitieren von

Ist ein Traineeprogramm für Sie das Richtige?

Ein Traineeprogramm ist am besten geeignet für Hochschulabsolventen und -absolventinnen, die noch nicht so genau wissen, wohin es beruflich gehen soll, sowie für diejenigen, die schon sehr genau wissen, dass sie eine Karriere als Führungskraft anstreben. Sie sollten allerdings prüfen, ob das Traineeprogramm kein getarntes Langzeit-Praktikum ist.

diesen durchaus kostspieligen Einstiegsprogrammen, indem sie fähige Köpfe firmenspezifisch praktisch ausbilden und nachhaltig binden können.

Für Sie als Absolvent/-in kann so eine Traineeship interessant sein, weil es den Berufseinstieg erleichtert. Sie erhalten einen guten Überblick über das Unternehmen, können in kurzer Zeit ein Kollegennetzwerk aufbauen und sind als Lernender trotzdem nicht sofort in großer Verantwortung.

Der Nachteil von Traineestellen ist allerdings, dass Sie erst einmal nicht tiefer in ein Thema einsteigen, dass das Gehalt zunächst etwas geringer ausfällt als beim Direkteinstieg und dass die spätere Übernahme zwar wahrscheinlich, aber keineswegs sicher ist.

Da es keine allgemeingültige Trainee-Definition und auch keine rechtlich verbindlichen Standards dazu gibt, sollten Sie wissen, was Sie erwartet.

Prüfen Sie die folgenden Kriterien für eine seriöse und professionelle Traineeship:

- Gibt es ein hochwertiges Auswahlverfahren in Form eines Assessment-Centers, in dem Sie genügend Informationen über das Unternehmen und das Trainee-Programm erhalten?
- Dauert das Traineeprogramm zwölf Monate oder länger? Wenn es kürzer ist, können Sie kaum den Überblick über das Unternehmen gewinnen.
- Das Gehalt sollte nicht weniger als zehn Prozent unter dem der Direkteinsteiger liegen.

Eine Traineeship kann den Berufseinstieg erleichtern.

- In einem vorher festgelegten und strukturierten Ablauf sollten Sie die Schwerpunktbereiche wechseln und nicht zu lange in einem Aufgabenbereich verweilen.
- Die Begleitung durch Mentoren ist in guten Programmen üblich, ebenso die Weiterbildung in Methodenwissen und Soft Skills.
- Sie sollten Projektverantwortung für mindestens ein Projekt bekommen.
- Bei global agierenden Unternehmen ist auch ein Auslandseinsatz obligatorisch.

Für Geisteswissenschaftler/-innen werden in manchen Berufsfeldern eher Volontariate als Traineeprogramme angeboten.

Volontariat: im Idealfall eine Ausbildung absolvieren

Wie das Traineeprogramm ist das Volontariat eine Art Ausbildung, die auf den Berufsalltag vorbereitet. In der Regel dauert auch das Volontariat zwölf bis 24 Monate. Ob Volontariat oder Traineeship kommt auf die Branche an und die Studienfächer. Auf Traineestellen in der Industrie bewerben sich eher Wirtschaftswissenschaftler und Ingenieure, auf Volontariate bei Fernsehen oder Rundfunk, bei Print- und Onlinemedien eher Geisteswissenschaftler. Gerade im Journalismus sind die Volontariate wie Ausbildungsprogramme geregelt. Sie beinhalten außer der zunehmenden Mitarbeit im Tagesgeschäft auch Kurse zu Fachthemen.

Wie das Traineeprogramm bietet auch das Volontariat die Chance, einen Beruf in allen Facetten kennenzulernen, Methodenwissen und professionelle Soft Skills zu erwerben, wichtige Kontakte zu knüpfen und ein Netzwerk aufzubauen. Ein Volontariat kann ein Sprungbrett in den Beruf sein. Aber auch hier gilt: Augen auf bei der Arbeitgeberwahl!

Prüfen Sie die folgenden Kriterien für ein seriöses und professionelles Volontariat:

- Ein Volontariat dauert zwölf bis 24 Monate, im Journalismus, wo es tarifvertraglich geregelt ist, mindestens 15. Ist es kürzer, könnten die Ausbildungsinhalte zu kurz kommen.
- Die Ausbildungsinhalte sollten definiert sein.
- Die zu durchlaufenden Stationen sollten festgelegt sein.

Das Volontariat ist eine Art Ausbildung, die auf den Berufsalltag vorbereitet.

- Die Begleitung durch Betreuer sollte gewährleistet sein.
- Die Bezahlung sollte deutlich über der Bezahlung von nicht akademischen Praktikanten liegen.

Wer Karriere machen will, sollte sich bei großen Medienunternehmen oder den öffentlich-rechtlichen Rundfunkanstalten bewerben. In kleineren Unternehmen, in Buch-, Zeitungs- und Zeitschriftenverlagen oder bei Onlinediensten können Sie allerdings schneller ins Alltagsgeschäft einsteigen und Verantwortung übernehmen.

Übrigens: Auch Behörden bieten Volontariate an, meistens im Bereich der Public Relations. Grundsätzlich ist der öffentliche Dienst allerdings für seine Laufbahnprogramme bekannt.

Laufbahn: in eine sichere Zukunft blicken

Die Laufbahn bei Behörden ist für Hochschulabsolventen und -absolventinnen ein Standardweg ins Berufsleben. Der öffentliche Dienst ist der größte Arbeitgeber Deutschlands. Rund 4,6 Millionen Menschen arbeiten in der öffentlichen Verwaltung daran, das Zusammenleben von rund 80 Millionen Bundesbürgern zu organisieren.

Ebenso hat sich in Österreich und in der Schweiz der öffentliche Dienst zu einem modernen und attraktiven Arbeitgeber für Hochschulabsolventen und Hochschulabsolventinnen entwickelt (auch wenn es in der Schweiz keinen Beamtenstatus gibt).

Die Aufgabenfelder sind so zahlreich und vielfältig wie die Bereiche des Zusammenlebens selbst. Es sind beispielsweise die Bereiche Finanzen und Wirtschaft, Wissenschaft, Forschung und Kunst, Jugend und Sport, Schule und Bildung, Umwelt, Klima und Energiewirtschaft, Verkehr und Infrastruktur, Wohnungssicherung und Unterkünfte, Integration, Feuerwehr und Polizei.

Damit bieten die Behörden zahlreiche Karrieremöglichkeiten für Berufseinsteiger/-innen. Attraktiv sind Laufbahnstellen auch, weil sie wirtschaftlich sicher sind, weil sie mit der Vereinbarkeit von Familie und Beruf die Work-Life-Balance fördern und weil ihre Aufgaben sozial verantwortlich sind. Alle diese Gründe führen zu einer hohen Bewerberzahl.

> Die Laufbahn bei Behörden ist für Hochschulabsolventen ein Standardweg ins Berufsleben.

Die Einstiegsmöglichkeiten für Hochschulabsolventen werden nach Laufbahnen unterschieden in:

- nicht technischer Verwaltungsdienst,
- technischer Verwaltungsdienst,
- sprach- und kulturwissenschaftlicher Dienst,
- naturwissenschaftlicher Dienst,
- agrar-, forst- und ernährungswissenschaftlicher Dienst,
- gesundheitswissenschaftlicher Dienst,
- sportwissenschaftlicher Dienst,
- kunstwissenschaftlicher Dienst und
- tierärztlicher Dienst.

Besuchen Sie die entsprechenden Internetseiten, um Stellen im öffentlichen Dienst zu finden.

Informieren Sie sich zu den Berufsbildern im öffentlichen Dienst über die Blätter zur Berufskunde der Bundesagentur für Arbeit sowie im Internet auf den Seiten der Institutionen auf Bundes-, Landes- und Kommunalebene. Die Stellenanzeigen auf www.bund.de kann man filtern und abonnieren.
Für Österreich finden Sie die Informationen unter www.oeffentlicherdienst.gv.at/moderner_arbeitgeber, für die Schweiz unter www.publicjobs.ch. Hier sind auch Stellenanzeigen geschaltet.
Beachten Sie die Bewerbungsfristen: In der Regel werden Laufbahnstellen ein Jahr im Voraus ausgeschrieben. Wer sich auf eine Laufbahnstelle bewirbt, muss sich in einem standardisierten Einstellungsverfahren mit umfangreichen Tests und Vorstellungsgesprächen bewähren. Bereiten Sie sich darauf vor!

Direkteinstieg: von Anfang an verdienen
Wer sich nach seinem Studium bereits gut gerüstet fühlt für die Arbeitswelt und konkrete Karriereziele hat, kann auf Praktikum, Traineeprogramm und Volontariat verzichten, und sich direkt auf eine Planstelle bewerben – wie es die Mehrzahl der Hochschulabsolventen und -absolventinnen tut. Mit rund 87 Prozent bieten fast alle Arbeitgeber Hochschulabsolventen den Direkteinstieg an, nur 52 Prozent die Möglichkeit eines Traineeprogramms. Voraussetzung für den Direkteinstieg sind meist mehr oder weniger umfangreiche praktische Erfahrungen bzw. Berufserfahrung

>> Bei uns ist es so, dass man das Produkt etwa drei Monate kennen muss, um gut mitarbeiten zu können. Von daher war am Anfang sehr viel Lernen angesagt, auch sehr viel Anleitungen lesen. Ich habe auch gemerkt, dass jeder seinen eigenen Stil hat, mich anzulernen. Deshalb bin ich auf jeden anders zugegangen und habe meine Fragen gestellt. Generell ist es gut, die Mittagspausen zu nutzen, um die Kollegen kennenzulernen und ein gutes Niveau zu finden, wie man über Berufliches und Privates redet.

Daniel W., 28 Jahre, Bachelor Evangelische Theologie und BWL / Master Angewandte Ethik, kaufmännischer Angestellter für Implementations & Projects bei einem IT-Dienstleister

in bestimmten Bereichen aus studienbegleitenden (Auslands-) Praktika, Werkstudententätigkeiten oder Nebenjobs.

Ein Vorteil des Direkteinstiegs ist außer dem durchschnittlich um zehn Prozent höheren Gehalt die Möglichkeit, schnell selbstständig arbeiten zu können und im Tagesgeschäft des Unternehmens Verantwortung zu übernehmen. Das heißt natürlich auch, dass Sie als Berufseinsteiger sofort den Druck haben, Produktiv arbeiten zu müssen. Das muss man wollen, und dafür braucht es ein gutes Selbstbewusstsein. Denn viele Direkteinsteiger/-innen werden ins kalte Wasser geworfen und müssen in den ersten Wochen ihrer Anstellung beweisen, dass Sie den Aufgaben gewachsen sind.

Weitere Nachteile des Direkteinstiegs können sein:

- Sie legen sich bereits sehr früh auf einen Bereich fest, was spätere Bereichswechsel erschweren kann.
- Sie haben am Anfang wenig Zeit, das Unternehmen und die Zusammenarbeit der verschiedenen Abteilungen kennenzulernen.
- Sie haben zunächst wenig Gelegenheit, ein bereichs- und abteilungsübergreifendes Netzwerk zu knüpfen.

> Ein Vorteil des Direkteinstiegs ist das höhere Gehalt.

Eine Variante des Direkteinstiegs ist der Einstieg in eine Assistenz-position. Dabei kann das Aufgabenfeld sehr vielfältig sein und sich auf alle Funktionsbereiche eines Unternehmens erstrecken: den Einkauf, den Verkauf, das Marketing, den Bereich Personal, das Rechnungswesen und Controlling, die IT, die Unternehmens-kommunikation oder die Unternehmensleitung. Als Assistent/-in arbeiten Sie Vorgesetzten zu, liefern Ideen und Anregungen und unterstützen sie bei der täglichen Arbeit. Der oder die Vorgesetz-te können Bereichs- oder Abteilungsleiter/-innen sein, manchmal auch Geschäftsführer oder Geschäftsführerinnen sowie Mitglie-der des Vorstand.

Als Assistent/-in lernen Sie ein Unternehmen bereits beim Be-rufseinstieg auf einer sehr hohen Verantwortungsebene kennen. Das kann ein Vorteil sein, denn die Nähe zum Management bietet Ihnen die Möglichkeit, schnell wichtige Kontakte zu knüpfen so-wie Einblick zu nehmen in viele Bereiche und Entscheidungsab-läufe im Unternehmen. Außerdem: Die Stellenangebote richten sich vor allem an Absolventen ohne Berufserfahrung. Achten Sie aber darauf, dass Sie nicht zu lange in einer Assistenzposition verharren! Nach zwei, maximal drei Jahren als Assistent/-in sollten Sie eine Position mit mehr Veranwortung übernehmen.

Zeitarbeit: als Sprungbrett nutzen

In Deutschland gibt es mehr als 4500 Zeitarbeitsfirmen. Jeder zehnte Leiharbeitnehmer ist Hochschulabsolvent. Das Prinzip der Zeitarbeit ist einfach: Arbeitnehmer/-innen erhalten bei einer Zeitarbeitsfirma einen unbefristeten Arbeitsvertrag und werden von ihr entgeltlich an Unternehmen mit Personalbedarf »ausge-liehen«.

Als Zeitarbeitnehmer/-in in Deutschland haben Sie nach Arbeit-nehmerüberlassungsgesetz Kündigungsschutz, Anspruch auf Urlaub und Lohnfortzahlung im Krankheitsfall und auf Einhaltung der Arbeitsschutzbestimmungen. Österreichs Zeitarbeitskräfte, deren Beschäftigung das Arbeitskräfteüberlassungsgesetz regelt, sind Stammmitarbeitern der Unternehmen gleichgestellt. Auch in der Schweiz ist die Zahl der »Temporärarbeiter« stark gewachsen; seit 2012 regelt der Gesamtarbeitsvertrag Personalverleih ihre Rechte und Pflichten.

Zunehmende Flexibilisierung des Arbeitsmarkts und der Trend zu Projektarbeit sorgen dafür, dass Hochschulabsolventen und Hochschulabsolventinnen (v. a. der Wirtschafts- und Ingenieurwissenschaften) für Zeitarbeitsfirmen immer attraktiver werden. Rund 30 Prozent aller Zeitarbeitnehmer/-innen werden in unbefristete Anstellungsverhältnisse übernommen. Falls es mit dem Berufseinstieg im Traumjob also erst einmal nicht klappt, kann Zeitarbeit eine echte Alternative zum Praktikum oder zur Arbeitslosigkeit sein – oft sogar ein Karrieresprungbrett. Hier können Sie bereits Geld verdienen, Berufserfahrung sammeln, sich ausprobieren und durch gute Leistung den Sprung in eine Festanstellung schaffen. Also lehnen Sie Zeitarbeit nicht von vornherein ab, nur weil sie hierzulande einen schlechten Ruf hat.

Aber klären Sie für sich, wie lange Sie Zeitarbeitnehmer/-in sein wollen, und achten Sie darauf, nicht ausschließlich anspruchslose Aushilfsarbeiten zu übernehmen oder alle drei, vier Wochen an eine andere Firma ausgeliehen zu werden. So abwechslungsreich oder komfortabel das zunächst scheinen mag, dadurch verbauen Sie sich Chancen. Und prüfen Sie genau, bei welchem Zeitarbeitsunternehmen Sie unterschreiben. Leider gibt es schwarze Schafe, die versuchen, mit Hochschulabsolventen und Hochschulabsolventinnen nur Profit zu machen.

Nutzen Sie die folgenden Kriterien, um zu prüfen, ob Ihre Zeitarbeitsfirma seriös ist:

- Liegt eine gültige Lizenz der Bundesagentur für Arbeit vor?
- Ist das Unternehmen Mitglied des Bundesverbands Zeitarbeit (BZA) oder des Interessenverbands deutscher Zeitarbeitsunternehmen (iGZ)?
- Werden im Arbeitsvertrag alle wichtigen Vertragsinhalte festgelegt (Tätigkeit, Bezahlung, Überstundenvergütung, Fahrtkosten, Spesen, Gleitzeitkonto, Urlaub)?
- Entspricht Ihre Eingruppierung in die Entgeltgruppe Ihrer tatsächlichen Tätigkeit? Wird das Gehalt bei Krankheit und vorübergehender Nichtbeschäftigung weiter gezahlt?
- Werden Schutzausrüstung, Arbeitskleidung und Werkzeug kostenlos zur Verfügung gestellt?

Rund 30 Prozent aller Zeitarbeitnehmer/-innen werden übernommen.

Klären Sie für sich, wie lange Sie Zeitarbeitnehmer/-in sein wollen.

- Werden Sie per Sicherheitsunterweisung umfassend über Gesundheits- und Unfallgefahren am Arbeitsplatz unterrichtet?
- Macht das Unternehmen insgesamt einen seriösen Eindruck: seine Mitarbeiter, deren Auftreten, seine Angebote und Unterlagen, sein Büro?

Besser beschäftigt sein

Die Phase zwischen Abschluss und Berufseinstieg lässt sich sinnvoll nutzen.

Zwar liegt die Arbeitslosenquote von Akademikern seit je unter fünf Prozent, und selbst Absolventen von Orchideenfächern wie Ethnologie, Paläontologie, Archäologie oder Afrikanistik werden auf dem Arbeitsmarkt fündig, aber es kann mehrere Monate und bei manchen sogar länger als ein Jahr dauern. Um die mehr oder weniger lange Phase zwischen Abschluss und Berufseinstieg sinnvoll zu nutzen, gibt es viele Optionen. Doch was heißt »sinnvoll« überhaupt? Was für den einen sinnvoll ist, muss es für den anderen noch lange nicht sein. Außerdem ist nicht für alle alles möglich. Was möglich ist, darüber entscheiden oft genug harte Fakten – vor allem die persönlichen Finanzen.

Die wirtschaftliche Ausgangslage von Hochschulabsolventen variiert. Während die einen schnell Geld verdienen müssen, um Studienkredite zurückzuzahlen und/oder eine Familie zu ernähren, können andere dank eigener Rücklagen oder elterlichen Vermögens erst einmal an eine Auszeit denken.

Wer sich bereits längere Zeit in der Bewerbungsphase befindet und befürchten muss, dass es bis zum Berufseinstieg noch dauern wird, sollte aktiv werden – nicht nur, um die Lücke im Lebenslauf zu vermeiden.

Wie Sie die Zeit zwischen Studium und Beruf sinnvoll nutzen können:

- Mit einem mehr oder weniger fachbezogenen Nebenjob: Damit können Sie etwas Geld verdienen, praktische Erfahrungen sammeln und Kontakte knüpfen. Suchen Sie, z. B. unter www.nebenjob.de, am besten eine Tätigkeit, die etwas mit Ihrem Berufswunsch zu tun hat.
- Mit einem Ehrenamt: Wer nicht darauf angewiesen ist, Geld zu verdienen, kann sich auch sozial engagieren. Es gibt zahl-

reiche Initiativen, die Sie z. B. unter www.freiwilligenarbeit.
de finden. Mit einem Ehrenamt können Sie die von Arbeitgebern geforderten Soft Skills wie Teamfähigkeit, Sozialkompe-
tenz oder Gewissenhaftigkeit sowohl in Ihren Bewerbungsunterlagen als auch im Vorstellungsgespräch überzeugend
belegen.

- Mit Sprach- und/oder EDV-Kursen: Polieren Sie Ihr Qualifikationsprofil auf, und absolvieren Sie Sprachkurse und/oder
  EDV-Kurse. Damit werden Sie für einen potenziellen Arbeitgeber interessanter. Außerdem lernen Sie Gleichgesinnte
  kennen für ein Netzwerk gegenseitiger Unterstützung.

Denken Sie trotz zeitlichen und finanziellen Drucks auch daran,
dass die Phase zwischen Studium und Beruf für die meisten die
letzte Phase vor einer langen Berufszeit ist. Wenn Sie einmal angefangen haben zu arbeiten, sind Urlaubstage eher rar. Vielleicht
bietet sich ja doch noch eine Auslandsreise an? Mit einem Work-
and-Travel-Programm können Sie das Reisen mit dem Geldver-
dienen verbinden.

> Die Phase zwi-
> schen Studium
> und Beruf ist die
> letzte Phase vor
> einer langen
> Berufszeit.

Den nächsten Schritt tun

Sobald Sie alle organisatorischen Belange Ihres neuen, post-
studentischen Lebens geregelt und eine konkrete Vorstellung
von Ihrem Berufseinstieg entwickelt haben, sollten Sie Ihre
Möglichkeiten in einem nächsten Schritt eingrenzen. Erstellen
Sie Ihre persönliche Favoritenliste, in die Sie diejenigen Stellen
aufnehmen, die wirklich in Frage kommen, und ordnen Sie diese
nach Ihren Interessen. Prüfen Sie dafür:

- Welche Entwicklungsmöglichkeiten gibt es für mich auf der
  ausgeschriebenen Stelle?
- Kann die Stelle ein Sprungbrett für meine Karriere sein?
- Wie abwechslungsreich und interessant ist das Aufgabenfeld
  der Stelle?
- Ermöglicht die Stelle Auslandsaufenthalte?
- Wie kann ich mit der Stelle meine Work-Life-Balance
  gestalten?

Und dann geht es los mit der Stellensuche!

? **Mit welchen Anliegen kommen die Studierenden zu Ihnen?**

In Köln sind die Career Services nach Fakultäten aufgeteilt. So können wir eine fachspezifische und individuelle Beratung anbieten. Zu uns kommen oft Studierende, die wollen, dass jemand über ihre Bewerbungsunterlagen guckt. Andere sind unsicher, wie sie eine Lücke im Lebenslauf verpacken können. Viele möchten eine Hilfestellung bei der Planung ihrer nächsten Schritte. In der sogenannten Laufbahnberatung schauen wir uns gemeinsam an, wie sie vorgehen können.

? **Wie frühzeitig sollte man zu Ihnen kommen?**

»Career« steht bei uns für Laufbahn und berufliche Orientierung. Insofern sind wir froh, wenn schon Erstsemester unsere Veranstaltungen besuchen. Da kann man sich orientieren, informieren und Bewerbungssituationen in Seminaren einüben. Auch mit den klassischen Themen wie Bewerbungsmappe oder Vorstellungsgespräch sollte man sich schon vor dem Abschluss beschäftigen.

? **Was ist wichtig beim Vorstellungsgespräch?**

Ich rate immer zu Authentizität. Es geht ja nicht darum, einem Arbeitgeber etwas vorzumachen. Man sollte seine Vita schlüssig präsentieren, auch mit eventuellen Brüchen, gut vorbereitet sein, das Unternehmen kennen, auch selbst Fragen stellen. Ich finde es wichtig, so ein Gespräch nicht nur als unangenehme Bewerbungssituation zu sehen, sondern als Chance, das Unternehmen kennenzulernen.

? Sie arbeiten mit Arbeitgebern zusammen – welche Erwartungen haben diese?

Viele Unternehmensvertreter sind Alumni unserer Fakultät und schätzen die fachliche Ausbildung, das analytische und problemorientierte Denken. Hilfreich ist sicher auch Praxiserfahrung während des Studiums durch Praktika, Projekte oder Nebentätigkeiten. Mal ist dem Unternehmen Internationalität besonders wichtig, mal das Engagement. Generell sollte man zeigen, dass man über den Tellerrand blickt.

? Wie erleben Sie selbst die Studierenden?

Es sind junge Leute mit viel Energie, Ideen und Engagement. Viele sind aber auch unsicher und haben Angst vor der nächsten Entscheidung. Sie denken, die Entscheidung für den Berufseinstieg sei final. Da versuchen wir, zu mehr Selbstvertrauen zu verhelfen und zu sagen: »Geh jetzt diesen Schritt und den nächsten dann, wenn er notwendig ist.«

? Wozu raten Sie, wenn aus dem Traumjob nichts wird?

Die Frage ist ja, was ist an dem Traumjob der Traum? Ist es genau dieser eine Job oder das Unternehmen oder die Aufgabe? Da kann man neue Möglichkeiten entdecken: Man möchte zum Beispiel gern international arbeiten und merkt, das muss nicht unbedingt im Ausland sein. Wenn man einen Aspekt ein bisschen abändert, hat man vielleicht ganz viele neue Traumjobs.

Julia Monzel leitet den Career Service der Wirtschafts- und Sozialwissenschaftlichen Fakultät an der Universität zu Köln.

Die Stellensuche

Wo findet man die passenden
Stellenanzeigen? Online-Jobbörsen, Stellenportale, Karrieredienste, soziale Netzwerke,
Printmedien oder Jobmessen – was sind die
ergiebigsten Recherchequellen? Und was, wenn
es keine passenden Anzeigen gibt? Wie Sie bei
Ihrer Stellensuche am besten vorgehen und auf
welche Angebote sich eine Bewerbung lohnt,
das lesen Sie auf den folgenden Seiten.

Wer auf Stellensuche ist, hat es nicht immer leicht. Denn es ist gar nicht so einfach, geeignete Angebote zu finden. Oft scheitert die Suche auch daran, dass die Bewerber und Bewerberinnen noch nicht genau wissen, was sie eigentlich können und wollen.

DIE VORBEREITUNG: FÄHIGKEITEN UND ZIELE IDENTIFIZIEREN

Welcher Beruf passt zu Ihren Interessen und Fähigkeiten?

Um sich in der Flut der Stellenausschreibungen und potenziellen Arbeitgeber zurechtzufinden, müssen Sie sich erst über ihre Fähigkeiten und Ziele im Klaren werden. Es bringt nichts, Bewerbungen an alle möglichen Firmen zu verschicken. Um eine passende Stelle zu finden, klären Sie am besten für sich selbst,

- was Sie können und welche Erfahrungen Sie mitbringen,
- welche vorrangigen Interessen Sie haben,
- auf welche Karriereziele Sie hinarbeiten.

»Harte« Qualifikationen …

Überlegen Sie genau: Welche »harten« Qualifikationen haben Sie zu bieten? Welche Erfahrungen bringen Sie mit? Welcher Teil Ihres Studiums hat Ihnen besonders großen Spaß gemacht? Welche Kenntnisse haben Sie sich in Jobs vor und während des Studiums angeeignet? In welche besonderen Bereiche haben Sie durch Ihr Elternhaus tiefere Einblicke? Welche Qualifikationen sind darüber hinaus entwicklungsfähig?

Beispiel Karim Saurer hat Produktdesign studiert. Sein Studium hat er sich unter anderem dadurch finanziert, dass er die Studenten der Abschlussklassen bei ihrer Prüfungspräsentation unterstützte. Dabei kam es oft auf den richtigen Rahmen an: die passende Stärke, das geeignete Material, das richtige Glas. Später wandten sich auch etablierte Künstler an ihn. Schließlich fand Karim Saurer dank seiner umfassenden Erfahrung eine Anstellung bei einem großen Museumsverbund, wo er heute eine Werkstatt mit mehreren Mitarbeitern leitet, die für die Objektpräsentation zuständig ist.

... und »weiche« Fähigkeiten

Durchleuchten Sie Ihre Hobbys und Vorlieben einmal ganz genau:
Welchen Neigungen gehen Sie nach und was offenbaren diese
über Ihre Qualifikationen? Einige Beispiele:

HOBBYS ALS HINWEIS AUF QUALIFIKATIONEN

Hobby, Freizeitbeschäftigung	Hinweis auf ...
Sammeln	Gründlichkeit, Genauigkeit
Gemeinschaftssportart (z.B. Fußball)	Teamfähigkeit, Kampfgeist
Einzelsportart (z.B. Marathonlauf)	Disziplin, Kampfgeist
Leitung einer Jugendgruppe, Trainieren einer Nachwuchsmannschaft	Führungsqualitäten
soziales Engagement	soziale Fähigkeiten, Teamfähigkeit
Mode	Stilsicherheit
Musikinstrument	Selbstdisziplin, Durchhaltevermögen
Chor, Orchester	Teamfähigkeit, Umgang mit Menschen

Nicht nur aufs eigene Urteil verlassen, auch andere fragen

Machen Sie sich jedoch nicht ausschließlich darüber Gedanken,
welche Ihrer Fähigkeiten unmittelbar beruflich verwertbar sind.
Denken Sie an alles, was Sie können. Gerade Hochschulabsolventen und -absolventinnen, die ja noch wenig Berufserfahrung
haben, sind sich ihrer Stärken oft nicht bewusst. Und wenn es
nach dem Studium nicht gleich mit dem Berufseinstieg klappt,
verlieren viele weiter Selbstvertrauen.

Falls auch Ihnen der Mut zu sinken droht, dann steuern Sie dagegen! Fragen Sie zum Beispiel Menschen, zu denen Sie Vertrauen
haben und deren Urteil Sie schätzen. Lassen Sie sich offen deren
Meinung sagen: Welche

- Anlagen,
- Begabungen,
- Kenntnisse,
- Fähigkeiten

sind Ihren Bekannten an Ihnen aufgefallen? Dabei kommt oft
Überraschendes heraus, denn fast jeder hält seine Stärken für
normal. Die eigenen Schwächen dagegen sind den meisten
Menschen nur allzu deutlich bewusst.

Beispiel Frederick A. fragt seinen besten Freund Julian nach einer ehr-
lichen Einschätzung seiner Fähigkeiten. Eine der Antworten überrascht
ihn wirklich: »Du kannst prima organisieren und behältst auch noch im
größten Chaos den Überblick.« Stimmt – Frederick A. hat Jahr für Jahr das
Laienschauspiel in seiner Heimatstadt organisiert (vom Auswählen des
Stücks über das Ausleihen von Kostümen bis hin zur Buchung der Auffüh-
rungsräume). Aber er hat Organisationstalent immer für etwas Selbst-
verständliches gehalten, weil er dachte: »Das kann doch jeder.« Erst sein
Freund hat ihn darauf aufmerksam gemacht, dass Organisationsfähigkeit
eine wünschenswerte Fähigkeit ist, über die längst nicht jeder verfügt.

Karriereziele definieren

Formulieren Sie
für sich Ihre
beruflichen Ziele!

Die Suche nach den eigenen Talenten und Vorlieben mündet
schließlich in das Formulieren von beruflichen Zielen. Nur auf
Berufe, die Ihren Neigungen und Fähigkeiten zum großen Teil
entsprechen, sollten Sie sich bewerben.
Suchen Sie auch nach möglichen Arbeitgebern: Bei

- welchem Unternehmen,
- welcher Organisation,
- welchem Verband,
- welcher öffentlichen Einrichtung,
- welchem öffentlichen Träger

wollen Sie arbeiten? Vielleicht lohnt sich dort eine Initiativbewerbung.

STELLEN SUCHEN – GEWUSST WO!

Nutzen Sie alle Möglichkeiten der Recherche, die sich bieten: Internet, Printmedien, Hinweise von Bekannten und gegebenenfalls auch Jobmessen. Sie bekommen so nicht nur die Chance, auf interessante Stellen zu stoßen, sondern auch einen tiefen Einblick in den Stellenmarkt.

Nutzen Sie alle Möglichkeiten der Recherche!

Online-Jobbörsen

Es gibt eine schier unüberschaubar große Zahl von Online-Jobbörsen. Was für die jeweiligen Belange – die individuellen Bedürfnisse einzelner Bewerber und Bewerberinnen, die angepeilte Branche oder die gewünschte Organisationsform – die am besten geeignete ist, lässt sich nur persönlich recherchieren. Zum Einstieg finden Sie hier die wichtigsten Jobbörsen.

Die Generalisten: Stepstone und Monster

Stepstone (www.stepstone.de) und Monster (www.monster.de) agieren überregional in Deutschland und im deutschsprachigen Raum und branchenübergreifend. Sie befinden sich im stetigen Wettstreit um die Marktführerschaft. Viele größere Unternehmen haben Rahmenverträge mit diesen Jobbörsen, die sie zur Schaltung einer bestimmten Anzahl von Stellenangeboten und zum Zugriff auf die Bewerbungsprofile berechtigen.

Die Generalisten: überregional und branchenübergreifend

Tipp

Halten Sie Ihre Karriereziele in Stichworten fest!
Wenn Sie unschlüssig sind, bieten Stellenanzeigen eine erste Orientierung. Lesen Sie sich mehrere Stellenanzeigen aufmerksam durch. Überlegen Sie sich, welche Ihnen besonders zusagen, und suchen Sie die Schlüsselbegriffe dazu. Wenn Sie es dann schaffen, Ihre bevorzugten Berufsfelder oder Tätigkeiten mit Stichwörtern zu beschreiben, dann erleichtert Ihnen das die Onlinesuche nach Stellen.

Man findet dort Stellenausschreibungen der verschiedensten Arbeitgeber, vorwiegend von Industrie- und Handelsunternehmen. Stellenanzeigen lokaler Handwerks- und Einzelhandelsfirmen sowie des öffentlichen Dienstes sind dagegen in diesen Portalen eher weniger anzutreffen.

Der Fokus von Stepstone und Monster liegt auf der Vermittlung von Fach- und Führungskräften, allerdings nicht unbedingt von hoch bezahlten Spitzenpositionen.

Lokale Jobbörsen: Stellenanzeigen.de, Meinestadt.de und die Jobbörse der Arbeitsagentur

Zwar erreichen die Jobbörsen Stellenanzeigen.de (www.stellenanzeigen.de) und MeineStadt.de (http://jobs.meinestadt.de/deutschland/stellen) branchenübergreifend ganz Deutschland und zum Teil sogar Österreich und die Schweiz, dennoch haben sie einen lokalen bzw. regionalen Schwerpunkt. Das heißt: Sie richten sich vor allem an Stellensuchende, die nicht umziehen wollen oder können.

Deshalb finden sich auf diesen Jobbörsen vor allem Anzeigen von regionalen Unternehmen und Institutionen, etwa von Dienstleistern, Einzelhandelsfirmen und mittelständischen Industrieunternehmen. Auch Krankenhäuser, Pflegeeinrichtungen und kommunale Behörden (Gemeinden, Landkreise) stellen Anzeigen auf diesen Plattformen ein. Die Stellenangebote richten sich weniger an Führungskräfte als vielmehr an ausgebildete Fachkräfte.

Ähnliches gilt für die Jobbörsen der deutschen Arbeitsagentur (http://jobboerse.arbeitsagentur.de) und des österreichischen Arbeitsmarktservice (www.ams.at). Sie haben den Vorteil, dass Unternehmen dort kostenlos inserieren können. Schon deshalb ist das Angebot sehr groß, und Sie werden dort die Stellenangebote vieler Firmen und Institutionen finden. Berufseinsteiger haben dort bessere Chancen als Führungskräfte.

Online-Stellenportale der Printmedien

Welche Tageszeitung ist in Ihrem Gebiet am weitesten verbreitet? Auf ihrer Website finden Sie mit Sicherheit ein Stellenportal. Dieses dürfte sich auf Stellenangebote aus dem Verbreitungsgebiet

Ihrer Zeitung beschränken. Wenn Sie nicht umziehen wollen oder können, dann ist das mit das wichtigste Stellenportal für Sie. Einige Beispiele:

- www.waz-jobs.de ist das Stellenportal der »Wolfsburger Allgemeinen Zeitung« (»WAZ«).
- www.jobs.hna.de ist das Stellenportal der »Hessischen/ Niedersächsischen Allgemeinen« (»HNA«).
- http://stellenmarkt.stuttgarter-zeitung.de ist das Stellenportal der »Stuttgarter Zeitung«.
- http://jobs.merkur.de ist das Stellenportal der Tageszeitung »Münchner Merkur«.

Stellenportale überregionaler Zeitungen

Größere Firmen und Institutionen präsentieren sich oft im Karriereteil überregionaler Zeitungen. Meist ist die Schaltung gedruckter Stellenanzeigen mit einer Veröffentlichung auf dem Online-Stellenportal derselben Zeitung verknüpft. Ausgeschrieben werden dort in der Regel leitende Funktionen sowie Stellenangebote für spezialisierte Fachkräfte, die nicht auf lokale Arbeitgeber begrenzt sind: Anzeigen schalten viele Konzerne mit mehreren Standorten sowie Bundesbehörden und Hochschulen, die ihre Mitarbeiter überregional rekrutieren. Die wichtigsten Stellenportale dieser Kategorie sind:

Stellenportale überregionaler Zeitungen: Fach- und Führungskräfte gesucht!

- http://FAZjob.net, betrieben von der »Frankfurter Allgemeinen Zeitung«. Hier finden Sie Stellen für Fach- und Führungskräfte in ganz Deutschland und darüber hinaus.
- http://stellenmarkt.sueddeutsche.de, betrieben von der »Süddeutschen Zeitung«. Hier finden Sie vorwiegend Stellen für Fach- und Führungskräfte im süddeutschen Raum (Bayern und Baden-Württemberg), aber auch überregionale Anzeigen.
- http://jobs.zeit.de, betrieben von der Wochenzeitung »Die Zeit«. Dieses Stellenportal hat seinen Schwerpunkt in den Bereichen Wissenschaft und Forschung des deutschsprachigen Raums. Viele Hochschulen und Forschungseinrichtungen (z. B. die Max-Planck- und Fraunhofer-Institute) inserieren dort.

Karrieredienste: Experteer und Placement24

Bruttojahres-
gehälter von
mindestens
40 000 Euro

Die Karrieredienste Experteer (www.experteer.de) und Place-
ment24 (www.placement24.com) haben sich auf die Vermittlung
von hochqualifizierten Fach- und Führungskräften ab einem
Bruttojahresgehalt von 60 000 Euro (Experteer) bzw. 40 000 Euro
(Placement24) spezialisiert. Damit sind sie hauptsächlich für
die Stellensuche in der Industrie geeignet. Sie versprechen den
Stellensuchenden den direkten Kontakt zu Personalberatern
(»Headhuntern«), die bei der Besetzung solcher Stellen häufig
eingeschaltet werden.

Keine Scheu!
Vielleicht haben
Sie Glück!

Scheuen Sie sich nicht, bei Experteer und bei Placement24 zu
suchen, auch wenn Ihnen die Mindestgehälter hoch vorkommen.
Zum einen mögen Sie Glück haben, und Sie finden einen Arbeitgeber, der Ihnen mehr als 40 000 Euro bzw. 60 000 Euro Einstiegsgehalt zahlt. Zum anderen aber können Sie durch die Recherche
viel über das Stellenangebot in Ihrem Bereich lernen: welche
Fähigkeiten immer wieder gefragt sind, welche Erfahrungen,
welche Persönlichkeitsprofile, vor allem aber auch, in welchen Bereichen es viele Stellen gibt und in welchen nicht. Dieses Wissen
kann Ihrer Suche die richtige Wendung geben.

Basis- oder
Premiummit-
gliedschaft?

Beachten Sie: Bei beiden Karrierediensten gibt es eine kostenlose
Basismitgliedschaft. Richtig nutzen lassen sich die entscheidenden Funktionen allerdings erst mit einer kostenpflichtigen Premiummitgliedschaft. Damit können Sie auch verfolgen, wer sich Ihr
Profil angesehen hat. In sehr gefragten Berufen kann es durchaus
vorkommen, dass Sie sogar durch einen Headhunter kontaktiert
werden. Es ist allerdings eher die Ausnahme. Headhunter bevorzugen XING und LinkedIn – das spart ihnen nämlich Kosten.

Soziale Netzwerke: XING, LinkedIn und Facebook

Ob XING, LinkedIn oder Facebook: Soziale Netzwerke sind aus der
modernen Arbeitswelt nicht wegzudenken. Sie haben sich längst
zu wichtigen Instrumenten bei Stellensuche und Karriereplanung
entwickelt, die Stellensuchende als ebenso hilfreich einschätzen
wie Personalberater, Recruiter (auf die Auswahl von Bewerbern
und Bewerberinnen spezialisierte Personaler in größeren Unter-

Tipp

Soziale Netzwerke reichen nicht!
Beschränken Sie sich bei der Suche nach Stellen nicht allein auf
die sozialen Netzwerke. Stellenanzeigen dort zu schalten, ist für
Arbeitgeber wegen der hohen Reichweite und Beliebtheit recht
teuer. Deshalb werden Sie in sozialen Netzwerken immer nur
eine kleine Auswahl derjenigen Stellen finden, die tatsächlich
verfügbar sind.

nehmen) und Headhunter. Um diese Netzwerke nutzen zu können, müssen Sie sich als Mitglied registrieren.
Für die Stellensuche lohnt sich meistens die kostenpflichtige,
aber durchaus erschwingliche Premiummitgliedschaft. Ihr Vorteil:
Sie können sehen, wer auf Ihr Profil zugegriffen hat. Überdies
erhalten Sie auch mehr Informationen über andere Netzwerk-
mitglieder (auch Personalverantwortliche und Headhunter) und
haben bessere Möglichkeiten, diese zu kontaktieren.
Als Mitglied können Sie Ihr Profil eingeben. Sie können sich aber
auch die dort geschalteten Stellenanzeigen ansehen und direkt
Kontakt zu potenziellen Arbeitgebern oder Headhuntern aufnehmen.

*Für die Stellen-
suche lohnt sich
meistens die
Premiummit-
gliedschaft.*

Folgende Unterschiede bestehen zwischen den Anbietern:
- XING hat seinen Schwerpunkt in Deutschland bzw. im
  deutschsprachigen Raum. Sie werden hier vorwiegend
  Stellenausschreibungen aus Deutschland, Österreich und
  der Schweiz finden.
- LinkedIn ist dagegen internationaler ausgerichtet. Bei
  LinkedIn werden Sie viele Stellen im Ausland finden sowie
  Stellen für Auslandseinsätze und Stellen, die viele Auslands-
  reisen und Auslandskontakte erfordern. LinkedIn ist in
  anderen Ländern weiter verbreitet als im deutschsprachigen
  Raum, wo die Zahl der Nutzer und Nutzerinnen noch immer
  überschaubar bleibt, auch wenn sie im Steigen begriffen ist.

*Die Unter-
schiede von
XING und
LinkedIn*

Facebook:
»Befreunden« Sie
sich mit Unter-
nehmen, die Sie
interessieren!

Facebook ist in allererster Linie für den privaten Austausch gedacht, aber schon längst nicht mehr darauf beschränkt. Wie Firmen Facebook für ihr Marketing nutzen, so nutzen sie es auch bei der Mitarbeitersuche – gerade, wenn sie jüngere Stellensuchende ansprechen wollen. Außerdem gibt es Dienste wie zum Beispiel Jobmehappy, die ihre automatisierte Stellensuche auch über Facebook anbieten. »Befreunden« Sie sich daher auf jeden Fall mit den Unternehmen, die Sie interessieren.

Spezialisierte Stellenportale

Neben den allgemeineren Jobbörsen gibt es auch spezialisierte Stellenportale. Die meisten werden von Branchenverbänden betrieben. Auch Verlage, die branchenspezifische Fachpublikationen herausgeben, bieten Stellenportale an. Hinzu kommen einige privatwirtschaftliche Stellenportale mit branchenspezifischem Schwerpunkt. Dazu einige Beispiele:

- www.kunststoffweb.de/karriere ist eine Plattform des Gesamtverbands Kunststoff verarbeitender Industrie. Dort finden sich verschiedenste Stellenangebote von Unternehmen im Bereich der Kunststoffverarbeitung.
- www.aerzteblatt.de/aerztestellen ist eine Plattform des »Deutschen Ärzteblattes«, der führenden Fachzeitschrift für Ärzte. Dort sind beispielsweise offene Stellen in Krankenhäusern und Gesundheitszentren ausgeschrieben.
- www.twjobs.de ist das Stellenportal der Fachzeitschrift »Textilwirtschaft«, der auflagenstärksten Publikation in diesem Bereich.
- www.hotelcareer.de, www.gastronomiecareer.de und www.touristikcareer.de sind auf Hotellerie, Gastronomie und Touristik spezialisierte Stellenportale eines privaten Anbieters.
- www.carelounge.de bietet drei Stellenportale im Sozial- und Gesundheitsbereich: Angeboten werden Stellen in Pflegeeinrichtungen und Krankenhäusern, in Sozialeinrichtungen und in Seniorenheimen. Auch diese Plattformen werden von einem privaten Anbieter betrieben.

- www.bund.de und www.stellenblatt.de sind auf Stellen-angebote aus allen Bereichen des öffentlichen Dienstes ausgerichtet.
- www.nachhaltigejobs.de, www.jobverde.de und http://thechanger.org/jobs wenden sich vor allem an (junge) Leute, die Jobs mit sozialer Verantwortung suchen.
- www.creativeset.net, https://kreativjob.net, newsroom.de/jobs, journalismus-jobs.com, medienjobs-aktuell.de listen Jobs in kreativen/künstlerischen Berufe und Medienberufen.

Diese spezialisierten Portale helfen Ihnen bei der Stellensuche, wenn Sie sich auf bestimmte Verfahren oder Abläufe spezialisiert haben oder Wert auf ethische Aspekte legen. Bei den meisten stoßen Sie auf weitaus mehr und überdies passendere Angebote als bei weniger spezialisierten Stellenportalen. Bei den meisten Verbandsportalen können die Mitgliederorganisationen ihre Stellenanzeigen kostenlos schalten; deshalb sind sie recht beliebt. Den Link dazu finden Sie meist hinter der Schaltfläche »Karriere«.

Was tun, falls Sie kein spezialisiertes Stellenportal für Ihren Bereich finden? Sie haben zwei weitere Suchmöglichkeiten:
- Gehen Sie über eine Metasuchmaschine, geben Sie dort einen branchentypischen Beruf ein, und Sie sehen bei den Suchergebnissen automatisch auch die auf die jeweilige Branche spezialisierten Stellenportale.
- Besuchen Sie die Website www.berufenet.arbeitsagentur.de. Suchen Sie dort nach der Berufsbezeichnung Ihrer Wahl, am besten auch mit Varianten (z. B. »Vermessungsingenieur/-in« statt »Geodät/-in«). Unter »Zusätzliche Informationen« finden Sie eine Vielzahl spezialisierter Stellenportale, die genau auf den jeweiligen Beruf bzw. die jeweilige Branche zugeschnitten sind.

Metasuchmaschinen

Metasuchmaschinen sind besondere Suchmaschinen, die verschiedene Jobbörsen, Stellenportale und auch Unternehmenswebsites nach Stellenausschreibungen durchforsten. Die meisten bieten eine sehr komfortable Suche, in denen Sie zum Beispiel

Jobbörsen für alle, denen ethische Aspekte wichtig sind

Wie Sie branchenspezifische Stellenportale finden

Ihre bevorzugte Region und Ihr Erfahrungslevel angeben können. Die bekanntesten Metasuchmaschinen für Stellenanzeigen sind:

- www.jobturbo.de
- www.jobworld.de
- www.jobkralle.de
- www.jobrobot.de
- www.jobs.de
- www.careerjet.de
- www.kimeta.de

Jobmessen

Jobmessen: v. a. interessant für alle mit einem sehr begehrten Abschluss

Job- oder Karrieremessen, auf denen sich Unternehmen und Organisationen, Verbände und öffentliche Einrichtungen als Arbeitgeber präsentieren, werden immer beliebter, und sie sind längst nicht mehr nur auf die Groß- und Universitätsstädte beschränkt. Selbstverständlich spielen Jobmessen keine Rolle in ohnehin überlaufenen Berufen. Wohl aber dort, wo mehr oder weniger händeringend geeignete Arbeitskräfte gesucht werden. Spezielle Ausbildungsmessen wenden sich vor allem an Schüler/ -innen, Absolventenmessen vor allem an junge Leute, die gerade ihren Bachelor oder ihren Master erworben haben.

Tipp

Gesprächspartner ansprechen

Malen Sie sich schon vorab aus, wie Sie vor Ort auf einen Gesprächspartner zugehen und höflich ansprechen. Unabdingbar ist es, sich selbst kurz vorzustellen, in aller Regel verbunden mit einem kurzen Handschlag (achten Sie auf die Körpersprache Ihres Gegenübers) und einem freundlichen Lächeln. Dazu nennen Sie Ihren Vor- und Ihren Nachnamen, Ihre Spezialisierung und erklären, für welche Art von Stelle im Unternehmen Sie sich interessieren. Auf diese Weise gelingt der Einstieg in ein Gespräch eigentlich immer, denn nun wird sich Ihr Gegenüber vorstellen und die ersten Fragen haben.

Welche Jobmessen anstehen, können Sie zum Beispiel unter www.absolventa.de/jobmessen in Erfahrung bringen.

Der Besuch einer Jobmesse entspricht, was die Anforderungen an Stellensuchende betrifft, denen eines Vorstellungsgesprächs – schließlich wollen Sie mit einem potenziellen Arbeitgeber in persönlichen Kontakt treten. Vorbereitung ist also alles! Informieren Sie sich im Vorfeld, welche Unternehmen zu den Ausstellern zählen und informieren Sie sich auch über die Unternehmen, die für Sie infrage kommen, und klären Sie, ob Sie vorab einen Termin vereinbaren müssen.

Kleiden Sie sich genau so, als ob Sie zu einem Vorstellungsgespräch eingeladen worden wären und achten Sie insgesamt auf ein gepflegtes, professionelles Erscheinungsbild – Sie können anders keine Kontakte knüpfen! Halten Sie Visitenkarten bereit und Ihre Bewerbung (am besten sowohl als Mappe als auch elektronisch auf einem USB-Stick), die Sie direkt überreichen können. Sorgen Sie dafür, dass diese Mappen bis zur Übergabe wirklich in tadellosem Zustand bleiben. Wenn sich allerdings im Gespräch herausstellt, dass Ihre Bewerbung nicht gut genug auf die Anforderungen der speziellen Stelle zugeschnitten ist, lassen Sie sich die Kontaktdaten Ihres Gesprächspartners bzw. Ihrer Gesprächspartnerin geben und senden Sie später Ihre überarbeitete Bewerbung. Fragen Sie auch, auf welchem Weg Sie sie übermitteln sollen: per E-Mail, per konventioneller Post oder über ein Onlineformular.

Ihr Erscheinungsbild sollte dem bei einem Vorstellungsgespräch entsprechen.

STELLEN SUCHEN – GEWUSST WIE!

Sobald Sie einen Überblick oder sogar einen Plan haben, wo Sie überall nach Stellen suchen können, dürfte sich die nächste Frage stellen: Wie suche ich nach Stellen? Rufen Sie sich dazu ins Gedächtnis: Was wollen Sie überhaupt? Welche Tätigkeit oder Position streben Sie an? Welche Branche oder welche Art von Unternehmen kommt potenziell für Sie in Frage? Je genauer Sie wissen, wonach Sie suchen, desto besser lässt sich die Suche nach passenden Stellenangeboten eingrenzen.

Je genauer Sie wissen, wonach Sie suchen, desto besser.

Dafür bieten die einschlägigen Jobbörsen, Stellenportale und Metasuchmaschinen unter anderem folgende Suchkriterien an:

- die Art der Tätigkeit (z. B. Praktikum, Teil- oder Vollzeitstelle),
- das Berufsfeld (z. B. öffentlicher Dienst, Finanzen, Marketing und Kommunikation, Ingenieurwesen),
- regionale Kriterien (Name/Postleitzahl Ihres Wohn- oder Wunschortes und des gewünschten Mobilitätsradius).

Nach Berufsbezeichnungen suchen

Berufs-
bezeichnungen:
die richtigen
Keywords
eingeben

Auch die Eingabe von Berufsbezeichnungen in ein Suchfeld kann durchaus hilfreich sein. Aber Achtung: Verwenden Sie dafür die gängigsten Bezeichnungen, sogenannte Keywords. Berücksichtigen Sie dabei stets, dass es für bestimmte Berufe ganz verschiedene Bezeichnungen geben kann, auch englische. Außerdem variieren womöglich die Schreibweisen, zum Beispiel:

Pressesprecher/-in

- Pressereferent/-in
- PR-Referent/-in
- Referent Public Relations
- Unternehmenssprecher/-in für …
- Referentin/-in Unternehmenskommunikation
- Mitarbeiter/-in für Presse- und Öffentlichkeitsarbeit
- Referent Coroporate Communication

Key Account Manager

(= Vertriebsmitarbeiter/-in, der/die sich um die Schlüsselkunden, sprich die größten Kunden, kümmert)

- Sales Manager
- Area Sales Manager
- Business Development Manager
- Business-Development-Manager

Wenn Sie sich über die genaue Berufsbezeichnung Ihrer angestrebten Tätigkeit noch nicht im Klaren sind oder noch keine Spezialisierung haben, grenzen Sie die Suche anders ein. Suchen Sie zunächst etwa nach Branchen oder einfach nur nach der

Postleitzahl und dem Umkreis, in dem Sie einen Arbeitsplatz anstreben. Die Suche funktioniert auch, wenn Sie nur zu einem Kriterium Angaben machen, also beispielsweise zur Postleitzahl. Sie erhalten dann alle in der jeweiligen Jobbörse oder dem jeweiligen Stellenportal veröffentlichten Stellenangebote in Ihrer Nähe. In den nächsten Schritten grenzen Sie Ihre Suche nach und nach weiter ein.

Sollten Sie zunächst nichts finden, geben Sie nicht auf, sondern modifizieren Sie Ihre Suche. Suchen Sie beispielsweise in einem größeren Umkreis. Schauen Sie die gefundenen Anzeigen an, auch wenn die Stellen nicht in Frage kommen. Notieren Sie sich die darin verwendeten Berufs-, Tätigkeits- und Branchenbezeichnungen und wiederholen Sie damit die Suche im gewünschten Umkreis.

Grenzen Sie Ihre Suche ein!

Übernehmen Sie die Keywords aus Stellenanzeigen!

Nach Qualifikationen suchen

Verwenden Sie das Suchfeld der einschlägigen Jobbörsen nicht allein zum Eingeben von Berufsbezeichnungen. Geben Sie auch Tätigkeiten oder Qualifikationen ein, die Sie anstreben oder sogar schon haben. Je spezifischer und gefragter diese sind, desto mehr Erfolg verspricht eine Suche nach diesen Keywords.

Geben Sie auch Tätigkeiten oder Qualifikationen ein!

Beispiel Die Suche nach »Six Sigma« (ein bewährtes System zur Prozessoptimierung in der Industrie) oder »Kinästhetik« (ein Bewegungskonzept aus der Altenpflege, das Patienten hilft, ihren Körper besser wahrzunehmen) kann Sie schnell zu einem brauchbaren Suchergebnis führen.

Wenn Sie spezielle Computerprogramme oder Programmiersprachen beherrschen, die in der Industrie gängig sind, geben Sie diese ein. Dasselbe gilt für gängige Methoden, Prinzipien, Verfahren oder Normen. Auf diese Weise finden Sie spezifischere Stellenangebote, die besonders gut zu Ihnen passen könnten und bei denen die Konkurrenz durch andere Stellensuchende geringer ist als bei allgemeineren Ausschreibungen.

Denken Sie auch hier an Synonyme und Schreibvarianten. Die jeweiligen Keywords verwenden Sie dann bei weiteren Suchläufen. Zusätzlich sollten Sie andere Jobbörsen, Stellenportale und soziale Netzwerke durchstöbern oder sich mithilfe von Metasuchmaschinen einen Überblick über die angebotenen Stellen in Ihrem angestrebten Tätigkeitsbereich verschaffen.

Mit Operatoren suchen

Einige wenige Jobbörsen und Metasuchmaschinen ermöglichen die Suche mit Operatoren, wie sie auch die Suchmaschine Google einsetzt. Das ist beispielsweise bei der Metasuchmaschine Jobturbo (www.jobturbo.de) der Fall. Dort können Sie

- einzelne Suchbegriffe ausschließen, indem Sie ein Minus davor setzen (z. B. »Kundenberater – Callcenter«: Sie finden damit Stellen mit Kundenkontakt, schließen jedoch Stellenangebote von Callcentern aus, bei denen der Kundenkontakt nur telefonisch stattfindet);
- zusammenhängende Begriffe suchen, indem Sie die Suchwörter in Anführungszeichen setzen (z. B. »Online Marketing«). Achtung: Suchergebnisse, bei denen nicht beide Wörter in genau der gewählten Reihenfolge und Schreibweise vorkommen, werden nicht angezeigt;
- Platzhalter verwenden, indem Sie für fehlende Buchstaben oder Wortteile ein Sternchen verwenden (z. B. »Product Manag*« zeigt Ihnen alle Stellenanzeigen an, in denen entweder »Product Manager« oder »Product Management« steht).

Welche Suchmöglichkeiten die einzelnen Jobbörsen, Stellenportale und Metasuchmaschinen bieten, ist unterschiedlich. Für eine effiziente Suche lohnt es sich durchaus, sich mit den Möglichkeiten einer »erweiterten Suche« zu beschäftigen. Eine solche Schaltfläche finden Sie bei den meisten Anbietern.

E-Mail-Benachrichtigung einrichten

Sie haben weder die Zeit noch die Lust, sich täglich auf einschlägigen Jobbörsen zu tummeln? Das brauchen Sie auch nicht. Denn die meisten Anbieter schicken Ihnen auf Wunsch passende Stellenangebote per E-Mail zu. Meist verbirgt sich dieser Service hinter der Schaltfläche »Jobs per E-Mail« oder »E-Mail-Benachrichtigung«. Manchmal öffnet sich auch bei Eingabe der Such-

Einstellungen für den E-Mail-Empfang

Falls Sie nach der Aktivierung der E-Mail-Benachrichtigung keine Stellenangebote in Ihrem Posteingang finden, prüfen Sie, woran das liegt. Waren Ihre Suchkriterien zu spezifisch? Das kommt vor. Meist werden diese E-Mails aber vom Spamfilter des E-Mail-Anbieters abgefangen, sodass sie im E-Mail-Programm gar nicht zu sehen sind. In diesem Fall ändern Sie die Einstellungen für den E-Mail-Empfang. Rufen Sie die entgangenen E-Mails in Ihrem Spamordner auf. Setzen Sie die Absenderadresse dann auf Ihre persönliche Whitelist (die Liste zugelassener E-Mail-Adressen in Ihrem E-Mail-Programm). So erhalten Sie die passenden Stellenausschreibungen.

kriterien ein Fenster, das diese Möglichkeit anbietet. Sie brauchen dann lediglich festzulegen, wonach Sie suchen. Die zu Ihren Eingaben passenden Stellenangebote werden Ihnen dann automatisch zugesendet. Das ist praktisch und hilft Ihnen, Zeit zu sparen. Allerdings funktioniert das selbstverständlich nur, wenn in den Stellenausschreibungen Ihre Keywords verwendet wurden. Zur Sicherheit sollten Sie regelmäßig prüfen, ob Ihnen Stellenangebote entgangen sein könnten.

Passende Stellenanzeigen zuschicken lassen

Bewerbungsprofil veröffentlichen

Bei den meisten Jobbörsen können Sie Ihr persönliches Bewerbungsprofil eingeben und dazu Ihren Lebenslauf hochladen. Diese Daten stehen dann Stellenanbietern und Headhuntern zur Verfügung, sofern sie bereit sind, für den Zugriff zu zahlen.

Wann lohnt sich die Eingabe eines Profils?

Jobbörsen

Das Gute ist: Die Mehrzahl der Jobbörsen bietet die Eingabe von Profil bzw. Lebenslauf für Stellensuchende kostenlos an. Alle Stellensuchenden – ob qualifiziert oder nicht – können sich dort einloggen und ihr Profil mitsamt Lebenslauf hinterlegen. Headhunter und Personalverantwortliche bezahlen monatlich eine bestimmte Summe an das Portal, um Zugriff auf diese Profile zu erhalten. Allerdings sind die Chancen, als Bewerber oder Bewerberin entdeckt zu werden, nicht so groß, wie man vielleicht meinen könnte.

Die meisten Personalverantwortlichen scheuen den finanziellen und zeitlichen Aufwand, sich regelmäßig durch die Vielzahl der Bewerbungsprofile zu klicken. Realistische Chancen haben Sie vor allem, wenn Sie eine sehr gefragte Qualifikation zu bieten haben. Dann nämlich können Sie durchaus damit rechnen, dass einzelne Recruiter und Headhunter gezielt nach Bewerbern und Bewerberinnen suchen und dabei auf Ihr Profil stoßen.

Oft müssen Sie jedoch einige Geduld aufbringen und dürfen nicht damit rechnen, dass sich Ihr Eintrag binnen kurzer Zeit bezahlt macht.

XING und LinkedIn

Eine Alternative zum Bewerbungsprofil bei einer Jobbörse sind Einträge bei Business-Netzwerken wie XING und LinkedIn. Vor allem auf XING schauen sich viele Personalverantwortliche und -vermittler gezielt um. Auch die Recruitingabteilungen größerer Unternehmen suchen dort regelmäßig nach Personal für offene Stellen. Es ist für sie die günstigste Art und Weise, geeignete Bewerber und Bewerberinnen zu finden. Außerdem tummeln sich auf diesen Portalen nicht allein Stellensuchende, sondern auch Menschen, die zwar eine feste Anstellung haben, aber wechseln wollen.

Wenn Sie auf Stellensuche gehen, lohnt es sich daher, Ihre Profile in diesen Netzwerken im Hinblick auf Ihre Karrierewünsche immer weiter und immer wieder zu optimieren.

Auch bei den sozialen Netzwerken gilt: Am ehesten werden Sie dort fündig, wenn Sie gefragte Qualifikationen bieten und es nicht eilig haben. XING steht im deutschsprachigen Raum auf Platz eins der Business-Netzwerke. LinkedIn dagegen ist hier noch immer ein wenig exotisch, obwohl es derzeit das weltweit größte Business-Netzwerk ist. Es bietet sich vor allem dann an, wenn Sie international auf Stellensuche sind.

Ob für Sie persönlich eine einfache, kostenlose Mitgliedschaft reicht, oder ob Sie besser einen kostenpflichtigen Premiumzugang buchen, das können nur Sie selbst entscheiden. Fest steht, dass Ihnen ohne den Premiumzugang viele Informationen entgehen. Sind das aber auch die Informationen, die für Sie relevant sind? Geht es Ihnen darum, die Gelegenheiten zu gelungenen Selbstdarstellungen zu nutzen, oder darum, wirklich mit viel Engagement immer wieder auf sich aufmerksam zu machen? Sowohl XING als auch LinkedIn sind insbesondere in den typischen gehobenen Bürojobs stark, im traditionellen Handwerk dagegen, in Branchen wie der Pflege oder der Bildung und Erziehung spielen sie eher eine untergeordnete Rolle, ebenso in den typischen Berufen der öffentlichen Verwaltung.

Außerdem zieht man in den Business-Netzwerken vor allem dadurch Aufmerksamkeit auf sich, dass man sich an Gruppendiskussionen beteiligt (oder sogar eigene Dossiers veröffentlicht) und so die eigene Kompetenz unter Beweis stellt. Wem das nicht liegt, hat es schon schwerer.

Ist Ihre Branche in den Business-netzwerken stark vertreten?

Tipp

Meist reicht das kostenlose Profil

Ein Profil bei einer Jobbörse oder einem Business-Netzwerk einzugeben, ist durchaus sinnvoll. Dafür aber die kostenpflichtige Premiummitgliedschaft zu buchen, lohnt sich kaum – nicht einmal unbedingt für hoch bezahlte Fach- oder Führungskräfte. Denn: Wer die notwendigen Qualifikationen mitbringt, den finden Personalverantwortliche, Recruiter und Headhunter auch auf Stepstone, Monster oder – noch beliebter – in den kostenlosen, offenen Bereichen von XING und LinkedIn.

Andererseits bieten die Business-Netzwerke regelmäßig befristete günstige oder sogar kostenlose Premiummitgliedschaften zum Schnuppern an. Vielleicht erhält man so noch am schnellsten die Antwort auf die individuelle Frage, ob sich ein kostenpflichtiger Zugang lohnt oder nicht: einfach ausprobieren!

Jedes Onlineprofil ist eine Bewerbung

Auch wer sich gegen einen kostenpflichtigen Zugang entscheidet, kann von den Business-Netzwerken profitieren: durch eine Mitgliedschaft, kombiniert mit einem durchdachten Profil, das Interessenten eine weitere Facette Ihrer Persönlichkeit offenbart. Die Entwicklung eines aussagekräftigen Profils bei XING oder LinkedIn erfordert mindestens so viel Sorgfalt wie eine klassische Bewerbung: Schließlich ist es eine Selbstpräsentation für die Öffentlichkeit! Nehmen Sie sich dafür also genügend Zeit, und planen Sie auch mehrere Korrekturläufe ein. Kaum jemandem gelingt es auf Anhieb, die eigene Persönlichkeit mit ihren Stärken und Schwächen in nur wenigen Worten zu beschreiben. Und sich auf wenige Worte zu beschränken, das ist in den Business-Netzwerken so wichtig wie in jeder Bewerbung: Die Leser erwarten nämlich nicht möglichst viele, sondern möglichst interessante Informationen.

Für ein erfolgreiches Profil müssen Sie nicht unbedingt die kostenpflichtige Mitgliedschaft buchen – wohl aber den einen oder anderen Tipp beherzigen.

Erstellen Sie Ihr Profil so, dass Personalverantwortliche, Recruiter oder Headhunter etwas damit anfangen können: Die Schwierigkeit bei einem XING- oder LinkedIn-Profil besteht darin, dass Sie sich nicht auf eine explizit ausgeschriebene Stelle bewerben, sondern gewissermaßen aufs Geratewohl Informationen über Ihre Qualifikationen verbreiten und dabei hoffen, auf Interessenten zu stoßen. Genau deshalb sollten Sie sich im Vorfeld darüber informieren, was Personaler, Recruiter und Headhunter wirklich suchen – und inwiefern Sie ihnen etwas zu bieten haben. Machen Sie sich außerdem klar, dass sie alle nur wenig Zeit haben. Kommen Sie also unbedingt auf den Punkt, und fassen Sie sich kurz!

Betrachten Sie vorab online einige Stellenangebote, die in etwa dem entsprechen, was Sie können und tun wollen. Dann haben Sie ein klareres Bild davon, welche Informationen Sie in Ihrem Profil unterbringen müssen.

- Überschätzen Sie den Wert Ihrer Abschlussarbeit nicht. Die letzten Monate haben Sie an kaum etwas anderes gedacht als an das Thema Ihrer Abschlussarbeit. Es schien sich mit

Kommen Sie also unbedingt auf den Punkt und fassen Sie sich kurz!

allem zu verknüpfen, was Ihnen während dieser Zeit im Alltag begegnete. Prüfen Sie an dieser Stelle, ob Ihre Arbeit in der Arbeitswelt wirklich so relevant ist, wie es Ihnen schien oder noch immer scheinen mag –, und prüfen Sie, ob ihre inhaltlichen Ergebnisse überhaupt konkret in Ihrem Berufsleben verwertbar sein können. Am besten geben Sie das Thema an, unterlassen aber weitschweifige Erläuterungen dazu.

- Betonen Sie Ihre besonders hochwertigen Berufsqualifikationen. Das können zum Beispiel Anwenderkenntnisse eines branchenwichtigen Programms sein (die längst nicht jeder hat) oder – wenn das nicht ohnehin Ihr Schwerpunkt ist – umfassende Erfahrungen im Projektmanagement.

- Machen Sie Ihre Spezialisierung deutlich: Einen »Universaldilettanten« wird niemand suchen, sehr wohl aber jemanden, der über eine klar umrissene Sonderqualifizierung verfügt.

- Umschreiben Sie Ihre Qualifikation nicht vage, sondern verwenden Sie die richtigen Keywords. Das gilt nicht nur für Ihre Studienfächer, sondern auch für spezielle Methoden, Verfahren, Techniken, Normen, Standards oder Softwareanwendungen. Wenn diese gefragt sind, dann kann ein Interessent Sie über diese Keywords schnell ausfindig machen. Welche Keywords für Sie wichtig sind, verraten Ihnen wiederum die einschlägigen Stellenanzeigen.

- Schreiben Sie explizit, wenn Sie Berufserfahrung mitbringen und auf welche Tätigkeiten und Verantwortungsbereiche sich diese Berufserfahrung erstreckt.

- Bei XING gibt es den Bereich Karrierewünsche. Bearbeiten Sie ihn, um für Headhunter und Recruiter sichtbar zu sein. Das Wunschgehalt sollten Sie allerdings nicht aufs Geratewohl angeben, sondern erst nach gründlicher Recherche.

- Facebook gilt als privates Netzwerk; inzwischen wird es aber regelmäßig von Personalern genutzt, um Informationen über potenzielle Mitarbeiter/-innen einzuholen. Setzen Sie sich daher mit Ihrem Profil und Ihrer Chronik geschickt ins rechte Licht. Das fängt bei korrekter Rechtschreibung an und hört bei intelligenten Posts noch lange nicht auf (die z. B. Ihr Interesse an branchenrelevanten Themen erkennen lassen).

Betonen Sie Ihre besonders hochwertigen Berufsqualifikationen.

- Geben Sie Ihren Wohnort ein, zumindest aber die Postleitzahl. Ein Personalverantwortlicher, Recruiter oder Headhunter wird sich immer zunächst im Umkreis des Arbeitgebers umsehen, für den er einen geeigneten Kandidaten sucht. Denn längst nicht alle Bewerber und Bewerberinnen sind willens, für einen neuen Arbeitsplatz umzuziehen. Mit Angabe der Postleitzahl erhöhen Sie Ihre Chance, kontaktiert zu werden.

- Was die Reihenfolge angeht: Setzen Sie an die oberste Stelle Ihres Eintrags, was wirklich am wichtigsten ist, also Qualifikationen, Erfahrungen und Kenntnisse in Bezug auf das Berufsfeld, in dem Sie tätig sein wollen. Andere Informationen lenken vom Wesentlichen ab. Sie können diese also weiter unten anführen – oder ganz weglassen. Erwähnen Sie nur, was für Ihren aktuellen Karrierewunsch relevant ist.

- Machen Sie auch Angaben zu organisatorischen Fragen. Schreiben Sie etwa »Reisetätigkeit uneingeschränkt möglich«, wenn Sie nach einer Stelle suchen, die üblicherweise mit häufigen Geschäftsreisen verbunden ist.

Sie mögen noch so interessante Qualifikationen bieten – solange Sie einem Personalverantwortlichen, Recruiter oder Headhunter nicht mitteilen, was Sie wollen, nützt das nichts. Verzichten Sie auf leere Phrasen wie »suche interessante Kontakte, neue Erfahrungen und berufliche Herausforderungen« und schreiben Sie explizit, wonach Sie suchen.

TIPP

PDFs nur bei kostenpflichtiger Mitgliedschaft

Derzeit bieten nur die kostenpflichtigen Premiummitgliedschaften die Möglichkeit, Bilder und PDF-Dateien hochzuladen. Diese Option ermöglicht Ihnen, etwa Ihren Lebenslauf zusätzlich einzustellen oder Arbeitsproben hochzuladen, was v. a. bei kreativen Berufen sinnvoll sein kann. Das macht es Interessenten leichter, sich näher über Sie zu informieren. Natürlich müssen Sie selbst entscheiden, was Sie in einem Businessnetzwerk einer größeren Öffentlichkeit über sich und Ihre Arbeit preisgeben möchten.

Schreiben Sie zum Beispiel: »[Ich suche] eine Vollzeitanstellung im Bereich … / eine Traineestelle / ein Praktikum«.

- Benennen Sie nicht nur die angestrebte Tätigkeit, sondern auch die Position, z. B. Juniorproduktmanager.
- Benennen Sie die Anforderungen, denen Sie gerecht werden.
- Vergessen Sie auch die sozialen Kompetenzen (»Soft Skills«) nicht. Dazu gehören beispielsweise Führungsqualitäten, Teamfähigkeit, Kommunikationskompetenz, Konflikt-fähigkeit, selbstbewusstes Auftreten, Einfühlungsvermögen, Kritikfähigkeit oder Selbstdisziplin.

Denken Sie bei der Zusammenstellung und vor allem bei der For-mulierung Ihrer Texte an die Adressaten; Sie schreiben schließlich nicht für sich, sondern für andere: Was müssen sie erfahren, was sollten sie erfahren? Was ist weniger wichtig? Stimmt der Tonfall; klingt alles freundlich und offen?

Kontaktdaten eingeben, Kontakte pflegen
Personalverantwortliche, Recruiter und Headhunter halten sich nicht gern mit zeitraubenden E-Mails auf. Sie werden Sie daher womöglich lieber anrufen, anstatt Sie auf XING oder LinkedIn zu kontaktieren. Deshalb gilt: Geben Sie Ihre Kontaktdaten an. Zumindest die Telefon- oder Mobilfunknummer, unter der Sie problemlos erreichbar sind, sollten Sie nennen.
Auch eine E-Mail-Adresse sollten Sie im Feld »Kontaktdaten« hinterlegen oder alternativ dafür sorgen, dass XING-Benachrich-tigungen stets in Ihrem Postfach landen, auch wenn Sie gerade nicht eingeloggt sind. Falls eine Anfrage kommt, reagieren Sie umgehend.
In der Premiummitgliedschaft können Sie sehen, wer auf Ihr Profil zugegriffen hat. Das sind wertvolle Auskünfte für Sie: Wenn sich ein Personalverantwortlicher, Recruiter oder Headhunter für Sie interessiert, Ihnen aber noch keine Anfrage gesendet hat, werden Sie von sich aus aktiv. Fragen Sie direkt bei der betreffenden Person, wonach sie sucht. Auf diese Weise erhalten Sie schnell wertvolle Kontakte, die Ihnen im günstigsten Fall die gewünschte Stelle bringen können. Die meisten Arbeitgeber schätzen Eigen-initiative, und einmal hergestellte persönliche Kontakte erweisen

> Denken Sie bei der Formulierung Ihrer Texte an die Adressaten!

sich später oft als nützlich. Respektieren Sie jedoch auch abschlägige Antworten: Wenn Sie auf Ihre Anfrage keine Antwort erhalten oder die Kontaktperson kein Interesse signalisiert, führt auch hartnäckiges Nachhaken nicht zum Erfolg.

Online-Stellenangebote auf Aktualität prüfen

Sie haben eine passende Stellenanzeige im Internet gefunden? Dann prüfen Sie, ob sie noch aktuell ist. Das ist nämlich nicht selbstverständlich.

Seien Sie bei Onlineanzeigen skeptisch, was die Aktualität angeht. Das gilt selbst bei Jobbörsen und Stellenportalen, die damit werben, stets aktuell zu sein. Denn nicht alle Anzeigen werden gelöscht, wenn sie veraltet sind. Selbst bei Stellenanzeigen auf Unternehmenswebsites ist Vorsicht geboten. Erfahrungsgemäß sind auch diese nicht immer auf dem neuesten Stand. Nicht alle aktualisieren ihre Firmenwebsite im Wochenrhythmus.

Verlassen Sie sich auch nicht auf das Datum von Stellenanzeigen in Jobbörsen. Denn oft bezeichnet es nicht den Tag der Erstveröffentlichung (z. B. in gedruckter Form in einer Zeitung), sondern den Tag der Erfassung in der Jobbörse. Von der Erstveröffentlichung bis zur Erfassung können einige Tage ins Land gehen – entscheidende Tage, wenn es darum geht, ob Ihre Bewerbung

Nicht alle Firmen aktualisieren ihre Firmenwebsite im Wochenrhythmus.

noch rechtzeitig beim Personalverantwortlichen eintrifft.
Bei Stellenanzeigen im Internet gilt daher die Empfehlung: Klären
Sie telefonisch, ob sie noch gültig sind. Rufen Sie beim Arbeit-
geber an und fragen Sie, ob sich eine Bewerbung noch lohnt.
Sollte dies nicht der Fall sein, dann sparen Sie die Zeit, die eine
gute Bewerbung erfordert.

In Printmedien suchen

Auch wenn heute viele Stellen über das Internet angeboten werden, so sind die Anzeigenteile der Printmedien noch längst nicht
überflüssig geworden.

Stellenanzeigen in Tageszeitungen

Unterschätzen Sie die Stellenmärkte in den Tageszeitungen
nicht! Einmal wöchentlich den Stellenmarkt der Frankfurter Allgemeinen Zeitung, der ZEIT und der Süddeutschen Zeitung zu
durchstöbern, reicht allerdings nicht. Sorgen Sie dafür, dass Ihnen
genügend Zeitungen zur Verfügung stehen. Besonders lohnt sich
der Blick auf größere Regionalzeitungen und kleinere überregionale Zeitungen.

Sie suchen nicht allein in der Umgebung Ihres Wohnorts eine
Stelle? Oder Sie wissen schon, dass Sie in einer anderen Region
arbeiten wollen? Dann haben Sie sicher die Schwierigkeit, dass
nicht jede für Sie interessante Lokal- und Regionalzeitung in
Ihrer Nähe zu haben ist. Das ist aber noch lange kein Grund,
sich bei der Stellensuche nur auf die wesentlichen Zeitungen zu
beschränken, die am Kiosk verkauft oder in der Bibliothek angeboten werden.
Abonnieren Sie einfach andere Lokal- bzw. Regionalzeitungen
zusätzlich. Sie meinen, das ist zu teuer? Irrtum! Kaum jemand
weiß, dass die meisten Zeitungen auch im Samstags- bzw. Wo-
chenendabonnement zu haben sind. Die wenigsten Zeitungen
machen offen dafür Werbung. Dennoch ist es bei den meisten
Zeitungen ohne Weiteres möglich, nur die Samstagsausgaben
im Abonnement zu beziehen. Das heißt: Sie bekommen und
bezahlen jeweils nur die Ausgabe, die in der Regel den größten
Stellenmarkt enthält. Das Samstagsabonnement zu kündigen,

Tipp

Das Samstagsabonnement

Die Erfahrung zeigt, dass es nichts bringt, sich Zeitungen von Bekannten aufbewahren und mitbringen zu lassen. Durch die Zeitverzögerung sind viele Stellen schon wieder passé, wenn der Bewerber oder die Bewerberin davon erfährt. Mit einem Samstagsabonnement haben Sie dagegen gleich zwei Vorteile:

1. Sie bekommen Stellenanzeigen aus den Regionen, die Sie wirklich interessieren.
2. Wenn Sie sich bewerben, dann haben Sie längst nicht so viel Konkurrenz wie bei einer überregionalen Zeitung.

sobald Sie es nicht mehr brauchen, ist ebenfalls kein Problem. Das geht meist monatlich, manchmal auch nur vierteljährlich. Prüfen Sie, welche Regionen für Sie infrage kommen, und bestellen Sie mehrere Samstagszeitungen. Wenn Sie außerhalb des regulären Zustellgebiets wohnen, kommt die Zeitung allerdings nicht per Zusteller, sondern mit der Post – dann eventuell gegen einen geringen Aufpreis und mit Verzögerung.

Auch Zeitungen benachbarter Regionen abonnieren

Stellenanzeigen in Fachzeitschriften

Gerade die Stellen für Akademiker/-innen können so speziell sein, dass sie nicht in den Stellenmärkten der Tageszeitungen ausgeschrieben werden. Das gilt beispielsweise für viele Ingenieurberufe. Hier lohnt sich in jedem Fall ein Blick in einschlägige Fachzeitschriften, im Fall der Ingenieure und Ingenieurinnen also in die VDI-Nachrichten (Fachzeitschrift des Vereins Deutscher Ingenieure) oder, um ein weiteres Beispiel zu nennen, für Zahnärzte und Zahnärztinnen in die Zahnmedizinischen Mitteilungen. Welche Fachzeitschriften gerade in Ihrem Bereich besonders wichtig sind, sollten Sie aus Ihrem Studium wissen. Werfen Sie aber auch einen Blick über den Tellerrand: In welchen benachbarten Gebieten könnte es weitere Fachzeitschriften geben?

Im Bekanntenkreis nach Stellen fragen

Experten schätzen, dass etwa zwei Drittel aller Stellen unter der Hand vergeben werden. Diese Stellen werden gar nicht ausgeschrieben und nicht per Zeitungsinserat bekannt gemacht, sondern firmenintern oder mit Personen aus dem näheren Umfeld des Unternehmens besetzt. Das ist eine Chance für Sie! Hören Sie sich im Bekanntenkreis um. Posten Sie in Ihren sozialen Netzwerken, dass Sie Ihr Studium abgeschlossen haben und jetzt auf Stellensuche sind. Besonders wenn Sie das kreativ angehen und variierend mehrmals tun, dürfte sich das herumsprechen. Nutzen Sie alltägliche Small-Talk-Situationen im Treppenhaus oder beim Einkaufen, um andere über Ihre Stellensuche zu informieren.

Beziehungen nutzen, Kontakte pflegen

Sobald Sie von einer interessanten offenen Stelle erfahren, sollten Sie aktiv werden. Versuchen Sie, so viele Informationen wie möglich darüber zu bekommen, und schreiben Sie schnell eine Initiativbewerbung. Wenn möglich, bitten Sie die Bekannten, die Ihnen von der freien Stelle erzählt haben, um alle Informationen: Um welche Tätigkeiten geht es? Ist die Stelle schon frei, oder wird sie es erst noch werden? Gibt es Ansprechpartner im Unternehmen, mit denen Sie Kontakt aufnehmen können? An wen können Sie Ihre Bewerbung senden? Lassen Sie sich möglichst Name und Funktion nennen.

Auf Hinweise mit einer Bewerbung reagieren

Nach Unternehmen suchen

Auch wenn die Stellenmärkte nur wenige interessante Angebote hergeben – lassen Sie sich nicht entmutigen! Halten Sie Ausschau nach Unternehmen, die Sie für interessant halten. Versuchen Sie herauszufinden, ob diese vielleicht auch Stellen – oder Unternehmensbereiche – haben, wo Sie gern arbeiten würden.

Das tun Sie, indem Sie
- die Firmenwebsite studieren,
- Leute ansprechen, die dort tätig sind,
- in der Personalabteilung anrufen und fragen.

Aus allen Informationen, die Sie zusammengetragen haben, dürften sich konkrete Bilder ergeben, die Sie auch grundsätzlicher nutzen können, um Ihre Neigungen zu erkunden. Vielleicht finden Sie so heraus, dass Sie gern soziale Verantwortung übernehmen möchten, für eine Non-Profit-Organisation arbeiten wollen oder fasziniert sind von einem besonders innovativen Umfeld. Wenn Sie fündig geworden sind, schicken Sie eine Initiativbewerbung oder eine Bewerbung in Anlehnung an eine ausgeschriebene Stelle, bei der vielleicht nicht genau die Qualifikationen und Erfahrungen gesucht sind, die Sie bieten, aber ähnliche.

AUF WELCHE STELLENANZEIGEN BEWERBEN?

Unspezifische Bewerbungen bringen gar nichts.

Viele Stellensuchende machen regelmäßig die gleiche, frustrierende Erfahrung: Sie finden kaum etwas, was genau zu ihnen passt. Dann bewerben sie sich lustlos und unspezifisch per Standardbewerbungen mit immer gleichen Formulierungen auf mehr oder weniger beliebige Stellenangebote.

Nur auf interessante Stellen bewerben

Zwei, drei Wochen später kommt garantiert die Absage. Warum?

- Weil sie nicht zum gewünschten Anforderungsprofil passen.
- Weil sie in ihrer Bewerbung keinerlei Aussage dazu gemacht haben, warum sie die Stelle gern hätten.
- Weil sie sich nicht dazu geäußert haben, warum sie dieser Arbeitgeber interessiert.

Vermeiden Sie es, Ihre Bewerbungen unspezifisch zu formulieren und beliebig auf alle möglichen Stellenangebote hin zu verschicken. In der Regel haben Sie damit keinen Erfolg. Und mit jeder Absage sinkt das Selbstvertrauen. Stattdessen sollten Sie gezielt diejenigen Stellenangebote heraussuchen, die Sie wirklich interessant finden und für die Sie Ihrer Ansicht nach qualifiziert sind. Wohlgemerkt Ihrer Ansicht nach, denn mit den Anforderungen der potenziellen Arbeitgeber ist das so eine Sache.

Trotz fehlender Qualifikationen bewerben

Oft taucht in Stellenanzeigen neben wirklich nötigen Kenntnissen und Fähigkeiten (z. B. Sprachkenntnissen bei Auslandsstellen, speziellen Computerkenntnissen bei IT-Fachleuten) noch eine ganze Liste von Wunscheigenschaften und -kenntnissen auf, die ein Bewerber oder eine Bewerberin unmöglich alle haben kann. Wenn die Stellenanzeige nicht erkennen lässt, wie wichtig die einzelnen Anforderungen sind, dann überlegen Sie selbst:

- Trauen Sie sich die Aufgaben der ausgeschriebenen Stelle zu?
- Fehlen Ihnen (fast) nur Eigenschaften oder Kenntnisse, die dafür nebensächlich sind?
- Haben Sie Qualifikationen, die Sie stattdessen zu Ihren Gunsten in die Waagschale werfen können?
- Können Sie sich in die Gebiete, in denen Sie keine Erfahrungen haben, schnell einarbeiten?

Wenn Sie diese Fragen mit »Ja« beantworten können, dann probieren Sie es mit einer Bewerbung, falls Ihnen nicht wirklich entscheidende Qualifikationen fehlen. Und bemühen Sie sich, für Ihre Bewerbung gute Argumente zu finden, zum Beispiel warum

- Sie gerade diese Stelle gern hätten,
- Sie sich trotz vermeintlicher oder tatsächlicher Defizite für den geeigneten Kandidaten halten,
- das Unternehmen Sie interessiert und Sie gern dort arbeiten möchten?

Natürlich hängen Ihre Chancen bei einer solchen Bewerbung von der Konkurrenz ab. Aber darüber, was Ihre Mitbewerber und Mitbewerberinnen eventuell zu bieten haben, sollten Sie sich nicht den Kopf zerbrechen – das können Sie weder abschätzen noch beeinflussen. Und vielleicht entdeckt der Personaler Eigenschaften bei Ihnen, die ihm besonders wichtig sind.

Initiativ in Anlehnung an eine ausgeschriebene Stelle bewerben

Es gibt eine zweite Möglichkeit, die sich Ihnen zumindest bei größeren Firmen bietet: Angenommen, die Stelle scheint Ihnen

> *Die wichtigsten Qualifikationen sollten stimmen, dann ist eine Bewerbung ratsam.*

interessant, Ihnen fehlt aber noch die nötige Erfahrung. Dann versuchen Sie es mit einer Initiativbewerbung in Anlehnung an die ausgeschriebene Position. Signalisieren Sie darin Ihre Bereitschaft, sich fortzubilden, vielleicht ein Training zu durchlaufen. Wenn Sie – trotz fehlender Qualifikationen – Argumente finden, die für Ihre Eignung sprechen, dann sollten Sie auf jeden Fall eine Bewerbung losschicken. Aber aufgepasst: Eine Bewerbung mit dem üblichen Standardtext bringt keinen Erfolg.

Schneiden Sie Ihre Bewerbung sorgfältig auf die angebotene Stelle zu. Formulieren Sie ein Anschreiben, in dem Sie individuell auf die Stelle und das Unternehmen eingehen. Verhehlen Sie nicht, dass Ihnen eine oder mehrere der gewünschten Qualifikationen fehlen. Aber kompensieren Sie das nach Möglichkeit, indem Sie andere Fähigkeiten betonen, die Sie zu bieten haben. Ändern Sie auch Ihren Lebenslauf. Das bedeutet nicht, dass Sie schummeln sollten. Aber setzen Sie die Schwerpunkte so, dass

- die eine oder andere Station in Ihrem Leben zumindest einen Anknüpfungspunkt zur gebotenen Stelle bildet,
- dem Empfänger deutlich wird, warum Sie sich ausgerechnet auf diese Stelle bewerben.

Beispiel Kyra Müller hat keine Erfahrung im Projektmanagement, will sich aber auf eine Stelle bewerben, in der das verlangt wird. Sie weiß, dass sie Organisationstalent hat, strukturiert denkt und handelt, dass sie gut mit Menschen umgehen kann und dass ihr das auch Spaß macht. Kyra Müllers Bewerbung kann sich durchaus lohnen.

Sie muss eben ihr Manko – die fehlende Erfahrung – ansprechen und gut begründen, warum sie sich trotzdem für geeignet hält. »Berufliche Erfahrungen als Projektmanagerin habe ich leider nicht, wohl aber Erfahrungen aus meiner Freizeit: In meinem Sportverein habe ich zusammen mit einer Partnerin alle Veranstaltungen erfolgreich geplant und organisiert.« Wenn die Konkurrenz nicht allzu groß ist, hat sie mit diesem Satz im Anschreiben durchaus Chancen, zum Vorstellungsgespräch eingeladen zu werden. Dort kann sie den potenziellen Arbeitgeber von ihren Fähigkeiten überzeugen.

Fehlende Qualifikationen lassen sich manchmal ausgleichen.

>> Ich hatte zunächst den Eindruck, dass es eine Menge Stellen für Leute mit meiner Qualifikation gibt. Aber später habe ich gemerkt, dass die Ausschreibung oft nicht mit den tatsächlichen Anforderungen übereinstimmt. Ich habe mich auf einige Stellen beworben, von denen ich glaubte, dass ich auf sie passe, habe aber dann im Gespräch gemerkt, dass dem nicht so war. Ich habe aus diesen Erfahrungen für mich den Schluss gezogen: Die ersten beiden Punkte einer Stellenbeschreibung sagen wirklich aus, wen das Unternehmen sucht, der Rest ist »nice to have«.

Christoph L., 28 Jahre, Master Wirtschafts- und Ingenieurswissenschaften, Qualitätsingenieur bei einem großen Automobilzulieferer

Fachfremd bewerben? Oder nur studiennah?

Für Hochschulabsolventen und -absolventinnen in Deutschland und in Österreich ist das Risiko, über längere Zeit keine Einstiegsstelle zu finden, verhältnismäßig gering; noch geringer ist es in der Schweiz. Das ist eine Tatsache, auch wenn sich das Gerücht vom Akademiker, der nach monatelanger Arbeitslosigkeit schließlich Taxi fahren, oder der Akademikerin, die schließlich Bratwürste verkaufen muss, hartnäckig hält.

In Wahrheit liegt der Anteil der Akademiker/-innen an der Gesamtzahl der Arbeitslosen in Deutschland und in Österreich weit unter zehn Prozent. Als Hochschulabsolvent/-in haben Sie also gute Chancen, einen Arbeitsplatz zu finden, und zwar genau in dem Bereich, für den Sie studiert haben. Das trifft natürlich vor allem auf Absolventen und Absolventinnen von Studienfächern zu, die auf einen bestimmten Beruf zielen und auch schon praktische Komponenten beinhalten wie Medizin, Jura oder das Lehrerstudium.

Nur wenige Akademiker sind längere Zeit arbeitslos.

Studiennaher Berufsweg Julius L., ein Humanmediziner, tritt unmittelbar nach dem Studium eine Stelle in einem Krankenhaus an. Dort qualifiziert er sich zum Facharzt weiter. Später steigt er in eine Praxisgemeinschaft ein.

Lars F., ein Jurist, absolviert nach dem Studium sein Referendariat. Danach geht er als Richter in den Staatsdienst. Ein früherer Kommilitone von ihm fängt nach dem Referat in einer Rechtsanwaltskanzlei an.

> Die meisten Fächer aber führen nicht auf einem solchen direkten Weg in eine Berufstätigkeit, die dem Studium klar entspricht. Fachfremde Einsätze kommen bei Hochschulabsolventen und Hochschulabsolventinnen besonders häufig vor. Und das betrifft nicht nur Geistes-, Politik- oder Sozialwissenschaftler/-innen, deren Studienfächer leider in dem schlechten Ruf stehen, »brotlos« zu sein.

Fachfremde Tätigkeiten Die Wirtschaftswissenschaftlerin Lisa A. arbeitet im Anschluss an ihr Studium nicht etwa in der Wertpapierabteilung einer Bank, sondern wird Produktmanagerin in einem Pharmakonzern.

Sebastian G., Bachelor der Elektrotechnik, ist nach jahrelanger Tätigkeit bei einem Automobilzulieferer zum Experten für internationale Handelsbeziehungen geworden und verantwortet den Absatz auf dem asiatischen Markt. Er arbeitet jetzt also im Marketing und nicht – wie für Ingenieure üblich – in der Entwicklung.

> Viele Akademiker/-innen finden sich nach dem Hochschulabschluss in einem Beruf wieder, der sich nicht oder nur teilweise mit den Inhalten ihres Studiums deckt. Das bedeutet aber nicht, dass sie für diese vermeintlich fachfremden Tätigkeiten unzureichend qualifiziert wären. Viele haben durch das wissenschaftliche Arbeiten die Fähigkeit erlangt, sich in andere Gebiete schnell einzudenken, oder haben in Jobs während des Studiums und erst recht in den ersten Berufsjahren vielfältige Erfahrungen gesammelt.

Stellensuche

Tipp

Es geht nicht um irgendeine Stelle

Selbstverständlich sollten Sie als Bewerber flexibel sein und sich anpassen können. Aber verbiegen Sie sich nicht! Bewerben Sie sich nur auf Stellen, die auch Ihrer Persönlichkeit entsprechen und die sowohl Ihrer akademischen Ausbildung als auch Ihren Charaktereigenschaften, Ihren Neigungen, Kenntnissen und Fähigkeiten gerecht werden. Es geht schließlich nicht um irgendeine Stelle, sondern um Ihren Berufseinstieg.

Fachfremde Tätigkeiten als Chance sehen

Ein fachfremder Einsatz ist kein Makel im Lebenslauf, sondern die mögliche Folge einer akademischen Ausbildung. Nur wenn Sie sich über diese Tatsache im Klaren sind, können Sie sich in Ihrer Bewerbung überzeugend präsentieren. Wichtig ist vor allem, dass Sie ihren Wunsch, einen fachfremden Job anzutreten, plausibel begründen und die während des Studiums erworbenen Qualifikationen in der Bewerbung angemessen darstellen.

In fachfremden Tätigkeiten lässt sich eine besondere Fähigkeit anwenden, die Studierenden in fast jedem Studiengang vermittelt wird: Sie lernen während des Studiums, sich selbstständig, schnell und intensiv in zahlreiche verschiedene Themengebiete einzuarbeiten. Diese Kompetenz bringt sie auch später im Berufsleben weiter. Akademiker und Akademikerinnen können durchaus auf einem völlig neuen Gebiet Experten werden – und das mehrmals während des Berufslebens. Erweitern Sie Ihren Blick, indem Sie sich auch auf Stellen bewerben, die dem ersten Anschein nach nicht genau zu Ihrem Studienfach passen.

Das Studium vieler Fächer – vor allem der klassischen universitären Grundlagenfächer – verläuft ohne eine Spezialisierung, die im Berufsleben direkt anwendbar ist. Das mag auf den ersten Blick ein Mangel sein. Aus anderer Perspektive betrachtet, kann das aber auch heißen, dass den Absolventen und Absolventinnen noch alle Möglichkeiten zur Spezialisierung offenstehen.

> Ein fachfremder beruflicher Einsatz ist kein Makel.

Studienabschlüsse ohne Spezialisierung

Zwar verfassen Studierende ihre Bachelor- oder Masterarbeit zu einem speziellen Thema, während ihres Studiums aber beschäftigen sie sich mit vielen unterschiedlichen Bereichen ihres Fachs. Sie legen sich also relativ spät auf eine bestimmte Richtung fest. Viele der Qualifikationen, die ihren späteren Werdegang maßgeblich bestimmen, eignen sie sich erst später an, oft sogar erst nach dem Abschluss.

Dabei spielt nicht selten der Zufall eine Rolle. Viele Akademiker/-innen finden während einer Aushilfstätigkeit Geschmack an einem bestimmten Aufgabenbereich. In anderen Fällen gibt ein Praktikum den Ausschlag. Manche Hochschulabsolventen und -absolventinnen schließlich geraten über Beziehungen in eine erste Berufstätigkeit hinein und entdecken dort, welche Tätigkeiten ihnen liegen und welchen Weg sie zukünftig weiterverfolgen wollen.

Späte berufsbezogene Spezialisierung Die Biologin M. Sc. Margit C. hat in den Semesterferien ein Praktikum in der Pressestelle einer Naturschutzorganisation absolviert. Nach Abschluss ihres Studiums bewirbt sie sich auf eine Traineestelle bei einer PR-Agentur, die sie dank ihrer Praktikumserfahrungen auch bekommt. Die Agentur übernimmt die Presse- und Öffentlichkeitsarbeit von Unternehmen im Gesundheitssektor. Eine Mitarbeiterin mit naturwissenschaftlichem Hintergrund ist daher sehr willkommen.

Die Hochschulabsolventin merkt schnell, dass es ihr Spaß macht, Texte zu verfassen. Zudem versteht sie dank ihres Studienfachs mühelos komplexe medizinische Zusammenhänge. Es fällt ihr leicht, diese in eine einfache, verständliche und daher pressetaugliche Sprache zu übersetzen.

In der PR-Agentur wird Margit C. aber zunehmend auch für andere Aufgaben eingesetzt. Neben der klassischen Pressearbeit hilft sie bei der Organisation von Produktpräsentationen, Messeauftritten und Pressekonferenzen. Das gefällt ihr sogar noch besser als das Schreiben von Pressemitteilungen. Sie will sich ganz auf diesen Bereich konzentrieren, und bewirbt sich letztlich bei einer Eventagentur. Fortan ist das Veranstaltungsmanagement ihre Haupttätigkeit. Die Hochschulabsolventin hat sich also in einem Bereich spezialisiert, der mit ihrem ursprünglichen Studium der Biologie kaum noch etwas zu tun hat.

Fehlender Bezug zur späteren Tätigkeit

Daneben gibt es auch viele Studierende, die sich sehr wohl schon während des Studiums spezialisieren und womöglich in einem Teilgebiet ihres Fachs sogar promovieren. Allerdings fehlt dabei oft der Bezug zu einer späteren Berufstätigkeit. Mit anderen Worten: Sie befassen sich während ihres Studiums oder ihrer Promotion mit anderen Themen als jenen, die am Arbeitsmarkt primär gefragt sind. Eine wissenschaftliche Laufbahn wollen oder können sie aber auch nicht einschlagen.

Fall 2: Spezialisierung im Studium, aber nicht berufsbezogen

Doktorarbeit ohne berufspraktischen Bezug

Raffael H., promovierter Slawist, hat seine Dissertation über ukrainische Literatur der Postmoderne geschrieben. Dabei war ihm vollkommen klar, dass das Thema ihn nicht für einen Beruf qualifiziert. Zum Berufseinstieg verhelfen ihm – neben seinem Doktortitel – seine hervorragenden Kenntnisse der ukrainischen Sprache und seine soliden Grundkenntnisse des Russischen. Seine erste Stelle tritt Raffael H. bei einer Industrie- und Handelskammer (IHK) an. Dort wird er als Referent für den osteuropäischen Raum eingestellt. Er hilft den IHK-Mitgliedsunternehmen, Handelsbeziehungen nach Osteuropa zu knüpfen. Später wird er von einer großen, international agierenden Bank abgeworben, die in der ukrainischen Hauptstadt Kiew eine Auslandsdependance einrichten will.

In diesem Beispiel bestimmt also die Spezialisierung während der Promotion nicht den weiteren Berufsweg. Entscheidend sind vielmehr die Sprachkenntnisse sowie die Schlüsselqualifikationen, die sich Raffael H. während seiner Promotion angeeignet hat. Sie ermöglichen ihm den Einstieg in eine berufliche Tätigkeit.

Enger Zusammenhang zwischen Studium und Tätigkeit

Schließlich gibt es aber durchaus auch Akademiker/-innen, die sich schon während des Studiums auf genau das Gebiet spezialisieren, in dem sie später arbeiten wollen und werden. Zu den Fächern, in denen eine berufsbezogene Spezialisierung häufig vorkommt, gehören beispielsweise Rechtswissenschaft und Betriebswirtschaftslehre, aber auch technische und naturwissenschaftliche Studiengänge wie Maschinenbau, Verfahrenstechnik, Elektrotechnik, Bauingenieurwesen, Informatik oder Biochemie.

Fall 3: Spezialisierung bereits im Studium

Von der Masterarbeit direkt in den Beruf Jakob R., Student der Wirtschaftsinformatik, arbeitet gegen Ende seines Studiums zeitweise als Werkstudent in einem Maschinenbaubetrieb. Er schreibt dort seine Masterarbeit über die Steuerung von Fertigungsanlagen und programmiert dazu die Software. Nach seinem Abschluss wird er vom Unternehmen übernommen und kann auf demselben Gebiet weiterarbeiten.

Mut zum Unbekannten

Akademiker wissen im Gegensatz zu Auszubildenden oft nicht, was sie im Beruf erwartet.

Fehlentscheidungen bei der Berufswahl kommen bei Akademikern und Akademikerinnen leider häufiger vor als bei anderen. Auszubildende etwa können aufgrund eines klaren Berufsbildes oder spätestens während der Ausbildung sehr viel genauer abschätzen, was sie im späteren Beruf erwartet.

Für Akademiker/-innen ist das schwieriger, denn im Studium erfahren sie oft nichts oder nur sehr wenig darüber, welche Berufe sie nach dem Abschluss ergreifen können (Career Center an den Hochschulen versuchen, diesem Missstand entgegenzuwirken). Eine Mittelstellung nehmen die praxisnahen Studiengänge der Hochschulen für angewandte Wissenschaften und der Berufsakademien ein, die in der Regel diverse Pflichtpraktika vorsehen. Der Berufsweg von Akademikern und Akademikerinnen gleicht daher in vielen Fällen einem verschlungenen Pfad mit Umwegen, Abzweigungen und Weggabelungen. Es kann sogar vorkommen, dass ein eingeschlagener Weg in eine Sackgasse führt – etwa wenn jemand eine Tätigkeit aufnehmen muss, die ihm entweder nicht gefällt oder mit der er über- oder unterfordert ist.

Aus Erfahrung klug werden

Akademiker/-innen scheuen im Idealfall fachfremde Tätigkeiten nicht und sind bereit, sich unbekannten Herausforderungen zu stellen. Die im Studium erlernte fachliche Flexibilität können sie oft erfolgreich auch in ihrem Beruf anwenden. Allerdings bedeutet das nicht, dass sich nicht auch Hochschulabsolventen und -absolventinnen irren können und eine Stelle annehmen, die ihnen gar nicht liegt. Sie sollten sich nach der Probezeit im Einvernehmen verabschieden, statt sich zu quälen und sich die Chancen auf eine andere – glücklichere – Laufbahn zu verbauen.

Mut zum Kompromiss

Manchmal bietet der Markt einfach nicht die Traumstelle. Bevor Sie aber viele Monate ganz ohne Arbeit bleiben, sollten Sie Kompromisse eingehen. Prüfen Sie, welche Kompromisse Sie noch tragen können und welche nicht. Aber gehen Sie welche ein. Selbst wenn Sie sich dann auf einer Stelle wiederfinden, die Ihnen nicht zusagt, dann wissen Sie mit Bestimmtheit, was Sie nicht wollen, und Sie können sich, finanziell abgesichert, einen anderen Arbeitsplatz suchen. Aber vielleicht machen Sie auch völlig unerwartete, erfreuliche Erfahrungen. Vielleicht stellen Sie fest, dass Ihnen ein sympathisches Kollegium viel wichtiger ist als eine hoch anspruchsvolle Tätigkeit. Vielleicht, dass Sie im Unternehmen ungeahnte Entwicklungsmöglichkeiten haben. Oder mit Tätigkeiten betraut werden, von denen Sie früher noch nie etwas gehört haben. Die erste Berufstätigkeit nach dem Studium kann ein Türöffner in ganz neue Welten sein. Wenn nicht, ist ein Richtungswechsel erforderlich. Na und?

> Vielleicht machen Sie völlig unerwartete, erfreuliche Erfahrungen.

Richtungswechsel erforderlich Mario W. hat Betriebswirtschaft studiert und sich zunächst für den Bereich Marketing entschieden. Direkt nach dem Studium fängt er bei einem Luxusgüterkonzern an, wo er den Markteintritt für exklusive Duftlinien organisieren soll. Die Zusammenarbeit mit PR-Experten und Werbeagenturen entspricht aber nicht seiner Begabung: Das Gespür für die Käufer im Luxussegment fehlt ihm, und er kann den Agenturen kaum klare Vorgaben machen. Mario W. graut es jeden Morgen vor seiner Arbeit.

Schließlich besinnt er sich auf seine Stärken: Er kann sehr gut mit Zahlen umgehen und arbeitet gern mit Tabellenkalkulationsprogrammen. Es fällt ihm leicht, Unternehmensprozesse in Zahlen darzustellen oder solche Daten auszuwerten und zu interpretieren. Als ihm das bewusst wird, bewirbt er sich erfolgreich auf eine Stelle im Controlling. Dort befasst er sich mit der Entwicklung betriebswirtschaftlicher Kennzahlen für seinen neuen Arbeitgeber. Er ist dabei ganz in seinem Element.

? Wie sieht ein typischer Einstieg bei Ihnen aus?

Er läuft über ein klassisches Bewerbungsverfahren. Es ist von Vorteil, aber keine unbedingte Voraussetzung, wenn man bei uns schon mal ein Praktikum gemacht hat oder studentischer Mitarbeiter war. Uns ist vor allem wichtig: Passt das Profil des Bewerbers zu der ausgeschriebenen Stelle.

? Was sind klassische Bewerberprofile für NGOs?

Viele unserer Mitarbeiter/-innen haben Politik- oder Sozialwissenschaften studiert. Interessant sind auch Aufbaustudiengänge im Bereich Entwicklungszusammenarbeit. Im Marketing ist ein kommunikations- oder betriebswirtschaftliches Studium sinnvoll. Man kann das aber nicht so holzschnittartig sagen. Es geht auch ganz stark darum: Was ist neben und nach dem Studium passiert?

? Oxfam setzt sich für eine gerechte Welt ohne Armut ein. Wie wichtig ist bei einer NGO-Bewerbung die Überzeugung von der Sache?

In unseren Ausschreibungen ist die Identifikation mit den Zielen von Oxfam eine Grundvoraussetzung. Wer sich bei uns bewirbt, sollte hinter dem stehen, was wir tun. Allerdings muss man das in die Bewerbung nicht explizit hineinschreiben, weniger ist da manchmal mehr.

? Welche Eigenschaften sind bei Ihnen gefragt?

Ganz wichtig ist Teamfähigkeit. Open-minded zu sein, sich nicht nur in seinem Feld zu bewegen, sondern auch weitere Horizonte zu erkennen, vernetzt zu denken. Ein Must-have ist eine gute Sprachfähigkeit, sowohl in der Muttersprache als auch im Englischen.

Wie ambitioniert dürfen Bewerber bei Ihnen sein?

Wenn wir jemanden für Projektfinanzen suchen, bekommen wir häufig Bewerbungen von jungen Leuten, die eigentlich ihre Perspektive als Projektreferent/-in sehen. Damit haben wir keine guten Erfahrungen gemacht, denn wir suchen Menschen, die auf die ausgeschriebene Stelle passen und auch damit zufrieden sind. Ansonsten kann es durchaus positiv sein, wenn jemand ambitioniert ist. Vielleicht hat er oder sie das Potenzial, einmal ein kleineres Team zu leiten.

Können Sie diesen Satz beenden: Vom Fleck weg stelle ich einen Bewerber ein, wenn …

… sein Profil auf die Stelle passt, die Darstellung überzeugend war und ich im Hinblick auf die menschliche Komponente das Gefühl habe, dieser Mensch passt in das Team, in dem er arbeiten soll.

Welche Aufstiegsmöglichkeiten gibt es in einer NGO?

Wir haben recht flache Hierarchien, aber große Entwicklungsmöglichkeiten in der Breite; wir fördern fachliche Weiterentwicklung. Bei Oxfam ist unser Pfund, dass wir Teil eines internationalen Netzwerks sind und die Karrieremöglichkeiten bis zu höchstqualifizierten Jobs im Ausland reichen.

Ulrich Bärtels ist Personalchef bei Oxfam Deutschland, Berlin.

Erfolgreich bewerben

Wie sehen Bewerbungsunterlagen heute aus? Welche Zeugnisse sind wichtig? Und wie gelingt es Ihnen, sich mit Ihrer Bewerbung von anderen abzuheben? Eine aussagekräftige und ansprechende Selbstdarstellung in den Bewerbungsunterlagen ist eine Herausforderung im Bewerbungsprozess. Meistern Sie sie mit Bravour!

Unvollständige Unterlagen, ein schlechtes Bewerbungsfoto, unleserliche Scans – all das lässt den Schluss zu, dass Ihnen nicht viel an Ihrer Bewerbung liegt. Diesen Eindruck sollten Sie vermeiden! Mit ansprechender Gestaltung und sorgfältig zusammengestellten Unterlagen signalisieren Sie Interesse und Professionalität.

FORMALIA DER BEWERBUNG

Wenn nicht ausdrücklich eine Printbewerbung verlangt ist, können Sie davon ausgehen, dass eine E-Mail-Bewerbung bevorzugt wird. Ein weiterer Hinweis darauf ist die Angabe einer E-Mail-Adresse der Personalstelle in der Anzeige. Auch bei der E-Mail-Bewerbung gibt es einige Formalia, auf die Sie achten müssen: Privat mögen Nachlässigkeiten im E-Mail-Verkehr erlaubt sein, im Geschäftsleben werden sie schnell zur Falle. Eine Bewerbung, die nicht den gängigen Standards entspricht, ist schnell gelöscht.

Formalia der E-Mail-Bewerbung beachten

Richten Sie jede Bewerbung nur an einen Empfänger und nicht an mehrere. Am besten schicken Sie sie direkt an die zuständige Person (also nicht an die allgemeine Firmenadresse info@…). Beim E-Mail-Text haben Sie die Wahl: Entweder Sie verwenden Ihr Anschreiben (das Sie aber dennoch auch ins Bewerbungs-PDF einbinden). Oder Sie verwenden einen Kurztext, mit dem Sie Ihre Bewerbung lediglich ankündigen. Schicken Sie zur Sicherheit die vollständige E-Mail zuvor probeweise an Ihre eigene E-Mail-Adresse. Dann sehen Sie, ob sie in der gewünschten Form ankommt.

Richten Sie jede Bewerbung nur an einen Empfänger und nicht an mehrere!

Formalia der Printbewerbung beachten

Printbewerbungen mögen immer seltener werden, ausgestorben sind sie noch nicht. Wenn Sie zu einer Printbewerbung aufgefordert werden (was in der Schweiz häufiger vorkommt als in Deutschland und Österreich), dann müssen Sie diesem Wunsch nachkommen.

Umschlag und Adressierung

Über die Art und Gestaltung des Umschlags, in dem Sie Anschreiben und Bewerbungsmappe verschicken, brauchen Sie sich keine großen Gedanken zu machen. Gegen eine Beschriftung von Hand ist nichts einzuwenden, vorausgesetzt, Sie schreiben leserlich. Die oft wiederholte Empfehlung, auf jeden Fall weiße C4-Umschläge und bedruckte Etiketten für die Adressierung zu verwenden, ist überzogen. Häufig öffnet sowieso die Poststelle oder das Sekretariat den Bewerbungsumschlag und nicht die Person, die die Personalauswahl trifft. Am Umschlag dürfte es kaum liegen, wenn Sie eine Absage bekommen.

Für die Adresse des Empfängers ist es am wenigsten aufwendig, wenn Sie einen Fensterumschlag in DIN-C4-Größe verwenden. Dann sparen Sie sich die Beschriftung, denn die Empfängeradresse des Anschreibens erscheint automatisch im Brieffenster.

Gegen eine Beschriftung von Hand ist nichts einzuwenden.

Die eigene Adresse

Ihre eigene Adresse gehört unbedingt auf das Anschreiben! Wenn sie nur als Absender auf dem Umschlag auftaucht und dieser weggeworfen wird, geht sie verloren. Als Bewerber oder Bewerberin sind Sie dann ohne zusätzliche Recherche nicht auffindbar.

Bei Fensterumschlägen sparen Sie sich die Beschriftung.

Geeignete Bewerbungsmappen

Bewerbungsmappen müssen zwei Kriterien erfüllen: gutes Aussehen und einfache Handhabung. Achtung: Das zweite Kriterium ist genauso wichtig wie das erste. Bei vielen Personalverantwortlichen sind hochwertige, dreifach gefaltete Mappen aus Karton deshalb unbeliebt, weil die Heftung mit einer Klemmleiste in der Mitte zu kompliziert ist.

Achten Sie daher beim Kauf von Bewerbungsmappen auf

- modernes und hochwertiges Aussehen (keine billigen Plastikschnellhefter mit Metallbindung);
- unkomplizierte Heftung (z. B. Clipmappen mit Plastikbindung, Mappen mit schwenkbarem Klemmbügel);
- einen hochwertigen Umschlag (gefärbter Karton bleicht schnell aus und knickt leicht; besser ist daher ein fester

Plastikumschlag, transparent oder in einer dezenten Farbe, z. B. Dunkelblau);

- einfache Handhabung (z. B. dass die Ecken von Anschreiben oder Lebenslauf nicht in starre Schlitze geklemmt werden müssen und dass sich alle Unterlagen mit einem Handgriff entnehmen und wieder einheften lassen).

Ein ansprechendes Detail, aber kein unbedingtes Muss ist ein Deckblatt. Es ist das oberste eingeheftete Blatt.
Das Anschreiben liegt – nicht eingeheftet – auf der Mappe.

Das Anschreiben nicht in die Mappe einheften!

Per Sperrvermerk die unerwünschte Weitergabe verhindern
Sie senden Ihre Bewerbung, egal ob per E-Mail oder postalisch, an eine Chiffreanschrift oder einen Personalvermittler? Dann verhindern Sie, dass Ihre Bewerbung an einen Arbeitgeber weitergereicht wird, der als Adressat nicht infrage kommt, weil Sie ihn schon während eines Praktikums kennen-, nicht aber schätzen gelernt haben. Das erreichen Sie mit einem Sperr- oder Weiterleitungsvermerk, den Sie gut sichtbar auf den Umschlag oder in den E-Mail-Text schreiben (am besten fett hervorgehoben):

Beispiel Bitte nicht weiterleiten an:
1. Fa. Krantz & Söhne Maschinentechnik
2. Reedenbosch GmbH & Co. KG

Umfang von Anschreiben und Lebenslauf

Die folgenden Empfehlungen gelten sowohl für Online- als auch für Printbewerbungen.

Anschreiben: maximal eine Seite
Das Anschreiben darf nicht länger als eine Seite sein. Betrachten Sie diese Regel als absolutes Muss ohne Ausnahmen. Sie müssen zeigen, dass Sie dazu fähig sind, sich auf das Wesentliche zu beschränken. Das gelingt Ihnen vor allem dadurch, dass Sie Ihre augenblickliche Situation nicht zu ausführlich darstellen. Sie taucht sowieso noch im Lebenslauf auf.

Lebenslauf: maximal zwei Seiten

Der Lebenslauf von Hochschulabsolventen sollte nicht mehr als zwei Seiten haben. Nur sehr erfahrenen, älteren Bewerbern und Bewerberinnen ist ein längerer Lebenslauf erlaubt. Auch im Lebenslauf sollten Sie nur das ausführlich darstellen, was für die gewünschte Tätigkeit wichtig ist.

Nur ältere Berufstätige dürfen längere Lebensläufe haben.

Korrektheit in Anschreiben und Lebenslauf

Anschreiben und Lebenslauf dürfen weder Rechtschreibfehler noch Grammatikfehler noch stilistische Patzer enthalten. Das gilt für Bewerbungen von Hochschulabsolventen ganz besonders. Sie werden aller Voraussicht nach auch im Beruf viel schreiben müssen (außer E-Mails z. B. auch Konzepte, Marktanalysen, Projektbeschreibungen, Schulungsunterlagen oder Gutachten), und ihre Bewerbung dient der ersten Prüfung, ob Sie dieser Anforderung gerecht werden, vor allem wenn die Stelle von Ihnen verlangt, dass Sie die Organisation nach außen repräsentieren.

Ihre Unterlagen werden auf Rechtschreib- und Grammatikfehler geprüft.

Textverarbeitungsprogramme: Fallstricke erkennen

So hilfreich Textverarbeitungsprogramme bei Bewerbungen sind – sie bergen auch Gefahren. Denn gerade bei nachträglich geänderten Sätzen kommt es häufig vor, dass
- Wortendungen nicht angepasst werden,
- Wörter beim Umstellen aus Versehen stehen bleiben (häufig bei zusammengesetzten Verben),
- das Subjekt im Singular steht – und das Verb im Plural (oder umgekehrt),
- die Zeichensetzung nicht mehr stimmt.

Es reicht nicht, Anschreiben und Lebenslauf selbst Korrektur zu lesen. Sie sind Ihren eigenen Texten gegenüber betriebsblind! Bitten Sie Dritte darum, das zu übernehmen. Wenn Sie niemanden kennen, der mit dem Korrekturlesen Erfahrung hat, dann investieren Sie in ein professionelles Bewerbungslektorat.

Das Bewerbungsfoto

Auch wenn Arbeitgeber in Deutschland nach dem Allgemeinen Gleichbehandlungsgesetz (AGG) nicht berechtigt sind, ein Bewerbungsfoto einzufordern, so erwarten sie es aber in der Regel. Ein Bewerbungsfoto hat einzig den Zweck, Sie optimal darzustellen. Beauftragen Sie daher einen guten Fotografen. Tragen Sie seriöse Businesskleidung und achten Sie darauf, dass Sie freundlich in die Kamera schauen. Üblich ist ein Porträt im Dreiviertelprofil. Wenn Sie Ihrem Fotografen sagen, dass Sie das Bild für eine Bewerbung brauchen, wird er wissen, was gemeint ist.

Größe, Format und Farbe

Bewerbungsfotos sind etwas größer als Passbilder, in der Regel 4,5 cm × 6,5 cm. Die Auflösung eines guten elektronischen Bewerbungsfotos liegt bei 72 bis 150 dpi. Falls Sie das Foto später noch selbst bearbeiten, ändern Sie an der Auflösung nichts! Achtung: Für eine Printbewerbung muss die Auflösung höher sein, in der Regel mindestens 300 dpi.

Es bleibt Ihnen überlassen, ob Sie Hoch- oder Querformat, ein Farb- oder ein Schwarz-Weiß-Bild bevorzugen.

Verwenden Sie aber auf keinen Fall Fotos, die den Anforderungen an Bewerbungsfotos nicht gerecht werden. Dazu zählen:

- Automatenfotos
- Handyfotos
- Fotos, auf denen neben Ihnen noch andere Personen zu sehen sind
- Private Fotos (z. B. Urlaubsbilder)
- Ganzkörperfotos
- Scans oder Fotos mit schlechter Auflösung oder Farbqualität (bei Printbewerbungen verwenden Sie entweder Abzüge und/oder qualitativ hochwertige Ausdrucke)

Platzierung: Lebenslauf oder Deckblatt

Das Bewerbungsfoto gehört nicht auf das Anschreiben, sondern auf das Deckblatt oder (rechts oben) auf den Lebenslauf. Befestigen Sie es bei einer Printbewerbung auf keinen Fall mit einer Büroklammer, sonst wird möglicherweise Ihr Gesicht verdeckt

Bewerbungsfotos sind größer als Passbilder.

Hoch- oder Querformat, Farbe oder Schwarz-Weiß, das bleibt Ihnen überlassen.

>> Ich habe mich überall digital beworben mit Lebenslauf, Zeugnissen und klassischem Anschreiben. Auf ein Bild habe ich verzichtet, weil ich bei einem Bewerbungskurs an der Uni gehört hatte, dass man sich bei größeren Unternehmen eigentlich nicht mehr mit Bild bewirbt. Von den Personalern, gerade auch der größeren Unternehmen, habe ich allerdings die gegenteilige Rückmeldung bekommen.

Christoph L., 28 Jahre, Master Wirtschafts- und Ingenieurswissenschaften, Qualitätsingenieur bei einem großen Automobilzulieferer

und das Bild verbogen. Nur bei sehr guter Druckqualität können Sie das Bild zusammen mit dem Lebenslauf ausdrucken. Ansonsten verwenden Sie besser einen Abzug, auf dessen Rückseite Sie sicherheitshalber Ihren Namen notieren und den Sie mit einem Klebe- oder Gummierstift auf dem Lebenslauf befestigen.

Besonderheit internationale Bewerbung
Bei internationalen Bewerbungen, besonders im englischsprachigen Raum, aber auch in Österreich und in der Schweiz, gehört ein Foto nicht zum Standard. Wer diese Regel missachtet, gilt als Selbstdarsteller/-in.

Auflösung und Dateigröße bei der E-Mail-Bewerbung

E-Mail-Bewerbungen müssen nicht nur am Bildschirm gut aussehen. Auch ausgedruckt müssen sie gestochen scharf und gut lesbar sein. Denn nicht selten wird die Bewerbung beim Empfänger ausgedruckt, etwa um sie mit weiteren Entscheidern und Entscheiderinnen (z. B. der zuständigen Führungskraft) zu besprechen. Dafür muss die Auflösung gut genug sein, zugleich aber sollte das gesamte Bewerbungsdokument die Dateigröße von 2 MB, maximal 3 MB, nicht überschreiten (die Dateigröße lässt sich z. B. im Dateimanager unter »Eigenschaften« per rechtem Mausklick prüfen). Die absolute Obergrenze liegt bei 5 MB (denkbar z. B. dann, wenn Sie umfangreiche Arbeitsproben beizulegen aufgefordert sind), denn größere Dateianhänge lassen die Mailserver vieler Firmen, Organisationen und Behörden nicht durch.

Auf dem Anschreiben sollten Sie einen Unterschriftenscan platzieren. Das wirkt persönlicher und zeigt eine weitere Facette Ihrer Persönlichkeit: Ihre Handschrift.

Dateigröße reduzieren

Falls Ihr E-Mail-Anhang zu groß ist – er sollte 3 MB nicht überschreiten –, sollten Sie ihn verkleinern. Reduzieren Sie die dpi-Zahl Ihres Fotos und wandeln Sie notfalls Ihr Farb- in ein Schwarz-Weiß-Foto um. Aber auch Ihre anderen Dokumente sollten Sie in diesem Fall neu einscannen und die Auflösung verringern. Sie können auch auf den Unterschriftenscan verzichten; auch das reduziert die Dateigröße. Dann allerdings sollten Sie Ihren Namen unter das Anschreiben und unter den Lebenslauf tippen.

Die Printbewerbung in perfektem Look

Achten Sie bei allen Ausdrucken und Kopien in Ihrer Bewerbungsmappe darauf, dass der Text nicht verwischt ist und dass die Zeilenränder parallel zum Blattrand verlaufen. Wenn Sie einen Tintenstrahldrucker verwenden, dann warten Sie lange genug, bis die Tinte getrocknet ist.

Noch besser allerdings ist es, Ausdrucke mit einem Laserdrucker anfertigen zu lassen, zum Beispiel in einem Copyshop. Denn auch Personalern kann das Missgeschick passieren, dass sie mal ihr Glas mit Wasser umstoßen. Bei Ausdrucken mit Tintenstrahlern ist der Text dann völlig unleserlich.

Hochwertiges Papier

Zum äußeren Eindruck gehört auch das Papier. Nichts spricht dagegen, das Anschreiben, den Lebenslauf und gegebenenfalls das Deckblatt auf normalem weißem 80-Gramm-Papier auszudrucken.

Vieles spricht aber dafür, für diese Seiten ein hochwertiges, etwas schwereres Papier zu nehmen, etwa 90- oder 100-Gramm-Papier; möglicherweise auch mit Wasserzeichen. Eine solche Bewerbung wirkt edler und hebt sich angenehm von der Masse ab. Wer die Bewerbung perfekt gestalten will, kopiert die beigelegten Nachweise und Zeugnisse auch auf dieses Papier. Diese Mühe honorieren viele Personalentscheider/-innen mit erhöhter Aufmerksamkeit.

Keine Knicke, kein Schmutz, kein Geruch

Achten Sie darauf, dass alle Unterlagen knick-, schmutz- und geruchsfrei sind. Sonst liegt der Verdacht nahe, dass Sie die Unterlagen schon x-mal verwendet haben oder dass Sie es mit Ordnung und Sauberkeit nicht so genau nehmen.

Achtung: Es ist weder üblich noch empfehlenswert, jedes einzelne Blatt in eine Klarsichthülle zu stecken. Wer das tut, stößt den Empfänger geradezu mit der Nase darauf, dass die Bewerbung mehrfach verwendet wurde oder werden soll.

> Vermeiden Sie alles, was auf eine Wiederverwendung der Unterlagen schließen lässt.

Vorsicht bei mehrfacher Verwendung von Bewerbungsunterlagen!

Wer geschickt vorgeht, kann ohne Weiteres den einen oder anderen Bewerbungsbestandteil mehrfach verwenden. Gerade bei Bildern, Zeugnis- und Nachweiskopien spricht nichts dagegen. Aber Vorsicht! Beachten Sie auf jeden Fall die folgenden Tipps:

- Der Geruch nach Zigarettenrauch fällt (zumindest Nichtrauchern) sofort auf. Wenn die Unterlagen nach Rauch riechen, sind sie für eine neue Bewerbung nicht mehr zu gebrauchen.
- Prüfen Sie gebrauchte Bewerbungsunterlagen daraufhin, ob sie frei von Notizen sind. Denn es kommt vor, dass sich Personalentscheider/-innen in der Bewerbung Notizen machen, zum Beispiel wenn etwas unplausibel oder erklärungsbedürftig ist.

> Achten Sie bei Wiederverwertung darauf, dass die Unterlagen in perfektem Zustand sind.

Bestandteil der Bewerbung	Wiederver- wendung möglich?	Grund/Voraussetzung
Anschreiben	Nein	Sie sollten das Anschreiben individuell erstellen und genau auf das jeweilige Unternehmen zuschneiden.
Deckblatt	Nein	Auch das Deckblatt sollte individuell gestaltet sein.
Lebenslauf	Nein	Auf einem vollständigen Lebenslauf steht immer das aktuelle Datum. Außerdem kann er leicht variieren, je nachdem, auf welches Berufsfeld Sie sich bewerben. Entsprechend stellen Sie diejenigen Erfahrungen und Kenntnisse stärker heraus, die Sie für die jeweilige Stelle am ehesten brauchen.
Foto	Ja	Die Abzüge guter Bewerbungsfotos kosten Geld – es besteht somit kein Grund, sie nach einmaligem Gebrauch wegzuwerfen. Bekommen Sie eine Bewerbung zurück, dann lösen Sie das Bild nicht gewaltsam vom Papier. Schneiden Sie es einfach aus. Achten Sie aber darauf, dass der Papierrand nicht übersteht.
Zeugniskopien, Nachweise	Ja	Eine Wiederverwendung ist möglich, vorausgesetzt, sie sind weder zerknittert noch fleckig. Prüfen Sie auch unbedingt, ob sie frei von Notizen oder Beschriftungen früherer Empfänger sind.
Bewerbungs- mappe	Ja	Die Wiederverwendung ist theoretisch möglich – wenn die Mappe wirklich einwandfrei ist.

Welche Nachweise in die Bewerbung gehören

Bei Zeugnissen, Zertifikaten, Referenzen und Arbeitsproben fällt die Entscheidung manchmal schwer, was wirklich in die Bewerbung gehört und was nicht. Eins ist klar: In eine Bewerbung gehören nie die Originale, sondern nur Kopien oder Scans. Beglaubigungen sind in der Regel nicht nötig, es sei denn, sie wurden ausdrücklich verlangt. Das ist allenfalls noch bei bestimmten Stellen im öffentlichen Dienst der Fall. Sparen Sie sich also das Geld für die Beglaubigung. Halten Sie stattdessen die Originale fürs Vorstellungsgespräch bereit.
Sie sind im Zweifel, welche Zeugnisse und Unterlagen wirklich wichtig sind? Dann helfen Ihnen die folgenden Tipps und Erläuterungen zu den einzelnen Nachweisen weiter.

> In eine Bewerbung gehören nie die Originale, sondern nur Kopien oder Scans.

Schul- und Ausbildungszeugnisse

Bei Schulzeugnissen genügt dasjenige, das den höchsten allgemeinbildenden Abschluss belegt – in der Regel das Abiturzeugnis. Wenn Sie vor Ihrem Studium eine Ausbildung gemacht haben, dann legen Sie auch das Abschlusszeugnis davon bei.

> Das Abiturzeugnis reicht.

Zertifikate: nur aktuelle und wichtige

Auch Weiterbildungszertifikate, zum Beispiel von Sprachkursen, Computerschulungen oder beruflich relevanten Seminaren, können Sie Ihrer Bewerbung anfügen.
Wichtig: Sinnvoll sind nur Nachweise über aktuelles Wissen. Was heute als veraltet gilt, können Sie guten Gewissens weglassen. Beispiel: Fügen Sie Zertifikate über die Teilnahme an Computerkursen nur dann bei, wenn diese höchstens eins, zwei Jahre alt sind. Alles, was älter ist, gilt längst als überholt.

Beispiel Haben Sie zwei Französischkurse belegt, einen Grund- und einen Fortgeschrittenenkurs, dann fügen Sie Ihren Bewerbungsunterlagen lediglich den Nachweis über Letzteren bei. Haben Sie dagegen mehrere Sprachkurse auf ähnlichem Niveau, aber mit verschiedenen Inhalten belegt (z. B. »Englisch für Fortgeschrittene« und »Business-Englisch«), ist es sinnvoll, alle Zertifikate beizulegen.

Arbeitszeugnisse

Schlechte Zeugnisse nicht einfach weglassen

Was ist schlimmer – ein schlechtes Zeugnis oder ein fehlendes Arbeitszeugnis? Richtig: das fehlende Zeugnis. Gerade bei Arbeitszeugnissen machen viele Bewerber und Bewerberinnen den Fehler, schlechtere Beurteilungen unter den Tisch fallen zu lassen. Doch Achtung: Aus einem fehlenden Arbeitszeugnis ziehen erfahrene Personalverantwortliche sofort ihre Schlüsse:

- Das Arbeitszeugnis ist wirklich schlecht (und zwar sehr schlecht).
- Der Bewerber hat im Lebenslauf falsche Angaben über Dauer, Art und Tätigkeitsgebiet einer Arbeitsstelle gemacht (denn diese Punkte sind im Zeugnis aufgeführt).
- (Im günstigsten Fall:) Das Arbeitszeugnis fehlt wegen besonderer Lebensumstände.

Tätigkeits- und Praktikumsnachweise

Auch einfache Tätigkeitsnachweise können Berufserfahrungen belegen.

Haben Sie Leerlaufzeiten (z. B. die Monate zwischen Schulabschluss und Studienbeginn) mit Aushilfstätigkeiten oder Praktika verbracht? Oder in den Semesterferien gejobbt? Dann legen Sie die Tätigkeitsnachweise Ihrer Bewerbung bei, vor allem, wenn Sie sonst noch keine Berufserfahrung vorweisen können und einen Zeitraum von mehr als drei Monaten überbrückt haben. Gehen Sie dabei geschickt vor, können Sie selbst anhand von Aushilfstätigkeiten belegen, dass Sie etwas gelernt haben und diese Lebensphase sinnvoll genutzt haben. Fehlt ein solcher Nachweis, ist das aber nicht weiter schlimm.

Praktikumsnachweise sind bei Berufseinsteigern unerlässlich.

Praktikumsnachweise sind bei Berufseinsteigern unerlässlich. Sie belegen Ihre Qualifikation und zeigen, dass Sie erste berufliche Erfahrungen gesammelt haben.

Arbeitsproben: nur wenn verlangt oder üblich

Arbeitsproben brauchen Sie nur mitzuschicken, wenn sie ausdrücklich in der Stellenausschreibung gefordert sind. Sind sie in der Branche üblich (in der Regel im Kreativbereich, z. B. bei Grafikdesignern, Werbefachleuten, Journalisten), sollten Sie sie aber beilegen. Sind sie weder verlangt noch üblich, dann bringen Sie sicherheitshalber eine Mappe von Arbeitsproben zum Vorstellungsgespräch mit.

Referenzen: nur aussagekräftige

Viele Menschen mit einem Ehrenamt, aber auch Schüler/-innen, die sich in der Schule besonders engagiert haben, sowie Studierende und Stipendiaten haben von ihren Betreuern Referenzschreiben bekommen, die ihre Tätigkeiten und ihre Persönlichkeit wohlwollend beschreiben und dankend würdigen. Selbst Praktikanten und Trainees, denen eigentlich ein Arbeitszeugnis zusteht, erhalten manchmal nichts weiter als eine freundliche Referenz. Falls Sie aussagekräftige aktuellere Referenzen vorweisen können, legen Sie sie Ihrer Bewerbung bei! Gerade bei Berufseinsteigern werden sie immer wichtiger.

Etwas anderes sind mündliche Referenzen: die telefonische Auskunft über einen Bewerber oder eine Bewerberin durch frühere Betreuer, Mentoren oder Vorgesetzte. Wenn Sie eine mündliche Referenz haben, dann weisen Sie im Anschreiben auf die Person (z. B. die ehemalige Chefin) samt Telefonnummer hin. Mündliche Referenzen spielen international – auch in der Schweiz und in Österreich – schon lange eine große Rolle; auch in Deutschland wächst ihre Bedeutung.

Machen Sie sich unbedingt die Mühe, sich vorher mit der Referenzgeberin bzw. dem Referenzgeber abzustimmen. Peinlich ist es, wenn Personalentscheider Überraschung entgegenschlägt: »Oh, davon weiß ich bisher ja gar nichts!« Das ist nicht gerade förderlich für eine Bewerbung.

> Falls Sie aussagekräftige aktuellere Referenzen haben, legen Sie sie Ihrer Bewerbung bei!

Tipp

Arbeitsproben: Achten Sie auf kompatible Dateiformate

Bei Bewerbungen im Kreativbereich sind Arbeitsproben durchaus üblich. Stolpern Sie aber nicht über Formalia: Haben Ihre Dateien das falsche Format, kann der Empfänger bzw. die Empfängerin sie nicht öffnen und ist womöglich genervt. Deshalb konvertieren Sie Ihre Arbeitsproben am besten in eine PDF-Datei. Oder Sie erkundigen sich vorher, welche Dateiformate erwünscht sind.

DIE FORM DES ANSCHREIBENS

Anschreiben und Lebenslauf sind die zentralen Dokumente in Ihrer Bewerbung.

Anschreiben und Lebenslauf sind die zentralen Dokumente in Ihrer Bewerbung. Es sind die einzigen Mittel, mit denen Sie einen Arbeitgeber davon überzeugen können, Sie zum Vorstellungsgespräch einzuladen. Denken Sie nicht, dass Ihre Unterlagen für sich sprechen. Setzen Sie Ihre Qualifikationen und Stärken gekonnt in Szene – und zwar im Hinblick auf die Stelle, auf die Sie sich bewerben.

Die Gestaltung

Schon die Gestaltung und der Aufbau des Anschreibens werfen viele Fragen auf. Erfinden Sie hier nichts Neues, sondern halten Sie sich an die Standards. Das bezeugt, dass Sie sie kennen und dass Sie anpassungsfähig sind.

Die Möglichkeiten der einschlägigen Textverarbeitungsprogramme verführen viele Bewerber und Bewerberinnen zu
extravaganten Gestaltungen. Bleiben Sie cool! Eine schlichte,
aber akkurate Bewerbung wird bessere Chancen haben als eine
schrille. Achten Sie darauf, dass Ihre Bewerbung hochwertig,
nicht aber auffällig wirkt. Das lässt auf Souveränität schließen.
Hier die wichtigsten Tipps.

Die DIN-Norm für Briefe

Verbindliche Layout-Vorschriften gibt es nicht, sondern lediglich
Empfehlungen. Die DIN 5008 des »Deutschen Instituts für Nor-
mung« mit Gestaltungsvorschlägen für Briefe hilft beim Aufbau.
Keine Sorge: Sie brauchen sich nicht sklavisch an irgendwelche
Positionsangaben zu halten. Gerade die DIN mit ihren auf den
zehntel Millimeter genauen Vorschriften ist in Zeiten moderner
Textverarbeitung am PC wenig benutzerfreundlich.
Außerdem geht es bei einer Bewerbung weniger um millimeter-
genaue Exaktheit als vielmehr um ansprechendes Aussehen.
Aber bei so mancher Frage bietet die DIN eine Orientierung
(z. B. bei der Gestaltung der Adresse, der Schreibweise des Da-
tums oder der Gliederung von Telefonnummern).

Welche Schrift ist sinnvoll?

Grundsätzlich haben Sie die freie Wahl zwischen den Schriften;
nur Schmuck- oder Schreibschriften sind, wie extravagante
Schriften überhaupt, für Bewerbungen tabu. Wählen Sie eine in
der Geschäftskorrespondenz gängige Schrift, zum Beispiel: Times
New Roman (12 Punkt), Helvetica, Arial oder Calibri (11 Punkt).
Beachten Sie: Printbewerbung und elektronische Bewerbung
erfordern unterschiedliche Schriften! Für die Printbewerbung
sind vor allem Serifenschriften geeignet (Serifen sind die kleinen
»Füßchen« an den Buchstaben. Sie erleichtern dem Auge, die
Zeile zu halten). Am Bildschirm jedoch sind Serifenschriften mit-
unter schlecht zu lesen, weil die zarten Linien der Serifen optisch
»verfransen«.
Wählen Sie für die Printbewerbung also zum Beispiel Times New
Roman und für die elektronische Bewerbung Helvetica oder
Arial. Denkbar sind aber auch neuere Schriften wie etwa Calibri,

die einen optimalen Kompromiss darstellen: Sie sind sowohl auf Papier als auch am Bildschirm gut lesbar.

Seitenränder
Stellen Sie den linken Seitenrand auf 24 mm ein, den rechten auf 20 mm. Üblich ist beim Anschreiben der linksbündige Flattersatz – und kein Blocksatz.

Der Aufbau

Sie brauchen den Aufbau Ihrer Bewerbung nicht neu zu erfinden! Halten Sie sich an das, was gängig ist. Und das wäre:

Ihre Adresse
Zuoberst auf dem Briefkopf geben Sie den Absender an: Ihren Namen und Ihre Adresse. Wählen Sie die Position so, dass der untere Rand des Absenders maximal 3,8 cm vom oberen Blattrand entfernt ist – sonst bekommen Sie bei Fensterumschlägen Platzprobleme.

Normalerweise steht der Absender links oben. Als Gestaltungsmittel und bei Platznot kann es hilfreich sein, ihn

- nicht bündig am linken, sondern am rechten Rand zu positionieren,
- zu zentrieren und auf ein bis zwei Zeilen zu verteilen,
- in einer Kopfzeile unterzubringen (auch auf Deckblatt und Lebenslauf – das wirkt sehr professionell).

Beim Absender ist es – wie auch bei der Empfängeradresse – nicht üblich, vor der Zeile mit Postleitzahl und Ort eine Leerzeile einzufügen. Geben Sie auf jeden Fall Ihre Telefonnummer und Ihre E-Mail-Adresse an. Sonst sinken Ihre Chancen, zu einem Vorstellungsgespräch eingeladen zu werden, ziemlich.

Soll der Absender im Fensterumschlag sichtbar sein, so platzieren Sie ihn zusätzlich zwei bis drei Zeilen über der Empfängeradresse in einer Zeile – jeweils Name, Straße und Postleitzahl / Ort mit mehreren Leerzeichen voneinander abgesetzt – in Schriftgröße 7 oder 8 Punkt.

> Zuoberst auf dem Briefkopf geben Sie Ihren Namen und Ihre Adresse an.

Die Telefonnummer gliedern Sie mit einem Leerzeichen zwischen Ländervorwahl, Vorwahl und Hauptrufnummer; die Durchwahl wird mit einem Bindestrich angefügt. Beispiele:

- +49 228 123456 (internationale Schreibweise mit Ländervorwahl)
- 0228 123456 (Rufnummer im Festnetz)
- 0172 123456 (Mobilfunknummer)
- 0228 1234-56 (Durchwahlanschluss)

Hauptsache einheitlich!

Adresse des Empfängers

Zur Position der Empfängeradresse: Nach DIN-Norm steht die erste Adresszeile mit 50,8 mm Abstand unterhalb der oberen Blattkante oder in der platzsparenderen Variante 33,9 mm unterhalb der oberen Blattkante.

Probieren Sie lieber selbst aus, wohin die Empfängeradresse rutscht, wenn Sie das Anschreiben mitsamt der dicken Bewerbungsmappe in einen Fensterumschlag stecken. Entsprechend fügen Sie über der Adresse mehr oder weniger Leerzeilen ein, oder Sie verschieben das ganze Textfeld.

Zum Aufbau der Adresse: »An / zu Händen« ist nicht mehr üblich. Das Wort »An« ist bei Behörden (z. B. »An das Bürgermeisteramt …«) aber erlaubt. Richten Sie Ihre Bewerbung an eine bestimmte Person (was unbedingt zu empfehlen ist), dann kommt deren Name nach dem der Firma, Behörde oder Organisation. Die Abkürzung »z. H.« oder »z. Hd.« für »zu Händen« entfällt. Dennoch bleibt es beim Akkusativ: Es heißt also »Herrn« statt »Herr« (Ausnahme: bei Briefen in die Schweiz).

Der Zusatz »zu Händen«, abgekürzt »z. H.« oder »z. Hd.« ist nicht mehr üblich.

Beispiele

Markegroth GmbH	Stadtverwaltung Celle	ABC-Werbeagentur
Herrn Robin Lenz	Personalreferat	Dr. Max Kragemann
Am Elbufer 12	Kirchweg 11	Am Park 30
01236 Dresden	29227 Celle	58455 Witten

Nicht mehr üblich (und auch nicht zu empfehlen) ist es, die Länderkennung (z. B. »D« für »Deutschland«, »CH« für die Schweiz) vor die Postleitzahl zu stellen. Wichtig bei internationalen

Adressen ist, dass Sie den Empfängerort in der Landessprache angeben, das Zielland aber auf Deutsch. Beide schreiben Sie am besten in Großbuchstaben.

Beispiel

World Health Organization
Avenue Appia 20
1211 GENEVE
SCHWEIZ

Datumsschreibweisen

Bei der Schreibung des Datums gibt es mehrere Möglichkeiten:

- 5. 1. 2018 (ohne oder mit Leerzeichen, Jahreszahl vierstellig)
- Frankfurt, 5. 1. 2018
- 5. Januar 2018 (nach DIN nur im Fließtext empfohlen)
- Frankfurt, 5. Januar 2018 (nach DIN ebenfalls nur im Fließtext empfohlen)
- 2018-01-05 (internationale Schreibweise, im deutschsprachigen Raum missverständlich)

Die DIN 5008 empfiehlt bei allen Datumsschreibweisen, die Jahreszahl vierstellig anzugeben. Sie können die Ortsangabe voranstellen. Das Wort »den« nach dem Ortsnamen ist beim Briefdatum nicht mehr üblich. Entscheiden Sie sich für die alphanumerische Schreibweise, können Sie lange Monatsnamen abkürzen, z. B. 10. Dez. 2018. Üblich ist die rechtsbündige Positionierung.

Betreffzeile: ohne das Wort »Betreff«

Eine Betreffzeile (ohne das Wort »Betreff«) darf im Anschreiben einer Bewerbung nicht fehlen. Sie steht unter dem Datum nach zwei Leerzeilen. Die Betreffzeile wird durch Fett- oder Kursivstellung kenntlich gemacht. Der Betreff darf sich über zwei Zeilen erstrecken. Am Ende steht kein Punkt.

Im Betreff sollte stehen, auf welche Stelle Sie sich bewerben oder – falls Sie sich auf keine Stellenanzeige berufen – dass es sich um eine Initiativbewerbung handelt. Haben Sie vorher mit dem Personalverantwortlichen telefoniert, dann sollten Sie schon in der Betreffzeile, spätestens aber im Brieftext Bezug darauf nehmen.

Bei der Schreibung des Datums gibt es mehrere Möglichkeiten.

Nehmen Sie ggf. Bezug auf ein Telefonat!

Erfolgreich bewerben

Beispiele

- Bewerbung als Assistenzarzt,
  Ihre Stellenanzeige vom 17. 1. 2018 in der ZEIT
- Initiativbewerbung als Grafikerin
- Bewerbung als Geophysiker
  Unser Telefonat vom 22. 1. 2018
- Bewerbung als Arzt im Bereich Kinderheilkunde
- Initiativbewerbung in Anlehnung an Ihr
  Stellenangebot vom 17. 1. 2018

Anrede

Ist in der Stellenanzeige ein Name genannt, an den Sie die Bewerbung schicken sollen? Dann schreiben Sie nicht »Sehr geehrte Damen und Herren«. Verwenden Sie auf jeden Fall die persönliche Anrede, zum Beispiel »Sehr geehrte Frau Jung«. Gleiches gilt, wenn der oder die Personalverantwortliche zwar in der Anzeige nicht aufgeführt ist, aber zum Beispiel auf der Firmenwebsite leicht herauszufinden ist. Nur wenn Sie den Namen nicht über die Stellenanzeige oder die Website des Arbeitgebers herausfinden und nicht per Telefon danach recherchieren wollen, bleiben Sie bei der allgemeinen Anrede: »Sehr geehrte Damen und Herren« oder »Sehr geehrte Damen, sehr geehrte Herren«.

Verwenden Sie möglichst die persönliche Anrede!

Tipp

Namensrecherche am Telefon

Lassen Sie sich am Telefon den Namen buchstabieren. Geben Sie aber auf keinen Fall eine Schreibweise vor, wie Sie sie verstanden haben, sondern bitten Sie Ihren Gesprächspartner, ihn zu buchstabieren. Also nicht: »Habe ich Sie richtig verstanden – Völkelt wie V-Ö-L-K-E-L-T?«, sondern: »Wie buchstabiert man den Namen genau?«

Gerade bei Namen sind Fehler verheerend. Ist der Empfänger-name falsch geschrieben, wird die Bewerbung höchstwahr-scheinlich sofort aussortiert. Übertragen Sie Namen, die in der Stellenanzeige oder auf der Firmenwebsite auftauchen, sorgfäl-tig. Das gilt nicht nur für den Namen der Firma oder Organisation, bei der Sie sich bewerben, sondern auch und gerade für den des Ansprechpartners bzw. der Ansprechpartnerin, an den bzw. die Sie Ihre Bewerbung schicken. Handelt es sich um eine größere Firma oder Organisation, dann lohnt es sich, den Namen des oder der zuständigen Personalverantwortlichen durch ein kurzes Tele-fonat mit der Zentrale oder Rezeption herauszufinden.

Fließtext

Für den Fließtext ist Lesbarkeit die oberste Maxime. Gliedern Sie Ihr Schreiben in Absätze. Ein Absatz ist im Idealfall höchstens sieben Zeilen lang; die absolute Schmerzgrenze liegt bei neun Zeilen. Trennen Sie die einzelnen Absätze mithilfe von Leerzeilen, dann brauchen Sie die erste Zeile jedes neuen Absatzes nicht zusätzlich einzurücken; dann ist es auch leserfreundlich und übersichtlich. Achten Sie darauf, dass Ihr Anschreiben auf eine Seite passt. Damit zeigen Sie, dass Sie Wichtiges von Unwich-tigem unterscheiden können und dazu fähig sind, sich auf das Wesentliche zu beschränken.

Grußformel

Nach dem Fließtext kommt eine Leerzeile, dann folgt die Gruß-formel. Sie lautet standardmäßig »Mit freundlichen Grüßen«. Sie können aber nach Belieben variieren, zum Beispiel:

- Freundliche Grüße
- Beste Grüße
- Mit freundlichen Grüßen aus Wetzlar
- Viele Grüße aus dem Rheinland
- Herzliche Grüße von der Schwäbischen Alb
- Freundliche Grüße nach Bremen

Wichtig: Nach der Grußformel steht kein Komma! Es ist aber auch kein Problem, den Gruß auf mehrere Zeilen zu verteilen.

Beispiel Ich bin gespannt, von Ihnen zu hören, freue mich, wenn Sie mich zu einem Vorstellungsgespräch einladen, und verbleibe mit freundlichem Gruß
Benno Seligmann

Unterschrift

Die eingescannte Unterschrift für die elektronische Bewerbung sollte eine gute Auflösung haben. Die getippte Wiederholung Ihres Namens unter Ihrer Unterschrift brauchen Sie nicht, schließlich geht Ihr Name schon aus dem Absender hervor. In der Printbewerbung unterschreiben Sie unbedingt von Hand, am besten mit blauer Tinte.

Ein Unterschriftenscan nur bei einer elektronischen Bewerbung

Anlagenvermerk

Die DIN 5008 empfiehlt den Vermerk »Anlagen« linksbündig mit mindestens drei Leerzeilen Abstand zur Grußformel. Sie können ihn aber auch weglassen, denn Sie weisen ja schon im Text darauf hin, dass es um eine Bewerbung geht.

DER INHALT DES ANSCHREIBENS

In dem Begriff »Bewerbung« steckt das Wort »Werbung«. Tatsächlich hat das Anschreiben einer Bewerbung viel mit einem Werbebrief gemeinsam. Was die Inhalte angeht, gelten fast dieselben Regeln – auch wenn es bei einer Bewerbung weniger auf Kreativität und Auffälligkeit ankommt als im Werbebrief.

In dem Begriff »Bewerbung« steckt das Wort »Werbung«.

Überzeugend formulieren

Bescheidenheit ist bei einer Bewerbung nicht angebracht. Sie müssen den Empfänger auf Ihre Qualifikationen und Stärken aufmerksam machen. Selbstverständlich sollen Sie nicht angeben, aber sich Ihre Stärken bewusst machen und den Fokus Ihrer Bewerbung darauf richten – und nicht auf Ihre Schwächen. Nur wer sich seiner Fähigkeiten, Vorlieben und Stärken bewusst ist, kann einen potenziellen Arbeitgeber von sich überzeugen.

Personalverantwortliche müssen den richtigen Bewerber bzw. die richtige Bewerberin auswählen – oft aus einem ganzen Stapel von Bewerbungen. Deshalb ist es wichtig, dass Sie sich in ihre Lage versetzen. Stellen Sie sich folgende Fragen:

- Welche Anforderungen sind für die ausgeschriebene Stelle unerlässlich?
- Was kann ich?
- Was (davon) mache ich gern?
- Passen diese Stärken zum Stellenangebot?

Fragen Sie auch andere nach deren Einschätzung, um Ihr Selbstbild zu überprüfen oder zu korrigieren. Das hat noch einen weiteren Vorteil: Auf diese Weise entgeht Ihnen keine Ihrer Fähigkeiten, nur weil Sie sie für selbstverständlich und nicht erwähnenswert halten. Erst wenn Sie Ihre Stärken klar benennen können und diese im Wesentlichen zu der Stelle passen, die Sie anstreben, lohnt sich eine Bewerbung.

Und wie schafft man es, das Anschreiben kurz und knapp zu halten? Meistens wird das Anschreiben überfrachtet, weil der Bewerber bzw. die Bewerberin die momentane Situation oder einzelne Stationen im Werdegang zu ausführlich darstellt. Belassen Sie es bei wenigen Kernaussagen zu Ihrer Eignung. Ziehen Sie lediglich das Fazit Ihrer Tätigkeiten – nämlich die Erfahrungen und Kenntnisse, die Sie gewonnen haben. Den Rest erwähnen Sie im Lebenslauf.

Außerdem: Vermeiden Sie weitschweifige Formulierungen, Passivkonstruktionen und Verwaltungssprache.

Denken Sie an die Empfängerperspektive!

Ein Werbebrief ist nur dann gelungen, wenn er die Vorzüge eines Produkts aus der Sicht der Kunden beschreibt. Anders gesagt: Der Köder muss dem Fisch schmecken, nicht dem Angler. Ähnlich ist es beim Anschreiben: Sie bieten Ihre Qualifikationen auf einem Markt, nämlich dem Arbeitsmarkt, an. Ihr »Kunde« oder Ihre »Kundin« ist, wer Ihre Bewerbung liest und eine Personalentscheidung treffen muss. Wenn Sie Ihre Vorzüge im Hinblick auf die Empfängerperspektive beschreiben, haben Sie die größten Chancen.

Fragen Sie auch andere nach deren Einschätzung, um Ihr Selbstbild zu überprüfen.

Eine kleine Hilfe, wie Sie sich in die Sicht des potenziellen Arbeitgebers hineinversetzen, gibt Ihnen die folgende Übersicht:

BESCHREIBEN SIE IHRE VORZÜGE AUS DER SICHT DES POTENZIELLEN ARBEITGEBERS

So nicht: Sichtweise des Bewerbers/ der Bewerberin	Sondern so: Sichtweise des Arbeitgebers
Ihr Stellenangebot beschreibt meinen Traumberuf. *Oder:* Ich interessiere mich für Ihre Stelle.	Meine Qualifikationen passen zu der ausgeschriebenen Stelle. *Oder:* Sie suchen … – ich biete …
Hiermit bewerbe ich mich auf Ihr Stellenangebot vom … in der Frankfurter Allgemeinen Zeitung.	Sie legen größten Wert auf Vertriebsstärke, schreiben Sie in Ihrem Stellenangebot in der FAZ vom … Dann bin ich vielleicht die richtige Mitarbeiterin für Sie.

Vorteile für den potenziellen Arbeitgeber darstellen

Ihre Unterlagen sprechen nicht für sich. Sie selbst müssen im Anschreiben schon formulieren, warum Sie für die angestrebte Stelle geeignet sind. Dabei brauchen Sie nicht in allen Einzelheiten auf jede Station in Ihrem Leben einzugehen – dafür nutzen Sie lieber den Lebenslauf. Dennoch muss Ihr Anschreiben diese beiden Fragen unbedingt beantworten:

- Was haben Sie dem Arbeitgeber im Hinblick auf die ausgeschriebene Stelle zu bieten?
- Welchen Vorteil hat er davon, dass er Sie einstellt?

Das Gehalt angeben

Kennen Sie Ihren Marktwert? Wird Ihr Gehaltswunsch in der Stellenanzeige verlangt, dann müssen Sie sich dazu äußern. Als Berufseinsteiger/-in dürfte Ihnen das allerdings nicht ganz leicht fallen. Nehmen Sie sich die Zeit für eine gründliche Recherche! Und bedenken Sie die Rahmenbedingungen: Das Verhältnis von Angebot und Nachfrage am Arbeitsmarkt spiegelt sich auch in den Gehältern wider. Die Höhe des individuellen Einstiegsgehalts hängt von mehreren Faktoren ab: dem Studiengang, dem Abschluss, der Branche, der Einstiegsposition, der Region, dem

Sie selbst müssen formulieren, warum Sie für die angestrebte Stelle geeignet sind.

Geschlecht (trotz Gleichstellungsgesetzen), der Firmengröße und nicht zuletzt von Ihrer Selbstpräsentation in der Bewerbung, im Vorstellungsgespräch und von Ihrem Verhandlungsgeschick bei der Gehaltsverhandlung.

Um zu einer realistischen Forderung zu kommen, sollten Sie gründlich recherchieren:

Um zu einer realistischen Gehaltsforderung zu kommen, sollten Sie gründlich recherchieren!

- Im Internet finden Sie Gehaltsstudien für Berufseinsteiger/ -innen z. B. unter www.absolventa.de/karriereguide oder www.trainee.de/ratgeber/gehalt/berufseinsteiger/
- Im Internet gibt es auch Gehaltsvergleiche für Berufseinsteiger/-innen, bei denen Sie Ihre individuellen Daten eingeben. Schließlich erhalten Sie eine Auswertung samt Vorschlag für Ihre Gehaltsverhandlung.
- Geben Sie in eine Suchmaschine einen der folgenden Begriffe oder Sätze ein: »Gehaltscheck« (oder »Gehalts-Check«), »Gehaltstest« (oder »Gehalts-Test«), »Gehaltsanalyse« (oder »Gehalts-Analyse«), »Gehaltsdatenbank« (oder »Gehalts-Datenbank«).
- Mit Personalberatern, die sich auf die Vermittlung von Hochschulabsolventen spezialisiert haben, können Sie Ihre Positionierung am Markt und Ihren Marktwert besprechen.
- Berufsverbände, Gewerkschaften und Tarifverträge können Ihnen Auskunft geben über bestimmte Einstiegsgehälter, z. B. http://oeffentlicher-dienst.info/tvoed/
- Fragen Sie Freunde und Bekannte, die mit ähnlichen Voraussetzungen in der gleichen Branche und vergleichbaren Positionen tätig sind.

Zumindest in einem Punkt funktioniert der Arbeitsmarkt wie der Gütermarkt: Angebot und Nachfrage bestimmen den Preis. Da es weniger Hochschulabsolventen und -absolventinnen in den MINT-Studienfächern Mathematik, Informatik, Naturwissenschaft und Technik als offene Stellen gibt, haben Absolventen dieser Studienrichtungen gute Chancen, mit einem Einstiegsgehalt zu starten, das deutlich über dem Durchschnitt liegt. Sozial- und Geisteswissenschaftler verdienen weit weniger.

Auch der Studienabschluss wirkt sich auf das Einstiegsgehalt aus. Als Faustregel gilt: Universitätsabschlüsse zählen mehr als die Abschlüsse von Hochschulen für angewandte Wissenschaften, und je höher der Studienabschluss, desto höher das Einstiegsgehalt. Bachelor verdienen weniger als Master und Master weniger als promovierte Bewerber und Bewerberinnen. Auch die Einstiegsposition spielt eine Rolle. Wer als Trainee beginnt, verdient zunächst weniger als ein Direkteinsteiger.

Große Unterschiede gibt es auch zwischen den verschiedenen Branchen. Gut zahlen zum Beispiel der Automobilbau, die Pharmaindustrie, die Medizintechnik sowie der Maschinen- und Anlagenbau. Deutlich weniger die Hotellerie und Gastronomie, das Handwerk, die Bereiche Bildung und Training, Freizeit und Touristik, Werbung und PR, Gesundheit und Soziale Dienste. Auch die Firmengröße beeinflusst das Gehalt. Hier gilt die Faustregel: je mehr Mitarbeiter/-innen, desto höher die Einstiegsgehälter.

Auch die Region spielt eine Rolle. In Deutschland gibt es sowohl ein Nord-Süd- als auch ein Ost-West-Gefälle: Im Süden und im Westen Deutschlands verdienen Sie, statistisch betrachtet, mehr als im Norden oder Osten.

Leider wird auch noch immer nach Geschlecht unterschieden: Frauen erhalten im Durchschnitt 20 Prozent weniger Einstiegsgehalt als Männer. Das liegt zum einen daran, dass die MINT-Studienfächer nach wie vor eine Männerdomäne sind, zum anderen aber auch daran, dass die meisten Männer im Vorstellungsgespräch selbstbewusster auftreten und besser um ihr Gehalt verhandeln.

> Große Gehaltsunterschiede gibt es zwischen den verschiedenen Branchen.

> Auch die Region spielt eine Rolle.

Die Bausteine des Anschreibens

Selbstverständlich kann man die einzelnen Bausteine eines Anschreibens nicht wie Bauklötzchen aufeinandersetzen. Manchmal müssen Sie die Reihenfolge verändern oder Füllwörter und -sätze einfügen, damit das Schreiben gut klingt. Die Bausteine sollen Ihnen aber helfen, Ihr Anschreiben zu strukturieren.

Baustein A = Bezug zum Stellenangebot
Die Information, woher Sie von der Stelle wissen, bildet den Anfang des Anschreibens. Darauf gehen Sie allerdings nicht

ausführlich ein, sondern nur in aller Kürze. Falls diese Information schon im Betreff auftaucht, brauchen Sie sie im Fließtext nicht unbedingt noch einmal aufzugreifen. Haben Sie im Vorfeld ein Telefongespräch mit dem Adressaten geführt? Dann danken Sie für das informative Gespräch. Die Einleitung Ihres Anschreibens enthält also folgende Informationen:

- Wie Sie von der Stelle erfahren haben (bei Initiativbewerbungen: was Sie bewogen hat, sich bei diesem Arbeitgeber zu bewerben)
- (Ggf.) Dank für das vorangegangene Telefongespräch

Baustein B = Interesse wecken

Es gehört mit zur Einleitung, gleich Interesse zu wecken. Das tun Sie nicht, indem Sie sofort von sich selbst reden – jedenfalls nicht, wenn Sie nur das tun. Besser und zweckmäßiger ist es, wenn Sie Anknüpfungspunkte aufführen. Sagen Sie,

- warum Sie die Stelle interessant finden und
- was Sie an dem Unternehmen reizt, bei dem Sie sich beworben haben.

Zum letzten Punkt: Haben Sie keine Scheu, die Firma oder die Organisation zu loben, bei der Sie sich bewerben. Im Gegenteil: Das zeigt, dass Sie gut informiert sind und wirklich Interesse haben. Je konkreter Ihr Lob, desto besser (z. B. »Ihr Xy-Service begeistert mich. Und über Ihr Betriebsklima habe ich nur Gutes gehört.«). Zur Not weichen Sie auf die Branche, das Geschäftsfeld oder den Bereich aus, in der bzw. dem der potenzielle Arbeitgeber tätig ist (z. B. »Entwicklungshilfe professionell zu organisieren, darin sind Sie und Ihre Partnerorganisationen Spezialisten. Genau in diesem Bereich möchte ich Sie unterstützen.«).

Baustein C = Vorstellung der eigenen Person

Jetzt müssen Sie sich selbst vorstellen, und zwar mit den Eckdaten:

- Alter (bei Hochschulabsolventen, die ihr Studium direkt nach dem Abitur begonnen und in der Regelstudienzeit abgeschlossen haben, nicht zwingend)
- Studium, Abschluss (oder derzeitige Tätigkeit)

Finden Sie Anknüpfungspunkte zum potenziellen Arbeitgeber.

Haben Sie keine Scheu, die Firma oder die Organisation zu loben!

Baustein D = Fähigkeiten und Eignung

Manchmal liegen Baustein C und D eng beieinander. Ein Informatiker, der sich als Systemadministrator bewirbt – das passt zusammen. Anders sieht es aus, wenn Ihr Hochschulabschluss nicht zu der Stelle passt, auf die Sie sich bewerben. Fachfremde Bewerber und Bewerberinnen müssen mit ihren Fähigkeiten und Kenntnissen – und wenn möglich auch mit ihrer Erfahrung – überzeugen:

- Warum halten Sie sich für geeignet?
- Welche Qualifikationen belegen Ihre Eignung?
- Welche Vorteile sprechen sonst noch für Sie?

Die Bausteine C und D können eng beieinander liegen.

Baustein E = Organisatorisches

Unterschätzen Sie die Wichtigkeit organisatorischer Angaben nicht. Gegen Ende des Anschreibens müssen Sie auf diese wichtigen Anforderungen eingehen. Achten Sie auf alles, was in der Stellenanzeige gefordert ist. Das sind zum Beispiel:

- Gehaltswunsch
- Frühestmöglicher Eintrittstermin
- Umzugsbereitschaft

Unterschätzen Sie die Wichtigkeit organisatorischer Angaben nicht.

Zum Gehaltswunsch: Vertrösten Sie den potenziellen Arbeitgeber besser nicht auf das Vorstellungsgespräch, wenn in der Stellenanzeige nach einem Gehaltswunsch gefragt ist. Üblich ist es, das Jahres- und nicht das Monatsgehalt anzugeben.
Ihr frühestmöglicher Eintrittstermin ist wichtig für Ihren potenziellen Arbeitgeber. Nur mit dieser Angabe kann er planen.

Es gibt Stellen, bei denen es unerlässlich ist, dass bestimmte Mitarbeiter und Mitarbeiterinnen nicht weit vom Arbeitgeber entfernt wohnen. So muss zum Beispiel eine Ärztin, die nachts und am Wochenende für Bereitschaftsdienste eingesetzt wird, in der Nähe des Krankenhauses wohnen. Deshalb ist in solchen Fällen die Angabe unerlässlich, dass Sie in der Nähe wohnen oder zum Umzug bereit sind, wenn es mit der Stelle klappen sollte. Abgesehen von der Residenzpflicht: Es kann auch in anderen Fällen sinnvoll sein, Umzugsbereitschaft zu signalisieren. Wenn Sie zum Beispiel in Norddeutschland wohnen und sich weit weg im Süden Deutschlands oder in Österreich bewerben. Arbeit-

Ihr frühestmöglicher Eintrittstermin ist wichtig für Ihren potenziellen Arbeitgeber.

Die Bausteine des Anschreibens

Yannik Soltau
Nostitzstraße 15
10961 Berlin
Tel.: 0179 11223344
E-Mail: Yasoltau@webmail.de

Wow! AG
Bastian Walter
Personalabteilung
Senefelder Str. 19
10437 Berlin

6. 11. 2017

Bewerbung als Eventmanager
Ihre Stellenausschreibung auf Stepstone, Kennziffer I G/3

Sehr geehrter Herr Walter,

gerade fand ich auf www.stepstone.de Ihre Stellenausschreibung vom 5. Mai 2017, mit der Sie einen Eventmanager suchen. Auf diese Stelle will ich mich sofort bewerben!

Seit Jahren habe ich den Wunsch, als Eventmanager bei der Wow! AG zu arbeiten: Die Vielfalt, das Niveau und die Kreativität der Veranstaltungen, die Sie organisieren, imponieren mir sehr!

Ich bin 28 Jahre alt und habe während meines Studiums bereits Berufserfahrung im Eventmanagement gesammelt. Meine Aufgaben waren die Konzeption, Planung und Durchführung von Kongressen, Konferenzen und Incentives unter Anleitung, sowie die Überwachung von Budgets und die Koordination der Projektteams. Dabei habe ich die Arbeitsweise von Agenturen und Dienstleistern kennengelernt und die Kommunikation mit Kunden geübt.

Meine Gehaltsvorstellung beträgt rund … € p. a. Da ich mein Studium im Oktober 2017 abgeschlossen habe, stehe ich Ihnen auch kurzfristig zur Verfügung.

Über die Gelegenheit zu einem persönlichen Gespräch freue ich mich sehr.

Mit freundlichen Grüßen

Yannik Soltau

Baustein A:
Bezug zum Stellenangebot

Baustein B:
Interesse wecken

Baustein C:
Vorstellung der eigenen Person

Baustein D:
Fähigkeiten und Eignung

Baustein E:
Organisatorisches

Baustein F:
Aufforderung zum Handeln, Grußformel

> **I**ch glaube, man kann vor allem mit kurzen und prägnanten Informationen punkten. Wenn man mit Mitte zwanzig schon einen zweiseitigen Lebenslauf präsentiert, wird der meines Erachtens nicht gelesen. Auch sollte man nicht zu viel ausformulieren, sondern lieber mit Stichpunkten arbeiten. Ganz wichtig ist es, sich mit dem Unternehmen vertraut zu machen: Was wollen die, mit was werben die? Das dann indirekt im Anschreiben wiedergeben, dazu ein dezentes Bewerbungsfoto und auch nur die aktuellsten und wichtigsten Zeugnisse. Weniger ist hier mehr.
>
> **Sandra W., 28 Jahre, Bachelor BWL, Master Business Administration, Firmenkundenbetreuerin bei einer Bank**

geber haben durchaus Anlass zur Befürchtung, dass interessante Kandidaten und Kandidatinnen sich testweise auf viele Stellen bewerben, um ihren Marktwert auszuloten. Machen Sie bei Bewerbungen quer durch die Republik klar, dass ein Umzug für Sie kein Hindernis ist. Damit signalisieren Sie echtes Interesse an der ausgeschriebenen Stelle.

Baustein F = Aufforderung zum Handeln

Psychologisch geschickt ist es, das Anschreiben nicht einfach mit der Grußformel zu beenden, sondern den Empfänger zum Handeln aufzufordern. Was läge da näher, als ein Gespräch vorzuschlagen? Die gängigste Variante ist der Satz »Über eine Einladung zum Vorstellungsgespräch freue ich mich sehr.« Er enthält aber noch keine Aufforderung zum Handeln. Sie können auch offensiver vorgehen und vorschlagen, Sie einzuladen, zum Beispiel indem Sie gleich noch die Telefonnummer angeben, unter der Sie in der Regel erreichbar sind.

Musterformulierungen für das Anschreiben

In der folgenden Übersicht finden Sie viele Formulierungen für die Bausteine von Anschreiben. Lassen Sie sich davon beim Verfassen Ihres individuellen Anschreibens inspirieren:

BEISPIELE FÜR FORMULIERUNGEN IM ANSCHREIBEN

Standardsatz	Variation
Baustein A = Bezug zum Stellenangebot	
Ich bewerbe mich auf Ihre Anzeige vom 13.10.2017 in der Frankfurter Allgemeinen Zeitung.	Mit Interesse habe ich Ihr Stellenangebot in der FAZ vom 13.10.2017 gelesen. Auf diese Stelle bewerbe ich mich.
Ich bewerbe mich als … in Ihrem Hause.	Sie suchen eine/-n … Die nötigen Kenntnisse bringe ich mit. Deshalb sende ich Ihnen meine Bewerbung.
Sie haben eine sehr interessante Stelle ausgeschrieben.	Die Stelle, die Sie ausschreiben, reizt mich sehr –, weil Ihre Anforderungen sich mit meinen Qualifikationen sehr weitgehend decken.
Die Ausschreibung auf Ihrer Firmenwebsite begeistert mich.	Mit Begeisterung habe ich Ihre Ausschreibung auf … gelesen.
Baustein B = Interesse wecken	
Ich habe großes Interesse, bei Ihnen zu arbeiten.	Über die Xy-AG habe ich schon viel Gutes gehört. Deshalb interessiere ich mich für eine Stelle in Ihrem Unternehmen.
Ihre ausgeschriebene Stelle spricht mich sehr an.	Die ausgeschriebene Stelle trifft genau meine Interessen und Fähigkeiten.
… hat einen guten Namen – das motiviert mich zu meiner Bewerbung.	In Ihrem international ausgerichteten Unternehmen zu arbeiten, reizt mich.

Baustein C = Vorstellung der eigenen Person

Ich habe Anglistik und Germanistik studiert.	Ich habe den Master in den Fächern Anglistik und Germanistik.
Ich habe Geologie studiert.	Ich bin Geologe, M. Sc.
Ich stehe kurz vor Abschluss meines Studiums der Rechtswissenschaften.	Im Sommer werde ich mein Studium der Rechtswissenschaften abgeschlossen haben. Dann möchte ich so schnell wie möglich mit dem Referendariat beginnen.

Baustein D = Fähigkeiten und Eignung

Während der letzten beiden Semester meines Studiums habe ich in einer Forschungsgruppe mitgearbeitet, die sich mit … befasste.	Dank der Mitarbeit in einer Forschungsgruppe bringe ich Kenntnisse in … und … mit.
Zurzeit jobbe ich als … in der … -Abteilung der Firma …	… und … – das kann ich. Denn auf meiner derzeitigen Stelle als … kümmere ich mich tagtäglich um diese Dinge.
In einem dreimonatigen Praktikum habe ich … selbstständig organisiert.	Das selbstständige Organisieren von … war eine Hauptaufgabe in meinem Praktikum bei …

Baustein E = Organisatorisches

Meine Gehaltsvorstellungen liegen bei … € pro Jahr.	Als Gehalt stelle ich mir … € jährlich vor.
Mein frühester Eintrittstermin ist der 1. Januar 2018.	Ich kann ab 1. Januar 2018 bei Ihnen anfangen.
Ein Umzug ist für mich jederzeit möglich.	Für diese Stelle ziehe ich gern nach …

Baustein F = Aufforderung zum Handeln

Über die Gelegenheit zu einem persönlichen Gespräch freue ich mich sehr.	Ich freue mich, von Ihnen zu hören!
Meine Bewerbung interessiert Sie? Dann freue ich mich sehr auf ein persönliches Gespräch.	Darf ich mich bei Ihnen persönlich vorstellen?

Muster Anschreiben »Stelle als Trainee«

Ayshen Özelek
Friedenstr. 21 · 89231 Neu-Ulm · Deutschland
Tel.: +49 731 12345678 · Mobil: +49 153 123456789
E-Mail: oezelek@musterweb.de

Gutmann Food GmbH
Herrn Andreas Kramer
Gewerbestraße 25
70565 Stuttgart

10. 2. 2017

**Bewerbung auf eine Traineestelle Health Care und Life Sciences
Ihr Stellenangebot auf www.monster.de**

Sehr geehrter Herr Kramer,

vielen Dank für das freundliche Telefongespräch und die Informationen über Ihre Trainee-stelle im Bereich Health Care und Life Sciences. Die beschriebenen Aufgaben reizen mich sehr. Gern möchte ich für ein renommiertes und weltweit bekanntes Unternehmen wie Ihres arbeiten und zum Unternehmenserfolg beitragen.

Ich bin 28 Jahre alt und stehe kurz vor dem Abschluss meines Masterstudiums der Ernäh-rungswissenschaften. Besonders interessiert mich das Gebiet des „Healthfood". Meine Masterarbeit habe ich über Vermarktungsstrategien in diesem Bereich geschrieben. Auch in quantitativen Forschungsmethoden kenne ich mich gut aus – in einem Laborpraktikum bei einem Nahrungsmittelkonzern in Kanada habe ich entsprechende Kenntnisse erworben. Zugleich konnte ich dort auch meine Teamfähigkeit und meine Eigeninitiative beweisen.

Ich bin deutsche Staatsbürgerin. Deutsch und Türkisch sind meine Muttersprachen, Englisch und Französisch spreche ich fließend. Können Sie sich vorstellen, mich als Trainee in Ihrem Unternehmen einzusetzen?

Über Ihre Einladung zum persönlichen Gespräch freue ich mich sehr.

Mit freundlichen Grüßen

Ayshen Özelek

Fabian Ricken   Altmark-Allee 311   Tel.: 0391 33221100
                      39104 Magdeburg   Mobil: 0171 1223334444
                                                 E-Mail: f.probst@mailweb.de

Fraunhofer-Institut für Solare Energiesysteme
Dr. Nicole Brunner
Sollingstraße 5
37085 Göttingen

28. 1. 2017

Bewerbung als wissenschaftlicher Mitarbeiter
Ihre Ausschreibung auf der Website www.ipm.fhg.de

Sehr geehrte Frau Dr. Brunner,

schon seit Längerem verfolge ich in der Fachpresse das Projekt „Systemforschung Elektromobilität", nun finde ich auf der Website der Fraunhofer-Gesellschaft die Ausschreibung
einer Stelle für einen wissenschaftlichen Mitarbeiter in diesem Bereich. Auf diese Position
bewerbe ich mich.

Zu meinem Profil: Ich bin Student der Elektrotechnik an der Otto-von-Guericke-Universität
in Magdeburg, kurz vor dem Abschluss zum Master of Science. Meine Abschlussarbeit beschäftigt sich mit „Potenzialen der Fotovoltaik in der Stadt- und Regionalplanung". Ein Teil-
aspekt davon ist der Einsatz von Solarstrom bei städtischen Verkehrsbetrieben – insofern
fühle ich mich für die weitere Forschung auf dem Gebiet der Elektromobilität bestens
gerüstet.

Sehr gern forsche ich im Labor, vor allem an der Entwicklung innovativer Lösungen. Ich
schätze es, im Team zu arbeiten, gehe aber auch meinen individuellen Aufgaben selbstständig und engagiert nach. Mir liegt eher die angewandte Forschung als die Grundlagen-
forschung – aus diesem Grund erscheint mir die Arbeit bei einem Fraunhofer-Institut
besonders attraktiv.

Gern stelle ich mich Ihnen persönlich vor. Ich freue mich auf Ihre Antwort.

Mit freundlichen Grüßen

Fabian Ricken

DIE INITIATIVBEWERBUNG

Sie finden jede Menge Stellen, doch leider keine, die zu Ihnen passt? Und wenn Sie auf ein Stellenangebot stoßen, an dem Sie wirklich Interesse haben, dann werden erfahrene Fachkräfte gesucht und keine Anfänger/-innen? Das ist schade, aber noch lange kein Grund aufzugeben. Versuchen Sie es mit einer Initiativbewerbung – einer Bewerbung, die sich nicht auf eine ausgeschriebene Stelle bezieht. Auch wenn die Initiativbewerbung keine Wunderwaffe ist: Wer genügend Zeit und Flexibilität mitbringt, kann damit Erfolg haben.

Ein großer Vorteil der Initiativbewerbung ist, dass Sie der einzige Bewerber oder die einzige Bewerberin sein können. Das heißt, Ihre Bewerbung landet nicht in dem umfangreichen Ordner der Konkurrenzbewerbungen, sondern wird exklusiv geprüft. Das ist zumindest dann der Fall, wenn Sie sich nicht gerade in einem sehr gefragten Bereich (Medien, Werbeagenturen) bewerben.

Eine Initiativbewerbung hat aber auch Nachteile:

- Sie wissen nicht, ob für Ihre Qualifikationen überhaupt Bedarf besteht.
- Sie erwischen nicht unbedingt den richtigen Zeitpunkt, z. B. wenn die gewünschte Traineestelle erst in einem Jahr frei wird.
- Ihre Bewerbung landet nicht zwangsläufig beim richtigen Ansprechpartner bzw. der richtigen Ansprechpartnerin.

Schaffen Sie es, diese Nachteile auszuschalten, dann steigen Ihre Chancen beträchtlich.

Das Anschreiben

Im Aufbau unterscheidet sich das Anschreiben einer Initiativbewerbung wenig von dem einer konventionellen Bewerbung. Lediglich Betreff und Einleitung sind bei der Initiativbewerbung etwas anders: Während Sie bei einer Bewerbung auf eine ausgeschriebene Stelle einfach angeben, wo Sie das Stellenangebot gelesen haben, müssen Sie bei der Initiativbewerbung eventuell etwas mehr erklären. Am Ende des Anschreibens können Sie darauf verweisen, dass der Empfänger Ihre Unterlagen gern länger behalten darf (Baustein E: Organisatorisches).

Betreff

Aus dem Betreff sollte hervorgehen, dass es sich um eine Initiativbewerbung handelt (z. B. »Initiativbewerbung als Referent Öffentlichkeitsarbeit«). Wenn Sie die genaue Berufsbezeichnung nicht angeben können, dann sagen Sie im Betreff wenigstens, für welchen Bereich Sie sich interessieren (z. B. »Organisation, Vertrieb, Logistik – Berufseinsteigerin sucht die Herausforderung«). Bewerben Sie sich in Anlehnung an eine ausgeschriebene Stelle, für die Sie noch nicht genügend Erfahrung mitbringen, dann machen Sie das ebenfalls im Betreff deutlich (z. B. »Bewerbung als … in Anlehnung an Ihr Stellenangebot vom 15. 11. 2017 auf www. fazjob.net«).

Schreiben Sie das Wort »Initiativbewerbung« schon in den Betreff.

Baustein A: Erklärung, warum Sie sich bewerben

Anders als bei der regulären Bewerbung haben Sie bei einer Initiativbewerbung keine Stellenausschreibung, auf die Sie sich beziehen können. Trotzdem sollten Sie im Anschreiben kurz erklären, warum Sie sich bewerben. Erläutern Sie, wie Sie dazu kommen, sich ausgerechnet bei diesem Arbeitgeber zu bewerben, zum Beispiel

Erklären Sie im Anschreiben kurz, warum Sie sich bewerben.

- aufgrund der persönlichen Empfehlung eines Bekannten oder Freundes,
- weil Sie gehört haben, dass dort eine passende Stelle frei ist,
- weil Sie den Arbeitgeber (seine Produkte oder sein Tätigkeitsgebiet) schätzen.

Baustein E: Organisatorisches

Eine Besonderheit kommt bei Initiativbewerbungen beim Baustein E (Organisatorisches) hinzu: Selbst wenn Sie die richtigen Qualifikationen bieten, können Sie nicht damit rechnen, dass Ihnen sofort eine passende Stelle angeboten wird. Sinnvoll ist es daher, dem Personalverantwortlichen zu erlauben, die Bewerbung zu behalten und zu einem späteren Zeitpunkt wieder darauf zurückzugreifen.

Svenja Koch · Hirschbergweg 11 · 44388 Dortmund
Tel.: 0231 111222333 · Mobil: 0171 123456789 · E-Mail: s.koch@webmail.de

Kanzlei Söhnke, Scherbaum & Partner
Herrn Dr. Christoph Söhnke
Darmstädter Straße 95
60311 Frankfurt

3. 8. 2017

Initiativbewerbung als Rechtsanwältin

Sehr geehrter Herr Dr. Söhnke,

in der Frankfurter Rundschau vom 21. 7. 2017 stieß ich auf einen Bericht über Ihre Kanzlei, der erwähnte, dass Sie aktuell Nachwuchsanwälte suchen. Die Kanzlei Söhnke, Scherbaum & Partner ist mir als international erfolgreiche Großkanzlei bekannt, in der ich gern meine berufliche Laufbahn fortsetzen möchte.

Ich bin Rechtsassessorin, 29 Jahre alt und habe soeben mein Referendariat in Nordrhein-Westfalen abgeschlossen. Meine Studienzeit begann in Frankfurt, führte mich nach New York, wo ich den Titel Master of Law (LL. M.) sowie die amerikanische Anwaltszulassung erwarb, und schließlich nach Berlin. Während des Referendariats arbeitete ich bei meiner Wahlstation Müller, Dietrichs & Schaudt, einer auf internationales Handelsrecht spezialisierten Großkanzlei in Köln, vor allem im Bereich des Marken- und Wettbewerbsrechts. Hier reifte auch mein Entschluss, später ebenfalls für eine Großkanzlei zu arbeiten und mich auf das Wettbewerbsrecht zu spezialisieren.

Neben meinen fachlichen Qualifikationen schätzen meine bisherigen Ausbildungsleiter und -leiterinnen vor allem meine Teamfähigkeit, meine Verlässlichkeit und mein Organisationstalent. Mit dem Stress und Druck in einer internationalen Großkanzlei kann ich gut umgehen.

Habe ich Sie mit meiner Bewerbung von meinen Qualifikationen überzeugt? Ich freue mich über eine Einladung zum Vorstellungsgespräch.

Mit freundlichen Grüßen

Svenja Koch

DECKBLATT: JA ODER NEIN?

Ob Sie Ihre Bewerbungsunterlagen durch ein Deckblatt ergänzen oder nicht, ist Ihnen überlassen. Die meisten Personalverantwortlichen lehnen es ab, weil sie es für überflüssig halten; andere loben, dass es für Übersichtlichkeit sorgt und mit einer angemessenen Gestaltung Individualität ausdrücken kann.

Wenn Sie sich für ein Deckblatt entscheiden, beachten Sie: Sowohl bei der Printbewerbung als auch bei der elektronischen Bewerbung bildet das Deckblatt die erste Seite der Bewerbungsunterlagen nach dem Anschreiben. Während das Anschreiben, auch wenn es elementar wichtig ist, als Begleiter der Bewerbung, aber nicht als Teil davon betrachtet wird, übernimmt das Deckblatt die Funktion einer Titelseite, die vor dem Lebenslauf kommt. Für ein Deckblatt spricht:

- Ihre Bewerbung wirkt individueller.
- Sie vermeiden Platzmangel im Lebenslauf, indem Sie das Foto auf dem Deckblatt unterbringen.
- Ihr Bewerbungsfoto kommt besser zur Geltung.

Aber Vorsicht: Halten Sie Ihr Deckblatt schlicht! Wer nicht professionell gestalten kann, läuft Gefahr, sich zu verkünsteln.

Das Deckblatt hat vor allem gestalterische Funktion. Seien Sie daher sparsam mit Text. Folgendes gehört auf ein Deckblatt:

- Ihr Name (samt akademischem Grad)
- Ihre Adresse mit Telefonnummer und E-Mail-Adresse
- Ihr Bewerbungsfoto
- Die Bezeichnung der angestrebten Stelle
- (Falls in der Stellenanzeige angegeben:) das Aktenzeichen oder die Kennziffer
- Die Adresse des Empfängers/der Empfängerin mit Vor- und Nachnamen
- (Nicht obligatorisch:) eine Liste aller Anlagen (Lebenslauf, Nachweise, Zeugnisse, Arbeitsproben)

Ein Deckblatt ist keine Pflicht.

Halten Sie Ihr Deckblatt schlicht!

Der Aufbau des Lebenslaufs

Hauptüberschrift „Lebenslauf"

Kopf:
persönliche Daten

Name, Anschrift
Geburtsdatum und -ort, (evtl.) Staatsangehörigkeit
Familienstand und ggf. Anzahl der Kinder
Foto (rechts oben, falls nicht auf gesondertem Deckblatt)

Hauptteil:
schulischer
und beruflicher
Werdegang
(die wesentlichen
Stationen
mit Zeugnissen
belegen)

Schulbildung
Höchster allgemeinbildender Schulabschluss
ggf. eiterführende Schulbesuche
ggf. Wehr- oder Zivildienst
ggf. Berufsausbildung (Abschluss)
Studium (Abschluss)
Praktika
ggf. Berufstätigkeit

Thematischer
Anhang:
Zusatzinfor-
mationen

Zusatzqualifikationen
Fortbildungen
Sprach-, EDV- und sonstige Kenntnisse
Hobbys (nur sinnvoll, wenn sie auf bestimmte Fähigkeiten schließen lassen)

Schluss

Datum
Unterschrift

Erfolgreich bewerben

DIE FORM DES LEBENSLAUFS

Der Lebenslauf ist neben dem Anschreiben das zentrale Dokument Ihrer Bewerbung. Viele Personalverantwortliche prüfen ihn, bevor sie das Anschreiben lesen.
Denn anhand des Lebenslaufs können sie sich sofort einen Eindruck verschaffen, ob ein Bewerber oder eine Bewerberin die erforderlichen Qualifikationen für eine Stelle mitbringt. Deshalb sollten Sie auf die Ausarbeitung des Lebenslaufs mindestens so viel Sorgfalt verwenden wie auf die Formulierung des Anschreibens.

Der Aufbau

Ein Lebenslauf sollte vor allem eines sein: übersichtlich. Dieses Ziel sollten Sie beim Aufbau berücksichtigen. Bei der Reihenfolge der Lebensdaten gibt es zwei Varianten: chronologisch (auf- oder absteigend) oder thematisch. Der Lebenslauf ist untergliedert in:

- Kopf
- Hauptteil
- Evtl. thematischen Anhang (Kenntnisse, Fortbildungen, Hobbys)
- Schluss mit Datum und Unterschrift

Kopf: persönliche Daten

Unter der Überschrift »Lebenslauf« bringen Sie alle relevanten persönlichen Daten. Das Bewerbungsfoto platzieren Sie rechts oben auf die erste Seite, falls Sie kein Deckblatt mit Foto verwenden.

Hauptteil: Schule und Studium, Berufstätigkeit

Im Hauptteil bringen Sie alle Stationen Ihres Lebens mit Angabe des Anfangs- und Enddatums unter. Wichtig: Die wesentlichen Stationen Ihres Lebens sollten Sie mit Schul-, Studien- und gegebenenfalls Arbeitszeugnissen sowie Tätigkeitsbescheinigungen belegen.

Thematischer Anhang

Lehrgänge und Fortbildungskurse brauchen Sie nicht unbedingt in den Hauptteil einzuordnen. Versehen Sie sie mit Datum und setzen Sie sie in den thematischen Anhang. Hier verweisen Sie auch auf besondere Zusatzqualifikationen, Sprachkenntnisse und Hobbys.

EDV-Kurse sollten Sie nur aufführen, wenn sie noch aktuell sind; Kurse, die sehr viel länger als ein Jahr her sind, brauchen Sie nicht mehr aufzuführen.

Ausnahme: Bei komplexeren Spezialprogrammen können Sie eine Ausnahme machen. Stellen Sie heraus, dass Sie auf dem neuesten Stand sind oder ihn sich zumindest leicht aneignen können. Oft ist es besser, die Kenntnisse darzustellen als die Teilnahme an einem Kurs.

Aussagekräftiger als das Schulnotensystem (bei dem Sie sich sozusagen selbst die Note erteilen) ist es, wenn Sie darstellen, wie geschult Sie in der Anwendung der einzelnen Software sind, zum Beispiel:

- Ständige Anwendung
- Regelmäßige Anwendung
- Gelegentliche Anwendung
- Einwöchige Schulung (10/2017)
- Grundkenntnisse

Bei der Einschätzung Ihrer Sprachkenntnisse können Sie das Schulnotensystem (von »sehr gut« bis »ausreichend«) benutzen. Mehr und mehr üblich ist aber folgende Bewertungsskala:

- Muttersprachler
- Verhandlungssicher
- Fließend
- Gute Kenntnisse
- Ausgebaute Grundkenntnisse
- Grundkenntnisse

Ihre Hobbys müssen Sie nicht unbedingt nennen. Sie können das aber ohne Weiteres tun, zum Beispiel wenn sie positive Rückschlüsse auf Ihre Persönlichkeit zulassen bzw. dokumentieren, dass Sie für die angestrebte Stelle geeignet sein könnten. Hobbys

Erfolgreich bewerben

können einiges über Ihre »weichen« Fähigkeiten aussagen, zum Beispiel über Organisationstalent, Führungsqualitäten oder Risikobereitschaft.

Schluss: Datum und Unterschrift

Zu einem vollständigen Lebenslauf gehören das Datum und Ihre eigenhändige Unterschrift. Vergessen Sie nicht, das Datum zu ändern, falls Sie Ihren Lebenslauf auf dem Rechner aktualisieren. Auf die eigenhändige Unterschrift legen die meisten Personalentscheider größten Wert. Scannen Sie für Ihre Onlinebewerbung Ihre Unterschrift ein und platzieren Sie sie dort, wo Sie sonst handschriftlich unterschrieben hätten. Sie dokumentiert, dass Sie zu Ihrer Vita stehen.

Auch auf den Lebenslauf gehört eine Unterschrift bzw. ein Unterschriftenscan.

WAS NICHT (MEHR) IN DEN LEBENSLAUF GEHÖRT

	Begründung
Eltern	Für Bewerber und Bewerberinnen spricht nach heutigem Verständnis allein die Person, nicht die Herkunft.
Religionszugehörigkeit	Die Religion ist Privatsache (Ausnahme: Bewerbungen auf konfessionell gebundene Stellen, für die eine bestimmte Religionszugehörigkeit Voraussetzung ist).
Kompletter schulischer Werdegang	Es zählt nur noch der höchste allgemeinbildende Abschluss.

Die Chronologie des Hauptteils

Personaler prüfen mit einem ersten Blick auf den Lebenslauf, ob er Lücken aufweist, ob die aufgeführten Qualifikationen mit den Anforderungen der zu besetzenden Stelle übereinstimmen und ob die aufgeführten Daten denen der Zeugnisse und Nachweise entsprechen, die der Bewerbung beiliegen.

Das bedeutet: Machen Sie es denen, die die Bewerberauswahl treffen, leicht. Ordnen Sie die Stationen Ihres Leben chronologisch.

Bei der Frage, ob im Lebenslauf die Daten absteigend (beginnend mit der aktuellen Situation) oder aufsteigend (beginnend mit der Schulbildung) geordnet werden sollten, sind die Ansichten geteilt. Traditionalisten bevorzugen den chronologisch aufsteigenden Lebenslauf, bei anderen kommt ein chronologisch absteigender Lebenslauf (nach angloamerikanischem Vorbild) besser an. Entscheiden Sie unter diesen Aspekten, welche Form für die einzelne Bewerbung besser sein dürfte.

Traditionell: der chronologisch aufsteigende Lebenslauf

Die meisten Personalverantwortlichen kleiner und mittelständischer Unternehmen bevorzugen die traditionelle Form, den chronologisch aufsteigenden Lebenslauf. Sein Aufbau ist von der Dramaturgie her insofern geschickter, als die Entwicklung des Bewerbers oder der Bewerberin leichter nachzuvollziehen ist. Bei erfahrenen, älteren Personalverantwortlichen kommt noch hinzu: Der zeitlich aufsteigende Lebenslauf ist die Variante, an die sie sich längst gewöhnt haben, die also zu ihren Lesegewohnheiten passt und die sie am schnellsten erfassen.

Das heißt, Sie beginnen mit der Schulbildung (Geburtsdatum und Geburtsort stehen im Kopf des Lebenslaufs) und enden mit der aktuellen Situation (also z. B. damit, dass Sie gerade Ihren Abschluss gemacht haben oder dass Ihr Abschluss in soundso vielen Monaten ansteht).

Modern: der chronologisch absteigende Lebenslauf

Bewerben Sie sich außerhalb des deutschsprachigen Raums oder bei einem international agierenden Unternehmen, dann ist ein chronologisch absteigender Lebenslauf richtig. International ist er längst Usus. Auch Hochschulabgängern wird er heute mehr und mehr empfohlen.

Fortbildungen und Weiterbildungskurse dagegen können Sie unter der entsprechenden Überschrift gesondert am Ende aufführen, ebenso Ihre Kenntnisse und Hobbys. Denn es ist meist zu unübersichtlich, sie chronologisch einzuordnen.

Egal, welche Chronologie Sie wählen: Zwingen Sie sich, nur die wesentlichen Dinge aufzuführen und nicht jede Station Ihres Lebens detailreich darzustellen. Wesentlich ist, was Sie für die Stelle qualifiziert. Erfahrenen Bewerbern und Bewerberinnen wird man einen Lebenslauf von mehr als zwei Seiten nicht übel nehmen. Sie haben schließlich viele Jahre und Jahrzehnte der Berufstätigkeit zu veranschaulichen. Hochschulabsolventen und Hochschulabsolventinnen dagegen sollten ihren Lebenslauf nicht auf über zwei Seiten dehnen.

Zwingen Sie sich, nur die wesentlichen Dinge aufzuführen!

Zeitangaben: auf den Monat genau

Die Daten in einem Lebenslauf brauchen Sie nicht auf den Tag genau anzugeben – das wäre zu aufwendig. Aber eine Zeitangabe in Monaten ist empfehlenswert, weil sie am ehrlichsten wirkt. Damit dokumentieren Sie lückenlose Anschlüsse (wobei ein- bis zweimonatige Pausen akzeptabel sind).
Häufiger sieht man auch Lebensläufe, die nur eine Jahresangabe enthalten. Das ist nicht ratsam, denn man kann zwischen zwei aufeinanderfolgenden Jahresangaben fast zwei Jahre Pause verbergen. Personalverantwortliche, die Erfahrung mit der Interpretation von Lebensläufen haben, wissen das – und werden misstrauisch.

Die Zeitangaben im Lebenslauf sollten formal einheitlich sein.

Beispiel: so nicht!

Im Lebenslauf von Steffen Schmitz finden sich folgende Angaben:

2009 bis 2011	Studium der Sozialen Arbeit, Fachhochschule Kiel
2012 bis heute	Studium der Politikwissenschaften und der Soziologie, Universität Hamburg

Der Personalverantwortliche wird stutzig und fragt nach. Dabei kommt heraus, dass Steffen Schmitz nur bis Ende Februar 2011 in Kiel studiert hat, und zwar ohne Abschluss. Anfang Oktober 2012 hat er in Hamburg begonnen. Volle 19 Monate hat er unterschlagen. Auf die Frage, was er in dieser Zeit gemacht hat, ist der Bewerber nicht vorbereitet. Er hat keine plausible Antwort. Die Stelle bekommt er nicht.

Führen Sie daher auch vermeintlich wenig produktive Zeiten im Lebenslauf auf und erklären Sie die Hintergründe.

10/2015–08/2016	Work and Travel: Botswana, Namibia, Südafrika
02/2016–06/2016	Arbeit auf dem Weingut »Vinklers« in Stellenbosch, Südafrika: Aushilfstätigkeiten in der Kellerei in nahezu allen Stadien der Weinherstellung (pressen, maischen, anreichern, schwefeln, abstechen) und im Verkauf; Assistenz bei Weinproben mit internationaler Kundschaft.

Halten Sie den Aufbau des Lebenslaufs unbedingt stringent durch. Vermeiden Sie im Hauptteil einen Wechsel zwischen verschiedenen Formen der Zeitangabe (z. B. einmal auf den Tag, einmal auf den Monat und einmal nur auf das Jahr genau). Lediglich bei berufsbegleitenden Weiterbildungskursen im thematischen Anhang genügt die Angabe des Jahres, in dem diese stattfanden.

DER INHALT DES LEBENSLAUFS

Gewichten Sie die Stationen Ihres Werdegangs passend zu der Stelle, auf die Sie sich bewerben.

»Beim Lebenslauf sind die Fakten durch den Verlauf vorgegeben«, denken Sie vielleicht, »da gibt es nicht viel Freiheit bei der Formulierung.« Irrtum! Gerade beim Lebenslauf ist es wichtig, dass Sie nicht einfach die Stationen Ihres Lebens ohne Erklärungen und Kommentare hintereinander auflisten.

Den roten Faden sichtbar machen

Aus einem gut aufgebauten Lebenslauf geht hervor, was Ihre Befähigung für die angestrebte Stelle begründet. Personalverantwortliche schauen besonders auf einen stringenten Handlungsverlauf – auch wenn sie keine Probleme damit haben, dass fast jeder Mensch Brüche in seiner Vita aufzuweisen hat. Ein Lebenslauf soll zeigen,

- was Sie wollen,
- was Sie können,
- wer Sie sind.

Gute Chancen haben Sie, wenn Ihr Lebenslauf in diesen drei Punkten zur ausgeschriebenen Stelle passt. Das heißt nicht, dass er so wirken soll, als hätten Sie Ihr ganzes Leben lang nur ein Ziel gehabt, nämlich die Stelle, auf die Sie sich gerade bewerben. Sie brauchen auch nicht so zu tun, als hätten Sie seit Ihrer Schulzeit einzig und allein auf diese Position hingearbeitet. Ein solcher Lebenslauf wäre unrealistisch und unglaubwürdig. Lassen Sie Brüche im Lebenslauf ebenso zu wie die Tatsache, dass Ihr Leben nicht immer geradlinig verlaufen ist. Das ist normal. Einen roten Faden kann Ihr Lebenslauf trotzdem haben.

Lassen Sie Brüche im Lebenslauf zu. Einen roten Faden kann er trotzdem haben.

Suchen Sie nach Anknüpfungspunkten und Gemeinsamkeiten mit der angestrebten Stelle. Nach Möglichkeit sollten Sie einen zusammenhängenden Handlungsstrang erkennbar machen, der sich wie ein roter Faden durch Ihren Lebenslauf zieht.

Anknüpfungspunkte zur angestrebten Stelle herausstellen!

Listen Sie all Ihre Stationen auf. In einem zweiten Schritt überlegen Sie, welche Stationen, Tätigkeiten oder Hobbys in Ihrem Leben zusammenpassen. Gab es Tätigkeiten, die Überschneidungen mit der angestrebten Stelle aufweisen? Wenn Sie sich für eine bestimmte Stelle interessieren, dann wird das wahrscheinlich der Fall sein. Beispiele:

Gab es Tätigkeiten, die Überschneidungen mit der angestrebten Stelle aufweisen?

- Die Schwerpunkte des Studiums stimmen mit dem gefragten Know-how überein.
- Sie haben ein verwandtes Fach studiert.
- Sie haben ein Praktikum in einer ähnlichen Branche gemacht.
- Sie haben vergleichbare Aufgaben ausgeführt.
- Sie haben eine Ausbildung in dem betreffenden Gebiet.
- Sie haben Hobbys, die ähnliche Qualifikationen erfordern wie die ausgeschriebene Stelle.

Solche Anknüpfungspunkte gilt es im Lebenslauf herauszustellen. Dann sind Sie wegen eventueller Brüche, die Ihr bisheriges Leben vielleicht aufweist, nicht angreifbar.

Gewichten Sie das stärker, was zur angestrebten Stelle passt

Auch bei der Gewichtung Ihrer Tätigkeiten haben Sie Spielräume. Je nachdem, auf was für eine Stelle Sie sich bewerben, heben Sie einzelne Stationen oder Aufgaben stärker hervor und behandeln Sie sie ausführlicher.

Beispiele Sina G. hat ein Praktikum absolviert, das am Rande mit Öffentlichkeitsarbeit zu tun hatte. Sie kann es als Praktikum im Bereich Öffentlichkeitsarbeit beschreiben.

Einzelne Seminare aus dem Studium im Lebenslauf aufzuführen, verbietet sich eigentlich, Ausnahmen sind aber durchaus erlaubt. Moritz F. erwähnt im Lebenslauf zu seiner Bewerbung als Juniortexter bei einer Agentur, dass er während seines geisteswissenschaftlichen Studiums mehrere Seminare zum Thema »Verständlich formulieren« besucht hat.

Felix M. will sich bei einem Konzern bewerben. Im Lebenslauf führt er auch auf, dass er in seiner Schulzeit sowie in der Zeit zwischen Schule und Studium als Aushilfskraft gearbeitet hat. Sein damaliger Job als Fahrer wäre anderen Arbeitgebern gegenüber nicht erwähnenswert. Er hat aber in genau dem Konzern gearbeitet, bei dem er sich jetzt als Ingenieur bewerben will, wenn auch an einem anderen Standort. Für Arbeitgeber sind Ehemalige in aller Regel besonders willkommen. Deshalb ist es richtig, dass Felix M. diesen Job erwähnt.

Die Betriebswirtin Fiona B. bewirbt sich bei einem Weinversender. In ihrem Lebenslauf stellt sie eine Tätigkeit während eines Work-and-Travel-Aufenthalts ausführlicher dar: Sie hat in Südafrika vier Monate lang auf einem Weingut mit internationaler Kundschaft gearbeitet und dabei viel über die Weinproduktion und vor allem die englische Fachsprache gelernt.

Einzelne Bestandteile des Lebenslaufs im Hinblick auf die gewünschte Stelle ausführlicher, andere knapper darzustellen, ist legitim. Aber dieses Vorgehen hat auch Grenzen: Das Ganze muss verhältnismäßig bleiben. Ein zweiwöchiges Praktikum kann nicht wichtiger sein als ein fünfjähriges Studium.

Einen stringenten Lebenslauf müssen Sie nicht erdichten. Wer schummelt, hat auf Dauer nichts davon. Denn meist kommt das schon beim Blick auf die Daten in den beigelegten Nachweisen heraus. Auch im Vorstellungsgespräch fliegen Schummeleien schnell auf – weil die Bewerberin oder der Bewerber sich in Widersprüche verstrickt oder nicht mehr genau weiß, was sie bzw. er im Lebenslauf geschrieben hat.

Wer eine Stelle aufgrund von falschen Angaben bekommt, wird damit wahrscheinlich nicht glücklich. Wesentliche Erfahrungen und Fertigkeiten fehlen, was man ständig vertuschen muss, weil sie nun mal im Lebenslauf angegeben sind. Wenn der Schwindel auffliegt und der Arbeitgeber erfährt, dass er getäuscht wurde, ist das ein Kündigungsgrund.

> Wer schummelt, hat auf Dauer nichts davon.

Studien- und Ausbildungsgänge erklären

Niemand versteht den Verlauf Ihres Lebens so gut wie Sie selbst. Vielleicht ist es deshalb so schwierig, einen verständlichen Lebenslauf zu schreiben. Beachten Sie besonders: Bei den meisten Stationen eines Lebens reicht die bloße Auflistung nicht, sondern sie müssen erklärt werden. Das betrifft vor allem

- viele Studien- und Ausbildungsgänge (v. a. wenn Sie sich fachfremd bewerben),
- Positionen und Tätigkeiten (sofern die Bezeichnung nicht allgemein verständlich ist),
- Firmen und andere Arbeitgeber (sofern diese nicht allgemein bekannt sind).

> Erklären Sie die Stationen in Ihrem Leben so verständlich wie möglich.

Besonders wenn Sie sich für fachfremde Tätigkeiten bewerben, sollten Sie sich in die Lage desjenigen hineinversetzen, der Ihren Lebenslauf lesen und auswerten muss. Reicht es, wenn Sie nur das Studienfach nennen? Kann sich wirklich jeder vorstellen, was Sie dabei gelernt haben? Wenn nicht, dann fügen Sie eine kurze Erklärung hinzu. Bedenken Sie auch, dass bestimmte Bezeichnungen zwar Assoziationen hervorrufen – aber leider nicht unbedingt die richtigen. Auch hier ist eine Erklärung hilfreich. Beispiele finden Sie in der folgenden Tabelle:

Ausbildungs-/ Studiengang	Assoziation	Erklärung
Geografie	Reisen: die Länder der Erde, die Haupt- städte ...	Ausbildungsinhalte: Schnittpunkte der Geo-, Bio-, Sozial-, Umwelt- und Wirt- schaftswissenschaften; je nachdem mit unterschiedlichen Schwerpunkten
Hydrologie	irgendetwas mit Wasser ...	Lerninhalte: Einschätzung von Wasser- angebot und -qualität, Wassernutzung und -bereitstellung, Konzeption wasser- wirtschaftlicher Anlagen
Forstwirtschaft	Jagd, Wald, Dackel, Loden- mantel, Flinte	Lerninhalte: ökologische Grundlagen, Recht, Wirtschaft, Technik, Arbeitslehre
Innen- architektur	bisschen weniger als ein Architekt	Lerninhalte: Konzeption, Planung und Gestaltung von Raumwirkungen für konkrete Zwecke

Vor allem kleinere Arbeitgeber sind wenig bekannt. Fügen Sie daher eine kurze Erklärung bei, zum Beispiel:

- »Bartelt GmbH« (Hersteller von Brandschutztüren, ca. 150 Mitarbeiter)
- »Landwirtschaftskammer Rheinland« (öffentlich-rechtliche Selbstverwaltung der regionalen Landwirtschaft, ca. 200 Mitarbeiter)

Der englischsprachige Lebenslauf

Einen englischsprachigen Lebenslauf bauen Sie im Prinzip genau- so auf wie einen Lebenslauf in deutscher Sprache.

Aber: Auf einen englischsprachigen Lebenslauf gehören weder Datum noch eigenhändige Unterschrift noch Bewerbungsfoto. Möglich ist ein ausführlicher Lebenslauf (Curriculum Vitae, kurz CV), der mehrere Seiten umfassen darf.

Durchaus üblich ist aber auch der Kurzlebenslauf (Résumé / Re- sume), in dem auf höchstens zwei Seiten das Wichtigste für die gewünschte Stelle zusammengefasst wird. Die Überschrift »Curriculum Vitae« oder »Résumé / Resume« wird nicht verwendet. Englischsprachige Lebensläufe sind meist chronologisch absteigend geordnet und enthalten folgende Kategorien:

Weder Datum noch eigenhändige Unterschrift noch Foto!

- Persönliche Informationen: Name, Adresse, Telefonnummer und E-Mail-Adresse stehen ohne Überschrift zentriert ganz oben. Geburtsdatum und Geburtsort, Familienstand, Zahl der Kinder sowie Nationalität anzugeben, ist nicht üblich. Die Privatsphäre gilt als hohes Gut.
- Eventuell eine kurze Angabe des Berufsziels (»Objective« oder »Job Target«).
- Eventuell eine kurze Zusammenfassung Ihres Profils (»Profile«) und Ihrer Erfolge in Ihrer Vergangenheit (»Achievements«).
- Berufliche Tätigkeiten (»Experience«, »Work Experience«).
- Studium (»Education«); der schulische Werdegang wird meist nicht erwähnt.
- Thematischer Anhang, z. B. »Internships« (= Praktika), »Hobbies« (Achtung: Der englische Plural schreibt sich, anders als der deutsche, mit -ies am Ende), »Foreign Languages« (= Fremdsprachen), »Personal Skills«/»Personal Competences« (persönliche Eigenschaften/Fähigkeiten) sowie »Voluntary Services« (= ehrenamtliche/freiwillige Einsätze).

Bei internationalen Bewerbungen der Europass-Lebenslauf

Falls Sie sich mit Ihrer Bewerbung an eine internationale Firma oder Institution richten, können Sie überlegen, ob Sie den standardisierten europäischen Lebenslauf »Europass« verwenden. Die Vorlage soll die Qualifikationen europäischer Bewerber international vergleichbar machen. Mehr Informationen finden Sie im Internet unter der Adresse: http://europass.cedefop.europa.eu/de/home. Am besten klären Sie aber vorab telefonisch, ob der Europass-Lebenslauf überhaupt erwünscht ist.

Erfolgreich bewerben

Muster Lebenslauf »Wissenschaftlicher Mitarbeiter«

Lebenslauf Fabian Ricken

Altmark-Allee 311	Tel.: 0391 33221100
39104 Magdeburg	Mobil: 0171 1223334444
	E-Mail: f.ricken@mailweb.de

Geburtsdatum:	8. 4. 1991
Geburtsort:	Coburg
Staatsangehörigkeit:	deutsch
Familienstand:	nicht verheiratet, keine Kinder

Studium

10/2011–03/2017	Otto-von-Guericke-Universität Magdeburg
	Studium der Elektrotechnik
	Schwerpunkt erneuerbare Energien
	– Abschluss Master of Science im März 2017
	– Masterthesis: „Potenziale der Fotovoltaik in der Stadt- und Regionalplanung"
	– Bachelorthesis: „Nutzung von erneuerbaren Energien"
	– Bachelorabschlussnote 1,9

Praxissemester

10/2013 – 03/2014	Solar-Solution GmbH, Kulmbach
	(Hersteller von Fotovoltaikanlagen, ca. 150 Mitarbeiter)
	Praxissemester I: Bereich Forschung und Entwicklung
04/2015 – 09/2015	Städtische Verkehrsbetriebe, Coburg
	Praxissemester II: Bereich Einsatz von Fotovoltaik

Zivildienst

11/2010 – 08/2011	Naturschutzbund Deutschland e. V., Coburg
	Zivildienst (Landschaftspflege)

Schule

09/2001 – 07/2010	Arnold-Gymnasium, Neustadt bei Coburg
	Schwerpunktfächer Mathematik und Physik
	Abiturnote: 2,1

Seite 1

Erfolgreich bewerben

Lebenslauf Fabian Ricken

Altmark-Allee 311   Tel.: 0391 33221100
39104 Magdeburg   Mobil: 0171 1223334444
                                              E-Mail: f.ricken@mailweb.de

Sprachen
Englisch: fließend
Französisch: gut

EDV-Kenntnisse
Programmierung in C, C++, C#, ADA, Matlab, Lartech
Microsoft Office: Word, Excel, Outlook, PowerPoint, Access
Anwenderkenntnisse in ETechpro, Signal, FoMa, MSCX

Hobbys
Paragliding
Flugmodellentwicklung und -bau
Elektromobilität (aktives Mitglied im Bundesverband E-Mobilität e. V.)

Persönliche Eigenschaften
Verantwortungsbewusstsein, Gewissenhaftigkeit, Zuverlässigkeit
Analytisch-kreativer Forschergeist

Magdeburg, 28. 1. 2017

Fabian Ricken

Seite 2

Lebenslauf

Persönliche Daten
Pheline Foster
Schönbuchweg 38
70563 Stuttgart
Tel.: 0171 77665544
E-Mail: p.Foster@tt-web.de
* 17. Oktober 1989
ledig, keine Kinder

Studium

04/13 – 07/17	Englisch, Wirtschaftsgeografie Eberhard-Karls-Universität Tübingen, Abschluss: Master of Arts (M. A., Note 2,3) Masterarbeit: „Kooperationsmöglichkeiten im Stadtmarketing bei internationalen Städtepartnerschaften"
04/12 – 03/13	Auslandsjahr Boston University, Massachusetts, USA
09/09 – 03/12	Englisch, Wirtschaftsgeografie Eberhard-Karls-Universität Tübingen Abschluss: Bachelor of Arts (B. A.)

Schulbildung

08/00 – 07/09	Droste-Hülshoff-Gymnasium Kirchheim unter Teck Abschluss: Abitur (Note: 2,7)

Praktische Tätigkeiten

03/11 – 09/16	Aushilfssekretärin (regelmäßig während der Semesterferien) Messe Stuttgart – Mithilfe bei der Organisation von Messen (z. B. Invest, Camping & Freizeit, Leistungsschau Baden-Württemberg) – Akquise neuer Aussteller – Betreuung von Altkunden – Betreuung des Infostands während einzelner Messen

Lebenslauf Pheline Foster

07/10 – 08/10	Verkäuferin
	„Connemara – Der irische Laden", Tübingen
	– Verkauf
	– Eventorganisation (Whiskeyproben, Saint Patrick's Day,
	– Konzert „Dublin Pride", Ausstellung „Gaelic Art")
08/09 – 06/10	Verkäuferin
	Modehaus Scherff, Esslingen
	– Verkauf und Beratung in der Abteilung „Junge Mode"
	– Einsatz bei Sonderverkäufen
	– Aushilfe bei der Dekoration

Praktikum

06/14 – 12/14	Praktikantin
	Marketing-Abteilung, Kaufhaus Brenninger, Stuttgart
	– Erstellung von Werbekonzepten (Weihnachten, Frühjahr)
	– inhaltliche Abstimmung mit Werbe- und PR-Agenturen
	– Rohentwurf von Prospekten, Handzetteln und Mailings
	(z. B. für die „Aktion Kundenkarte")

Weitere Qualifikationen

Sprachen	Englisch: fließend in Wort und Schrift
	Spanisch: gut
	Französisch: Grundkenntnisse
Computer	MS Office (Schwerpunkt Word und Excel)

Hobbys

Leitung des freien Theaters „Kaleidoskop", Esslingen (Stückauswahl, Regie, Organisation, PR)
Musik (Gitarre- und Klavierspielen)
Suchmaschinenoptimierung für befreundete Künstler

Stuttgart, 25. 11. 2017

Pheline Foster

Seite 2

DIE BEWERBUNG PER E-MAIL

Printbewerbungen sollten Sie nur dann senden, wenn dies ausdrücklich gewünscht ist.

Die Bewerbung per E-Mail oder per Onlineformular ist heute Standard. Printbewerbungen sind zwar noch nicht ausgestorben, aber sie werden mehr und mehr zur Ausnahme. Sie sollten eine Printbewerbung daher nur dann senden, wenn dies ausdrücklich gewünscht ist. Ein Hinweis darauf kann sein, dass in der Ausschreibung keine E-Mail-Adresse angegeben ist oder nur eine allgemeine (z. B. info@musterfirma.com). Falls Sie unsicher sind, dann klären Sie das am besten telefonisch.

Beispielformulierung … Sie suchen eine/-n … – diese Stelle interessiert mich sehr. Ich möchte Ihnen daher schnellstmöglich meine Bewerbungsunterlagen zusenden. Akzeptieren Sie eine E-Mail-Bewerbung? Oder ist Ihnen grundsätzlich die klassische Bewerbung auf dem Postweg lieber? …

E-Mail-Bewerbung oder Bewerbung per Onlineformular?

Ist grundsätzlich eine elektronische Bewerbung erwünscht, aber nicht ausdrücklich eine E-Mail-Bewerbung, dann kann auch eine Bewerbung per Onlineformular gemeint sein: Einige Arbeitgeber haben das Bewerbungsverfahren standardisiert, zum Beispiel, indem sie auf ihrer Website ein Formular anbieten, auf dem sich Bewerber/-innen eintragen können. Sollte dies der Fall sein, halten Sie sich an die Vorgabe: Bewerben Sie sich, indem Sie das Formular ausfüllen und alle Fragen beantworten, statt eine individuelle E-Mail-Bewerbung loszuschicken.

Rechnen Sie mit einer schnellen Reaktion
Außerdem: Die Reaktion auf Ihre E-Mail-Bewerbung kann sehr schnell kommen. Es kann gut sein, dass der oder die Personalverantwortliche schon am gleichen oder am nächsten Tag anruft und Sie zum Vorstellungsgespräch einlädt. Auf ein solches Telefonat sollten Sie vorbereitet sein, es kann – muss aber nicht! – wesentlich mehr beinhalten als nur die Terminvereinbarung: Möglicherweise geht es schon um eine telefonische Vorauswahl, bei der Sie eine Art vorgezogenes Vorstellungsgespräch zu absolvieren haben.

Sorgen Sie dafür, dass Sie Ihre Bewerbungsunterlagen jederzeit zur Verfügung haben, machen Sie sich mit den häufigsten Arbeitgeberfragen vertraut und denken Sie darüber nach, wie Sie sie beantworten werden. Halten Sie auch die Stellenausschreibung parat, damit Sie während des Telefonats immer vor Augen haben, was der Arbeitgeber braucht, was ihm besonders wichtig ist. Und zeigen Sie sich gut informiert über den Arbeitgeber: seine Produkte und Dienstleistungen, Standorte, Mitarbeiterzahl, Selbstdarstellung usw.

Die Form der E-Mail-Bewerbung

Gerade Hochschulabsolventen und -abvolventinnen, die ja noch wenig Bewerbungserfahrung haben, stöhnen über den Aufwand, den eine Bewerbung macht. Obwohl es nur ein paar Seiten sind, kostet es eine Menge Zeit, alles zusammenzustellen.
Nicht allein die Formulierung des Anschreibens und die Zusammenstellung sowie der Aufbau des Lebenslaufs sind aufwendig, auch die unabdingbar sorgfältige Gestaltung und die benutzerfreundliche Aufbereitung der Dokumente erfordern viel Zeit.

Die Gestaltung und die Aufbereitung der Dokumente erfordern viel Zeit.

Adressaten identifizieren
Auch für die E-Mail-Bewerbung gilt: Sie müssen den Adressaten eindeutig identifizieren. Eine Bewerbung an info@musterfirma.com ist heikel. Wenn es nicht sowieso aus der Ausschreibung hervorgeht, dann müssen Sie recherchieren, an welche genaue Adresse und an welche Person Sie Ihre Bewerbungsdateien schicken sollen. Beginnen Sie das Anschreiben mit einer persönlichen Anrede nach dem Muster: »Sehr geehrte Frau Dr. Sanden«.

Die eigene E-Mail-Adresse
Selbstverständlich brauchen Sie für Ihre Bewerbung eine geeignete E-Mail-Adresse. Sie ist – außer dem Betreff der E-Mail – das erste, was ihr Empfänger wahrnimmt. Verwenden Sie weder eine Firmen-E-Mail-Adresse (etwa eines Betriebes, in dem Sie gerade jobben oder ein Praktikum machen) noch eine E-Mail-Adresse, die offenkundig nur für Freunde gedacht ist.

Bewerben Sie sich aus einem Praktikum oder aus der Hochschule heraus – vielleicht auch aus einer wissenschaftlichen Hilfsstelle –, dann sollten Sie keinesfalls Ihre Firmen- oder Hochschul-E-Mail-Adresse verwenden. Sonst schöpft der potenzielle neue Arbeitgeber sofort den Verdacht, dass Sie während der Arbeitszeit nicht arbeiten, sondern Stellen suchen und Bewerbungen schreiben.

Aber auch eine E-Mail-Adresse, die offenkundig privater Natur ist, eignet sich nicht für eine Bewerbung. Ungeeignet ist eine Adresse, in der

- ein Spitz- oder Kosename vorkommt (z. B. »mucki@webnet.de«),
- Ihr Nachname fehlt (z. B. »lena@webnet.de«).

Geeignet dagegen ist eine Adresse, die Vor- und Nachnamen oder nur den Nachnamen enthält (z. B. »Leon.Meisner@webnet.de« oder »Meisner@webnet.de«).

Betreff: genauer Bezug

Wichtig bei einer E-Mail-Bewerbung ist es, schon mit einem gut formulierten Betreff auszudrücken, worum es geht. Konzentrieren Sie sich dabei auf das Wichtigste: Nicht wann und wo die Anzeige geschaltet wurde, ist im Betreff wichtig, sondern auf welche Stelle Sie sich bewerben.

Anschreiben: in den Anhang

Manche Bewerber/-innen verwenden den Text ihres Anschreibens direkt in der E-Mail und verzichten dann in den Bewerbungsunterlagen auf ein Anschreiben. Das aber hat den Nachteil, dass es dort fehlt. Integrieren Sie das Anschreiben besser in eine PDF-Datei für den Anhang. Im E-Mail-Text selbst weisen Sie kurz und freundlich auf die Bewerbung im Anhang hin. Verzichten Sie dabei innerhalb eines Absatzes auf Zeilenumbrüche mit der Returntaste. Lediglich den Beginn eines neuen Absatzes markieren Sie, indem Sie eine Leerzeile vorschalten.
In Ihrer E-Mail-Signatur geben Sie Ihre vollständige Adresse mit E-Mail-Adresse und Telefonnummer an.

BETREFFZEILE EINER E-MAIL-BEWERBUNG

So besser nicht:	Besser so:
Ihr Stellenangebot vom 17.1.2017	Bewerbung als Systemadministrator / Ihr Stellenangebot vom 17.1.2017
Ihre Stellenanzeige bei FAZ.de	Bewerbung als Produktmanagerin / Ihre Stellenanzeige bei FAZ.de
Bewerbung	Bewerbung als Sozialarbeiter, Referenz 1234
Bewerbung als Biochemiker	Bewerbung als Biochemiker / Ihre Ausschreibung bei Experteer

Am besten ist es, den ganzen Anhang in einer einzigen PDF-Datei mitzuschicken. In die E-Mail selbst kommt dann nur der kurze Verweis auf die angehängte Bewerbung. Bei der Formulierung dieses kurzen Verweistextes können Sie sich auch inspirieren lassen von den Bausteinen A und B, wie sie für das Anschreiben empfohlen sind. Hier allerdings ist noch mehr Kürze geboten; Ihr eigentliches Anschreiben ist ja im Anhang. Wiederholen Sie sich nicht.

Beispielformulierungen Sehr geehrte Frau Jessart,
die von Ihnen ausgeschriebene Stelle als … interessiert mich sehr und entspricht weitestgehend meinen Qualifikationen. Im Anhang finden Sie meine Bewerbungsunterlagen. …

Sehr geehrter Herr Müller,
mit Interesse habe ich Ihre Stellenausschreibung auf FAZjob.net gelesen. Gern möchte ich bei Ihnen als … arbeiten. Bitte berücksichtigen Sie meine Bewerbung im Anhang dieser Mail.
Ich freue mich, von Ihnen zu hören.

Sehr geehrte Frau Brenner,
Ihre Stellenanzeige beim Bewerbungsportal www.stepstone. de hat mein Interesse geweckt. Mit dem Dokument im Anhang zu dieser E-Mail bewerbe ich mich auf diese Stelle.
Ich freue mich, von Ihnen zu hören.

Erfolgreich bewerben

Verwenden Sie in
Ihrem E-Mail-Text
keinen Fettdruck,
keine Kursiv-
schrift und keine
zweite Schrift!

Eine E-Mail-Bewerbung muss schlicht sein. Es kommt vor allem auf den Inhalt an. Gehen Sie nicht davon aus, dass der Empfänger die Mail im gleichen Format liest, in dem Sie sie geschrieben haben; das kommt auf die Einstellungen seines Mailprogramms an. Für Ihren Text bedeutet das, dass Sie keinen Fettdruck, keine Kursivschrift und keine zweite Schrift verwenden sollten. Auch eine allzu ungewöhnliche Gestaltung ist nicht gefragt: Hintergrundbilder, Farben oder Logos werden meist sowieso nicht übermittelt und blähen eine Mail nur unnötig auf. Bleiben Sie im einfachen Textformat.

Prüfen Sie, ob Sie in Ihrem E-Mail-Programm statt HTML-Format nicht besser das Nur-Text-Format einstellen. Dann können Sie in Ihrem Text zwar nichts typografisch hervorheben, aber das brauchen Sie auch nicht, und das sollten Sie auch nicht tun, denn: Sie wissen nicht, welche Darstellungen das E-Mail-Programm Ihres Adressaten zulässt. Und: Das Nur-Text-Format hat den Vorteil, dass es frei ist von Viren und Trojanern.

Der Inhalt des Anschreibens unterscheidet sich nicht von dem Anschreiben für eine Bewerbungsmappe. Führen Sie aus,

- auf welches Stellenangebot Sie sich beziehen,
- wer Sie sind,
- warum Sie sich für die angebotene Stelle interessieren,
- welche Erfahrungen und Eigenschaften Sie dafür qualifizieren,
- warum Sie gerade bei diesem Arbeitgeber arbeiten möchten.

Auch wenn es im elektronischen Schriftverkehr weniger formell zuzugehen scheint als in traditionellen Briefen, so gilt das nicht für E-Mail-Bewerbungen. Achten Sie auf korrekte Rechtschreibung und Grammatik. Verzichten Sie auf Extravaganzen wie durchgängige Kleinschreibung oder die Ansprache mit »Du«. Hier ist Professionalität gefragt: Wenn Sie möchten, dass der Inhalt Ihrer Bewerbung überhaupt zur Kenntnis genommen wird, dann achten Sie darauf, dass auch die Form stimmt.

Es reicht, Ihren Namen in getippter Form unter die E-Mail zu setzen. Sie können aber auch Ihre eingescannte Unterschrift verwenden. Das empfiehlt sich jedoch nicht, wenn die Datei dadurch unnötig groß wird.

Anhang: sinnvoller Dateiname

Wer eine E-Mail-Bewerbung erhält, möchte nicht mit etlichen Dokumenten im Anhang konfrontiert werden, die er alle einzeln öffnen muss. Viele Personalverantwortliche drucken eine E-Mail-Bewerbung immer noch aus. Das macht bei mehreren Dokumenten aber sehr viel Mühe, die Sie keinem Personalverantwortlichen zumuten sollten. Besser packen Sie die gesamte Bewerbung in eine einzige PDF-Datei, die Sie als Anhang Ihrer E-Mail versenden.

Geben Sie der angehängten Datei einen aussagekräftigen Namen. Da manche Rechner längere Dateinamen automatisch kürzen, sollten Sie die wichtigste Information – Ihren Namen – an den Anfang des Dateinamens stellen. Bauen Sie den Dateinamen dann beispielsweise nach den Mustern »Vorname-Nachname-Bewerbung.pdf« oder (wenn Sie einen sehr häufigen Nachnamen tragen) »Nachname-Bewerbung-Funktion.pdf« auf. Wenn Sie Ihren Namen (zur Not abgekürzt und ohne Vornamen) nach vorn setzen, sind Ihre Unterlagen auch nach dem Speichern auf der Festplatte zweifelsfrei Ihrer Person zuzuordnen.

Wenig nutzerfreundlich dagegen sind Dateinamen, die zwar dem Bewerber oder der Bewerberin beim Archivieren auf dem eigenen Rechner helfen, wie zum Beispiel Dateinamen nach dem Muster »Bewerbung-Firma-xx.pdf«, die Belange des Adressaten aber ignorieren. Im schlimmsten Fall erhält der Adressat mehrere Dateien mit diesem Namen. Die Mühe, Dateinamen zu ändern, wird sich niemand machen wollen.

> Verwenden Sie einen aussagekräftigen Dateinamen.

Testversand: unbedingt empfehlenswert

Es ist unbedingt zu empfehlen, die Bewerbung vorher testweise an sich selbst zu schicken. Dann sehen Sie, ob

- die Bewerbung vollständig ist,
- es im E-Mail-Text ein Problem mit Sonderzeichen und Zeilenumbrüchen gibt.

> Testen Sie, ob Ihre Bewerbung vollständig und gut lesbar ankommt!

Fünf Fehler, die Sie vermeiden sollten

Vermeiden Sie folgende Fehler bei einer E-Mail-Bewerbung:
1. Fehler: unspezifische Stellenauswahl
2. Fehler: nachlässige und lieblose Gestaltung
3. Fehler: zu große Datenmengen im Anhang
4. Fehler: unlesbare Dateiformate und zu viele Dateien im Anhang
5. Fehler: schlechte Scans

1. Fehler: unspezifische Stellenauswahl

Die meisten Arbeitgeber, die eine Stelle ausgeschrieben haben, bekommen eine Datenflut. Denn eine Bewerbung auf elektronischem Weg scheint leicht (Dateien zusammenstellen und mit einem Mausklick wegschicken), und manche Bewerber und Bewerberinnen machen sich nicht die Mühe,

- nur die Stellen auszuwählen, die zu ihrem Profil passen,
- sich auf die Firmen, Behörden oder Organisationen zu konzentrieren, an denen sie wirklich Interesse haben,
- die Bewerbung inhaltlich auf die angestrebte Stelle auszurichten.

Es ist aber ein Irrtum zu glauben, Serien-E-Mails führten zum Erfolg: So schnell sie verschickt sind, so schnell sind sie vom Empfänger oder von der Empfängerin auch gelöscht.

> **Die meisten Arbeitgeber, die eine Stelle ausgeschrieben haben, bekommen eine Datenflut.**

Keine Serien-E-Mails!

Versenden Sie nie Serien-E-Mails! Und schon gar nicht so, dass der Empfänger auch noch die E-Mail-Adressen der anderen (konkurrierenden) Adressaten entnehmen kann, z. B. weil sie alle in das Feld »An« oder »Cc« (und nicht ins Feld für Blindkopien »Bcc«) eingetragen sind.
Serien-E-Mails sind niemals passgenau auf eine bestimmte Stelle zugeschnitten. Personalverantwortliche legen aber genau darauf den größten Wert.

Erfolgreich bewerben

2. Fehler: nachlässige und lieblose Gestaltung

Bei einer E-Mail-Bewerbung kommt es nicht weniger auf Korrektheit und eine sorgfältige Gestaltung an als bei einer Printbewerbung. Rechtschreib- und Grammatikfehler oder lässige Ausdrucksweise in Anschreiben und Lebenslauf führen sofort zu einer Absage. Wer auf

- persönliche Anrede,
- individuellen Zuschnitt,
- konkreten Bezug zur angebotenen Stelle oder zum anvisierten Unternehmen,
- orthografisch, grammatisch und stilistisch korrekte Formulierung von Anschreiben und Lebenslauf und
- akkurates Äußeres

verzichtet, beraubt sich der Chance, im weiteren Auswahlverfahren berücksichtigt zu werden, denn letztlich signalisiert eine nachlässige und lieblose Bewerbung dem Empfänger: »Sie sind mir nicht wichtig.«

Eine nachlässige Bewerbung signalisiert dem Empfänger: »Sie sind mir nicht wichtig.«

3. Fehler: zu große Datenmengen im Anhang

Auch die Technik kann der elektronischen Bewerbung einen Strich durch die Rechnung machen. So spielt zum Beispiel die Größe der zu versendenden Dokumente eine entscheidende Rolle. Zu große Dateien machen dem Empfänger beim Herunterladen oder Öffnen Probleme. Achten Sie darauf, dass Ihre Dateien allerhöchstens drei Megabyte (MB) groß sind.
Sobald Ihre Dateien die gerade noch akzeptable Grenze von 3 MB überschreiten, sollten Sie sie komprimieren, zum Beispiel mit dem kostenlosen Programm »WinZip«. Oder Sie speichern das PDF in minimaler Größe für die Onlineveröffentlichung. Wenn Sie auch so nicht zu einer akzeptablen Dateigröße kommen, dann sollten Sie prüfen, ob Sie die Auflösung Ihres Bewerbungsfotos noch verringern können, ob Sie auf Unterschriftenscans oder gar auf ganze Seiten – etwa Arbeitsproben oder Zertifikate und andere Nachweise – möglicherweise nicht besser verzichten.

Achten Sie darauf, dass Ihre Dateien zusammen höchstens drei Megabyte (MB) groß sind.

4. Fehler: unlesbare Dateiformate und zu viele Dateien

Viele E-Mail-Bewerbungen scheitern an den technischen Tücken ungewöhnlicher Dateiformate. Dabei definiert jeder Empfänger die Eigenschaft »ungewöhnlich« anders – abhängig von den Programmen, die zum Öffnen zur Verfügung stehen: Hüten Sie sich davor, Ihre eigene Softwareausstattung für das zu halten, was Standard ist.

Gerade wenn Sie sich bei kleinen Firmen, bei Behörden und Organisationen bewerben, sollten Sie besser nicht davon ausgehen, dass diese über all die Programme verfügen, die Sie als selbstverständlich voraussetzen (umgekehrt haben Sie deren Programme vermutlich auch nicht). So manche Bewerbung scheitert daran, dass die angehängten Dateien in Formaten abgespeichert sind, die der Empfänger nicht lesen kann.

Typisch (aber ungeeignet) als Anhang sind zum Beispiel

- mehrere Dateien unterschiedlicher Formate, etwa das Bewerbungsfoto als TIFF-Datei, diverse eingescannte Nachweise als BMP-, JPG- oder PSD-Dateien,
- ganze PowerPoint-Präsentationen.

Manche E-Mail-Bewerbungen sind auch umständlich zu handhaben. Schwierig wird es, wenn jeder Nachweis als einzelne Datei abgespeichert ist. Selbst wenn es keine unleserlichen Dateiformate sind – so muss doch jede angehängte Datei einzeln geöffnet und gelesen werden. Diese Mühe macht sich längst nicht jeder Arbeitgeber.

Sonderfall Werbeagenturen

Auch wenn sie computertechnisch meist bestens ausgerüstet sind, haben Werbeagenturen oft die größten Probleme mit unleserlichen Dateiformaten aus dem E-Mail-Anhang. Denn dort sind nicht Windows-, sondern Mac-Rechner Standard – mit deren spezifischer Programmausstattung. Fragen Sie daher vorher nach, welche Dateiformate gelesen werden können. Falls Sie die geforderten Dateiformate nicht bieten können, bleibt Ihnen nur die klassische Bewerbung auf dem Postweg.

Ideal für eine E-Mail-Bewerbung ist ein einziges Dokument im PDF-Format für den Anhang. PDF-Dateien sind sehr weit verbreitet und auf den meisten Rechnern lesbar. Die Abkürzung »PDF« steht für »Portable Document Format« und bedeutet übersetzt »Übertragbares Dokumentenformat«. PDF-Dateien sind ideal, weil sie unabhängig vom Ausgabegerät mit der entsprechenden Software gut lesbar sind und immer einheitlich dargestellt werden. So hat der Empfänger oder die Empfängerin keine Probleme, sie zu öffnen und zu lesen. Wenn Sie kein Profiprogramm für die Umwandlung Ihrer Dokumente ins PDF-Format (z. B. Adobe Acrobat Professionell) besitzen, helfen einfachere, kostenlose Programme, zum Beispiel »PDF-Creator« oder »Free PDF«. Machen Sie sich die Mühe und nutzen Sie diese Programme, es lohnt sich!

Wenn Sie Ihre einzelnen Dokumente umgewandelt haben, dann fassen Sie sie zu einem einzigen zusammen: Anschreiben, Lebenslauf, Zeugnisse – einfach alles! Erst dann ist Ihre Bewerbung wirklich leicht zu handhaben.

5. Fehler: schlechte Scans

Einige Dokumente wie Zeugnisse müssen Sie für die elektronische Bewerbung einscannen. Achten Sie dabei unbedingt darauf, dass Sie saubere und ansprechende Ergebnisse erzielen. Mit schief oder gar kopfstehend eingescannten Dokumenten, mit Scans von zu geringer Auflösung oder mit »schlierigen« Scans machen Sie einen denkbar schlechten Eindruck.

Um zu guten Scans zu kommen, gibt es zwei Möglichkeiten: Wenn Sie es sich zutrauen, können Sie die Scans selbst machen. Mit entsprechender Sorgfalt und ein bisschen technischem Verständnis sollte Ihnen das gelingen. Sie können Ihre Scans aber auch von Profis erstellen lassen. Das ist nicht teuer. Nehmen Sie Ihre Originale und einen Speicherstick mit, lassen Sie sie einscannen und auf den Stick speichern.

> PDF-Dateien sind sehr weit verbreitet und auf den meisten Rechnern lesbar.

> Mit schlechten Scans machen Sie einen schlechten Eindruck.

Wenn Sie über einen Scanner verfügen, können Sie das Einscannen auch selbst erledigen. Dazu müssen Sie allerdings einige Punkte beachten:

- Wählen Sie als Auflösung 72 bis 150 dpi. Das mag Ihnen wenig scheinen, reicht aber für Zeugnisse und Dokumente, um am Bildschirm gut lesbar zu sein. Eine Auflösung von 150 dpi reicht außerdem, um das Dokument auch in ausgedruckter Form noch lesbar zu halten.
- Wenn Sie die Datei zunächst gesondert abspeichern, wählen Sie 150 dpi. Dann können Sie diese besser bearbeiten, etwa die Ränder wegschneiden. Erst die bearbeitete Endfassung speichern Sie dann mit einer Auflösung von 72 dpi.
- Wollen Sie ein Dokument oder Foto vergrößern, rechnen Sie mit einem Vergrößerungsfaktor. Wenn Sie die Bildgröße verdoppeln möchten, rechnen Sie mit dem Vergrößerungsfaktor 2, also: 2×72 dpi $= 144$ dpi.
- Speichern Sie Fotos zum Einbinden in andere Dokumente am besten als JPG-Datei.
- Bei der Farbtiefe ist für Schwarz-Weiß-Fotos die Einstellung »8-Bit« empfehlenswert, damit auch die verschiedenen Graustufen in den Scans richtig abgebildet werden. Handelt es sich um reine Textdateien, kann eine »1-Bit«-Einstellung jedoch genügen. Sie braucht wesentlich weniger Speicherplatz, weil sie lediglich die Farben Schwarz und Weiß kennt (keine Graustufen). Hier sollten Sie einfach testen, welche Einstellung Ihnen ausreichende Qualität liefert – auch für den Fall, dass Ihre Bewerbung ausgedruckt wird.
- Speicherplatz lässt sich außerdem sparen, indem Sie beim Einscannen farbiger Bilder und Dokumente die Farbtiefe reduzieren. Die können Sie bei den Einstellungen im Programm Ihres Scanners ändern. 24 Bit genügen in der Regel völlig.

DIE ONLINEBEWERBUNG

Viele, vor allem große Unternehmen, setzen heute auf die Online-bewerbung. Das kann über Portale auf der Unternehmenswebsite laufen, aber auch über eigene Recruiting-Websites. Der traditionellen Bewerbung noch am nächsten sind einfachere Online-Bewerbungsportale, über die man die vorbereiteten Unterlagen wie Anschreiben, Lebenslauf, Nachweise und Zeugnisse hochlädt. Daneben gewinnen aber auch E-Recruiting-Systeme an Bedeutung, bei denen nur noch Nachweise und Zeugnisse hochgeladen, alle anderen Inhalte aber per Formular abgefragt werden. Für Bewerber und Bewerberinnen sind diese E-Recruiting-Systeme aufwendiger, weil sie ihre Daten direkt eingeben müssen. Das Schematische der Fragen kann überdies viel Aufwand und Konzentration erfordern, gerade dann, wenn das eigene Profil und der eigene Lebenslauf nicht ganz dem Üblichen entsprechen. In aller Regel werden Sie aber Gelegenheit haben, in einem Freitextfeld noch ergänzende Erläuterungen zu geben.
Für die Arbeitgeberseite haben E-Recruiting-Systeme den Vorteil, dass sie durch und durch standardisierte Antworten erhalten, die es ihnen erleichtern, Bewerbungen miteinander zu vergleichen.

Online-Bewer-bungsportale und E-Recrui-ting-Systeme

Die Vorgaben beachten

Wenn Sie auf das Stellenangebot eines möglichen Arbeitgebers stoßen, das Sie zur Bewerbung über das Online-Bewerbungsportal auf der Firmenwebsite oder über ein E-Recruiting-System auffordert, haben Sie keine Wahl. Sie müssen diesen Bewerbungsweg einhalten. E-Mail-Bewerbungen oder gar Printbewerbungen werden von solchen Arbeitgebern in der Regel nicht mehr gern gesehen, denn sie haben sich bewusst für diese Form der Bewerbungsverwaltung und -auswahl entschieden.
Sie haben viel Geld in die Programmierung der Formulare mitsamt der zugehörigen Datenbank investiert. Daher sind sie oft nicht mehr bereit, zusätzlichen Aufwand für E-Mail- oder Printbewerbungen zu betreiben. Bewerber und Bewerberinnen, die den ausdrücklichen Wunsch nach einer Bewerbung über die Website

Sollen Sie sich über ein Online-Bewerbungs-portal bewerben, haben Sie keine Wahl.

ignorieren, zeigen: Sie halten sich nicht an die Unternehmensvorgaben. Das hinterlässt keinen guten Eindruck!

Die Onlinebewerbung auf Firmen- und Behördenwebsites lohnt sich vor allem bei ausgeschriebenen Stellen. Hier können Sie davon ausgehen, dass sich jemand in kurzer Zeit mit Ihrer Bewerbung beschäftigen wird.

Sind mehrere Stellen gleicher Art ausgeschrieben, müssen Sie allerdings mit längeren Wartezeiten rechnen. Angenommen, ein Technologiekonzern sucht laufend Elektroingenieure und Sie bewerben sich online auf eine solche Stelle – dann kann die Wartezeit durchaus mehrere Wochen bis zu einem halben Jahr dauern. Das ist bei solchen Bewerbungsverfahren üblich.

Besonderheiten der Initiativbewerbung online

Mit einer Initiativbewerbung, die Sie in das Onlineformular eines Arbeitgebers eingeben, können Sie es schwer haben, wenn Sie nicht gerade mit einer Ausbildung aufwarten können, die gerade sehr stark nachgefragt wird. Zwar haben in großen Firmen theoretisch viele Menschen mit Personalverantwortung Zugriff auf alle in der Datenbank gespeicherten Bewerbungsprofile.

De facto wird dieses Angebot aber doch nicht so rege genutzt, wie dies vielleicht möglich und wünschenswert wäre. Die Führungskräfte mit Personalverantwortung haben einfach zu viel zu tun, um aufs Geratewohl im E-Recruiting-System nach Bewerbern und Bewerberinnen zu suchen.

Tipp

Stark nachgefragte Berufe

Eine Besonderheit gibt es für Initiativbewerbungen in stark nachgefragten Berufen, etwa in der IT oder im Ingenieurwesen. Dort können Sie auf Portale stoßen, die Initiativbewerbungen online ausdrücklich zulassen. Machen Sie davon Gebrauch! Unternehmen, die solche Möglichkeiten eröffnen, suchen mehr oder weniger händeringend nach Mitarbeitern und Mitarbeiterinnen.

Und die Personalabteilung wird häufig nur dann auf Ihre Bewerbung reagieren, wenn sie tatsächlich eine Stelle im gewünschten Bereich ausgeschrieben hat. »Auf Vorrat« wird sie kaum nach Kandidaten und Kandidatinnen suchen.

Bei Initiativbewerbungen per Onlineformular besteht also die Gefahr, dass Sie nur eine Karteileiche produzieren, die nicht weiter beachtet wird. Wenn Sie sich initiativ bewerben, machen Sie am besten potenzielle Interessenten innerhalb der Firma oder der Organisation telefonisch oder per E-Mail auf Ihre Bewerbung aufmerksam. Das ist unter Umständen nicht die Personal- oder Recruitingabteilung, die sich nur um bereits ausgeschriebene, von der Unternehmensleitung genehmigte Stellen kümmert, sondern manchmal auch die Bereichsleitung. Dort nämlich kann durch Ihre Bewerbung erst der Wunsch entstehen, eine entsprechende Stelle einzurichten. Bitten Sie die Person, an die Sie sich wenden, Ihre Bewerbung anzusehen.

Im Folgenden einige Hinweise darauf, was Sie beachten müssen, wenn Sie vorhaben, Ihr Bewerbungsprofil in das Onlineformular eines Arbeitgebers oder von Jobbörsen einzutragen.

Achtung Datensicherheit!

Tragen Sie Ihre persönlichen Daten nicht auf einem Onlineportal ein, ohne zuvor zu prüfen, ob Sie dem Anbieter in Sachen Datenschutz vertrauen können. Nicht bei allen Portalen ist gewährleistet, dass Ihre Daten hinreichend verschlüsselt werden, sodass Unbefugte keinen Zugriff darauf haben.

Folgende Leitfragen helfen Ihnen zu beurteilen, ob Sie dem Anbieter in Sachen Datensicherheit trauen können oder eher nicht:

- Macht der Anbieter Angaben dazu, wer auf Ihre Daten zugreifen darf und wer nicht?
- Erfahren Sie, was mit Ihren Daten geschieht, wie lange sie gespeichert werden, wie sie ausgewertet werden und wann sie gelöscht werden?
- Können Sie Ihre Einträge zu einem späteren Zeitpunkt ansehen, ändern oder löschen?
- Ist sichergestellt, dass sich Ihr Profil nicht einfach über eine Suchmaschine finden lässt, wenn jemand dort Ihren Namen eingibt?

Wenn Sie sich initiativ bewerben, machen Sie darauf aufmerksam.

Nicht bei allen Portalen ist gewährleistet, dass Ihre Daten verschlüsselt werden.

Falls Sie erhebliche Zweifel daran haben, dass diese Sicherheitsstandards gewährleistet sind, sollten Sie von einem Eintrag in einem Onlinebewerbungsformular absehen.

E-Recruiting-Systeme

Standardisierte Eingabeformulare sind die Regel beim E-Recruiting, einer computergestützten Bewerberauswahl, die für Arbeitgeber große Vorteile hat. Solche E-Recruiting-Systeme helfen ihnen bei der automatisierten Vorauswahl. Über die Stichwortsuche können sie die Bewerbungen geeigneter Kandidaten aus der Vielzahl der Einträge herausfiltern.

Eine Bearbeitung durch die Personalabteilungen, den Betriebsrat und die jeweilige Fachabteilung ist direkt online möglich. Jeder, der die Berechtigung dazu hat, kann sich eine dort eingegebene Bewerbung ansehen und sie auch kommentieren. Zwischenbescheide werden automatisch versandt, was den Arbeitsaufwand, den eine Bewerbung verursacht, ebenfalls reduziert.

Die Formulare, die Firmen, Behörden und Institutionen ihren Bewerbern und Bewerberinnen im Internet anbieten, sind alles andere als einheitlich. Im Folgenden kann es deshalb nur darum gehen, Ihnen eine grobe Orientierung über das zu geben, was Sie dabei üblicherweise erwartet und mit welchen Fragen Sie rechnen müssen.

Persönliche Daten

Zu Beginn werden Sie aufgefordert, Ihre persönlichen Daten einzugeben: Name, Adresse, Geburtsdatum und Geburtsort, Telefonnummern und E-Mail-Adresse. Achten Sie auch hier darauf, eine seriöse Adresse und nicht etwa eine offensichtlich nur für gute Freunde gedachte Adresse anzugeben. Auch eine Unternehmens-E-Mail-Adresse von einem Arbeitgeber, bei dem Sie gerade jobben, sollten Sie nicht verwenden. Legen Sie sich lieber eine neutrale Adresse zu.

Tipp

Nehmen Sie sich viel Zeit!

Eine Bewerbung per Onlineformular macht meist nicht weniger Arbeit als eine E-Mail-Bewerbung, sondern eher mehr. Denn zum einen müssen Sie Ihre Einträge im Formular alle selbst eingeben. Zum anderen verzichten die Arbeitgeber in aller Regel trotzdem nicht auf die gängigen Bestandteile einer Bewerbung – das heißt, nicht selten müssen Sie auch ein Anschreiben und einen Lebenslauf und die wichtigsten Zeugnisse und Nachweise hochladen. Wenn Sie also eine fertige E-Mail-Bewerbung respektive Masterdatei haben, sind Sie für die Bewerbung per Onlineformular besser gerüstet als ohne.

Felder, in denen Sie nach Ihrer geschäftlichen Telefonnummer oder einer alternativen E-Mail-Adresse gefragt werden, können Sie getrost freilassen. Geben Sie nur die Kontaktdaten heraus, unter denen Sie erreichbar sein möchten. Ansonsten halten Sie sich lieber bedeckt. Ob Sie diese Felder vollständig ausfüllen oder nicht, entscheidet später nicht über die Vergabe der gewünschten Stelle. Angaben, die Sie vergessen, die aber unerlässlich sind, wird das System ohnehin per Fehlermeldung von Ihnen einfordern. Möglicherweise wird auch nach Ihrer persönlichen Website oder nach Ihrem Blog gefragt. Hier geben Sie nur an, was einen beruflichen Bezug hat. Allenfalls geradezu professionell betriebene Publikationen im Internet etwa zu einem Hobby, auf dem Sie ein hohes Niveau erreicht haben, können Sie noch angeben. Es mag von Ihrer Fähigkeit zeugen, sich in ein Thema sehr tief einzuarbeiten. Wägen Sie aber in Ruhe und sorgfältig ab, was Sie von sich aus preisgeben und was nicht.

Geben Sie nur die Kontaktdaten heraus, unter denen Sie erreichbar sein möchten.

Fragen zu Ihren Qualifikationen

Bei allen inhaltlichen Fragen sollten Sie größten Wert auf eine vollständige Beantwortung legen. Meist haben Sie zunächst die Möglichkeit, einzugeben, auf welche Stelle Sie sich bewerben oder in welchem Unternehmensbereich und an welchem Standort Sie gern tätig werden würden.

Dann werden Sie Frage für Frage durch das Onlineformular geleitet. Die Antworten können Sie teilweise aus einem Klappmenü auswählen, beispielsweise, wenn Sie nach Ihren Sprachkenntnissen gefragt werden. Von »perfekt« über »verhandlungssicher« bis hinunter zu »Grundkenntnisse« können Sie dann auswählen, was auf Sie zutrifft.

Es gibt aber auch Fragen, die eine Freitexteingabe vorsehen, so üblicherweise die nach Ihren Kenntnissen, Erfahrungen und Fähigkeiten. Oft sind explizit Stichwörter gefragt, dann sollten Sie keine langen Sätze schreiben.

Wenn Sie einen Text formulieren, achten Sie darauf, dass Rechtschreibung und Grammatik korrekt sind. Zur Prüfung formulieren Sie einen Text zunächst in Ihrem Textverarbeitungsprogramm und schalten die automatische Rechtschreibhilfe ein, bevor Sie ihn markieren, kopieren und ins entsprechende Eingabefeld des Onlineformulars einfügen.

Entscheidend ist, nicht all Ihre Kenntnisse, Erfahrungen und Fähigkeiten aufzuzählen, sondern vor allem diejenigen, die für die gewünschte Stelle von Belang sind. Empfehlenswert ist außerdem eine kurze Erklärung oder ein Nachweis zu der entsprechenden Angabe:

Sie werden Frage für Frage durch das Formular geleitet.

Achten Sie auch hier auf Rechtschreibung und korrekte Grammatik!

Beispielformulierungen

Kontaktfreude und Kommunikationsstärke:

- Ich knüpfe leicht neue Kontakte und komme schnell mit Menschen ins Gespräch. Das kam mir schon bei meiner Tätigkeit als Tutor an der Uni sehr zugute.
- Ich arbeite strukturiert und gewissenhaft. Das haben mir meine Professoren an der Uni immer wieder bestätigt. Dank dieser Eigenschaft bekam ich auch die Stelle als studentische Hilfskraft.

Keywords verwenden

Nicht besonders außergewöhnliche Formulierungen sind gefragt, sondern die richtigen Schlüsselwörter (»Keywords«), nach denen die Datenbanknutzer suchen würden. Denn der größte Vorteil solcher Onlineformulare ist, dass jeder, der passende

Bewerbungsprofile sucht, sich diese durch die Eingabe weniger Keywords auf den eigenen Rechner rufen kann.

Verwenden Sie daher bewusst gängige Keywords für Ihre Fähigkeiten, Kenntnisse und Erfahrungen, bevor Sie zu einer genaueren Erklärung ansetzen. Vermeiden Sie ungewöhnliche Begriffe, nach denen keiner suchen würde. Statt »Es fällt mir nicht schwer, mit anderen zusammenzuarbeiten« verwenden Sie lieber »Teamfähigkeit«, weil es sich besser als Suchbegriff eignet. Im Zweifelsfall schlagen Sie in einem Synonymwörterbuch nach oder schauen Sie sich gezielt Stellenangebote aus Ihrem Bereich an. Die Aufschlüsselung gesuchter Qualifikationen und künftiger Tätigkeiten hilft Ihnen dabei, die richtigen Keywords zu finden.

Gängige Schlüsselwörter verwenden

Wichtig: Zu diesen Keywords gehören auch Spezialkenntnisse. Unbedingt eingeben sollten Sie daher Ihre Kenntnisse über

Spezialkenntnisse richtig verschlagworten

- spezielle Software,
- gängige Verfahren,
- spezielle Methoden oder Techniken sowie die üblichen Standards und Normen.

TiPP

Nennen Sie Ihre speziellen Software-Kenntnisse!

ERP-Software (Enterprise Resource Planning) ist ein komplexes Computerprogramm, mit dem sich sämtliche Prozesse in einem Unternehmen – vom Einkauf über den Warenfluss bis zur Abrechnung und zum Controlling – abbilden lassen. Wenn Sie sich mit solchen Programmen auskennen, benennen Sie die Software genau. Ist sie in der Branche nicht allzu gängig, können Sie eine Erklärung anfügen. Ansonsten erübrigt sich das. Jeder Personaler oder Headhunter in der Industrie wird beispielsweise wissen, was es mit SAP SLC auf sich hat, einem ERP-Modul, das speziell auf das Lieferantenmanagement zugeschnitten ist.

Umschreiben Sie diese Kenntnisse nicht, sondern nennen Sie sie beim Namen (auch mit Abkürzungen, falls in Ihrer Branche oder Ihrem Tätigkeitsfeld üblich).

Fragen zu Ihrem Werdegang

Die meisten Unternehmen werden Sie nach Ihren beruflichen Erfahrungen fragen: Halten Sie sich bei Format und Beschreibung so eng wie möglich an die üblichen Bewerbungsstandards. Tragen Sie in das Eingabefeld also das ein, was Sie auch in Ihren Lebenslauf schreiben.

Wenn Sie Berufserfahrungen, und sei es nur aus Praktika, haben, listen Sie Ihre bisherigen Tätigkeiten Zeile für Zeile auf, geben Sie dabei auch die Zeitspanne auf Monat und Jahr genau an. Ihre Funktionen ergänzen Sie idealerweise um Erläuterungen zu Ihren Aufgabengebieten.

Tragen Sie in das Eingabefeld also das ein, was Sie auch in Ihren Lebenslauf schreiben.

Beispielformulierung

Vertriebsassistenz:

- Organisation und Vorbereitung von Meetings, Veranstaltungen und Messen
- Reiseplanung und Koordination von Terminen im In- und Ausland Erstellung von Auswertungen, Analysen, Präsentationen und Terminunterlagen

Fragen zu Ihrer Motivation

Schreiben Sie, was Sie an der beschriebenen Tätigkeit reizt und welche Aufgaben Sie besonders gern übernehmen würden. Möglicherweise werden Sie auch gefragt, warum Sie sich für Ihre Studienfächer bzw. Ihren Beruf entschieden haben.

Rechnen Sie auch mit Fragen, warum Sie sich bei der betreffenden Firma, Institution oder Behörde bewerben. Hier lohnt sich eine kleine Recherche im Vorfeld: Worauf ist der Arbeitgeber stolz, wofür ist er bekannt? Vielleicht ist es ein besonders innovatives Unternehmen? Vielleicht bürgen seine Markenprodukte für eine besondere Qualität? Wenn Sie solche Punkte aufgreifen, zeigen Sie, dass Sie sich intensiv mit dem potenziellen Arbeitgeber beschäftigt haben.

Was reizt Sie an Tätigkeit und Arbeitgeber?

Erfolgreich bewerben

Fragen zu Hobbys

Viele Hobbys lassen Schlüsse auf bestimmte Fähigkeiten zu. Rechnen Sie also auch mit Fragen zu Ihrer Freizeit. Wer als Fußballtrainer in seinem Verein tätig ist, dürfte gewisse Führungsqualitäten haben. Wer im Chor singt, belegt seine Teamfähigkeit. Wer gern Gäste bewirtet, ist jedenfalls nicht kontaktscheu. Und wer regelmäßig Sport treibt, ist körperlich fit. Solche aussagekräftigen Hobbys können Sie ruhig aufführen.

Hobbys lassen Schlüsse auf bestimmte Fähigkeiten zu.

Dateien hochladen

Spätestens wenn Sie alle Fragen beantwortet haben, müssen Sie Ihre Zeugnisse und Nachweise, möglicherweise auch ein Anschreiben sowie Ihren Lebenslauf hochladen – falls Sie dessen Daten noch nicht per Formular eingegeben haben.

Wenn Sie Anschreiben und Lebenslauf hochladen sollen, dann gilt für deren Gestaltung das gleiche wie für Bewerbungen per E-Mail. Allerdings kann es sein, dass Sie diese Dokumente getrennt in mehreren PDFs hochladen müssen. Haben Sie keine Sorge, falls sich dort einiges wiederholt, was Sie schon in die Eingabefelder des Onlineformulars geschrieben haben. Das wirkt sich nicht nachteilig aus. Stellen Sie allerdings sicher, dass Sie nichts Widersprüchliches angegeben haben! Das wirkt unseriös und lässt Zweifel an Ihrer Integrität aufkommen.

Für das Hochladen gibt es keine technischen Standards. Manche Portale lassen nur eine Datei zu, andere bis zu zehn. Manche akzeptieren nur PDF als Dateiformat, andere lassen auch andere Dateiformate zu. Manche beschränken die Datenmenge jedes einzelnen Uploads, andere nicht.

Werden – was eher selten vorkommt – Textverarbeitungsdateien verlangt, speichern Sie diese im RTF-Format ab. Solche »Rich-Text-Dateien« sind frei von Makros und Viren. Kontrollieren Sie nach dem Speichern das Aussehen Ihres RTF-Dokuments, indem Sie es schließen und gleich wieder öffnen. Einzelne Zeilenumbrüche können gegenüber der vorigen Version verschoben sein. Üblich ist eine Beschränkung der Datenmenge pro Upload auf drei Megabyte (MB). An diese Grenze sollten Sie sich halten, um keine Fehlermeldung und keinen Rauswurf aus dem System zu riskieren. Alternativ können Sie sich mit einer komprimierten

Für die Gestaltung gilt das gleiche wie für Bewerbungen per E-Mail.

ZIP-Datei behelfen, um die maximal erlaubte Datenmenge nicht zu überschreiten.

Verwenden Sie für Ihre Uploads möglichst konkrete, kurze Datei-namen. Auch hier gilt: Aus dem Dateinamen muss klar hervor-gehen, worum es sich handelt. Beispiele:

- Anschreiben_richard_holzer.pdf
- Lebenslauf_richard_holzer.pdf
- Arbeitszeugnisse_richard_holzer.pdf
- richard_holzer_Bewerbung.pdf

Verwenden Sie möglichst konkrete, kurze Dateinamen.

Bewerbung sichern

Die technisch ausgereifteren Onlineportale, die auch eine Regis-trierung mit Passwort voraussetzen, bieten Ihnen die Möglichkeit, Ihre Eingabe jederzeit zu unterbrechen, sich auszuloggen und später wieder einzuloggen. So können Sie sich die Zeit nehmen, wirklich sorgfältig vorzugehen. Außerdem können Sie dort jeder-zeit einsehen, was Sie bereits eingegeben haben.

Wenn ein Onlineportal Ihnen die Möglichkeit der Zwischenspei-cherung gibt, sollten Sie dies auch nutzen. Wenn nicht, müssen Sie damit rechnen, dass Ihre Daten gelöscht werden, wenn Sie längere Zeit nicht aktiv waren. Im schlimmsten Fall müssen Sie mit Ihrer Dateneingabe wieder von vorn beginnen, wenn das passiert.

In dem Fall sollten Sie selbst sicherstellen, dass keine Einträge durch ein Server-Time-out verloren gehen. Das Vorgehen ist etwas mühevoll, aber es lohnt sich, wenn Sie vermeiden wollen, Ihre Einträge womöglich später wieder zu verlieren oder im Vorstellungsgespräch nicht mehr genau zu wissen, was Sie damals eingegeben haben: Bevor Sie auf »Weiter« klicken, kopieren Sie Feld für Feld den ganzen eingegebenen Text und fügen Sie ihn in ein Dokument Ihrer Textverarbeitung ein.

Nutzen Sie die Möglichkeit der Zwischenspeicherung!

Wenn Sie umgekehrt Texte aus Ihrem Textverarbeitungsdokument in das Eingabefeld des Onlineformulars kopiert haben, können unangebrachte Formatierungen mitgekommen sein oder Sonderzeichen wie etwa Anführungszeichen und Gedankenstriche falsch dargestellt werden. Das vermeiden Sie, indem Sie die Datei als »Nur-Text-Datei« abspeichern.

Vermeiden Sie unangebrachte Formatierungen!

Bewerbung senden und speichern

Bevor Sie Ihre Bewerbung verschicken, prüfen Sie Ihre Eingaben ein letztes Mal sorgfältig auf Rechtschreib- und Grammatikfehler. Wichtig ist vor allem, dass Sie von der Möglichkeit Gebrauch machen, Ihre komplette Bewerbung herunterzuladen und auf Ihrem lokalen Rechner zu speichern.

Vor dem Senden: prüfen!

Sorgen Sie dafür, dass Sie dazu jederzeit Zugang haben; eventuell sogar in Form eines Ausdrucks. Falls Sie überraschend einen Anruf erhalten und ein Personaler (oder eine Personalerin) will mit Ihnen über Ihre Bewerbung sprechen, dann sind Sie dafür spontan gewappnet, weil Sie vor Augen haben, was im Einzelnen Sie angegeben haben. Und für die Vorbereitung auf ein Vorstellungsgespräch brauchen Sie Ihre Bewerbung ohnehin.

Alternativ erhalten Sie bei manchen Onlinebewerbungssystemen eine Bestätigungs-E-Mail, die ebenfalls eine Zusammenfassung Ihrer Eingaben enthält, oder einen Link, der auf Ihr Bewerbungsprofil führt.

Zugangsdaten sichern

Sichern Sie sich die Zugangsdaten zu Ihrem Bewerbungsprofil, mit denen Sie sich eingeloggt haben. Nur damit können Sie später noch auf Ihre Bewerbung zugreifen und – falls diese Möglichkeit überhaupt vorgesehen ist – Änderungen vornehmen oder Ihre Bewerbung zurückziehen.

IHRE DATEN IM INTERNET

Die meisten Personalverantwortlichen suchen mit Suchmaschinen im Internet nach den Bewerbern.

Das Internet speichert unendliche Datenmengen – auch Daten von Ihnen. Alles, was einmal online gestellt wurde, hat eine erstaunlich lange Haltbarkeit. Die meisten Personalverantwortlichen, Recruiter und Headhunter machen sich diesen Umstand zunutze. Sie geben die Namen infrage kommender Bewerber und Bewerberinnen in eine Suchmaschine ein (auch wenn sie sich damit manchmal in einer rechtlichen Grauzone bewegen). Finden sie dann Nachteiliges – etwa Bilder einer feuchtfröhlichen Feier –, ziehen sie womöglich diesen Kandidaten bzw. diese Kandidatin nicht mehr in die Wahl.

Googeln Sie zunächst Ihren Namen. Loggen Sie sich dafür aus Ihrem Account bei Google aus, weil die Suchergebnisse sonst von Ihren persönlichen Präferenzen und vorherigen Suchen beeinflusst werden könnten. Schon sehen Sie, was auch der Personalverantwortliche, Recruiter oder Headhunter sieht und was den Erfolg einer Bewerbung verhindern könnte. Niemand wird in die engere Wahl gezogen, der oder die zum Beispiel in betrunkenem Zustand zu sehen ist.

Tipp

Kontrollieren Sie Ihre Einträge

Achten Sie genau darauf, was Sie selbst bei Facebook, Twitter, Google+ etc. über sich veröffentlichen. Aber auch wenn jemand anders, z. B. ein Vereinskamerad, Bilder von Ihnen einstellt, sollten Sie diese Veröffentlichungen auf Unbedenklichkeit prüfen.

Für eine seriöse Selbstpräsentation sorgen

Im Mai 2014 entschied der Europäische Gerichtshof, dass Suchmaschinen im Internet bei Namenssuchen nicht zwingend alle Treffer im Suchergebnis anzeigen dürfen, sondern unliebsame »Altlasten« auf Antrag der Betroffenen löschen müssen: Es gilt das Recht auf Vergessenwerden. Das gibt Ihnen die Möglichkeit, die Löschung zu erwirken. Derzeit müssen Sie sich vorrangig um die Einträge bei Google und bei Bing kümmern. Inwiefern andere Suchmaschinen diese Möglichkeit anbieten werden, ist noch unklar. Wer sich gerade in der Bewerbungsphase befindet, sollte die aktuelle Rechtslage klären. Die Internetwelt ändert sich ja sehr schnell.

Das Recht auf Vergessenwerden und ...

Auch was über Sie in sozialen Netzwerken und auf Twitter kursiert, sollten Sie kontrollieren und bei Bedarf den Zugriff darauf beschränken. Eine Löschung Ihres Profils ist meist nicht notwendig, wenn Sie bei der Nutzung sozialer Netzwerke Achtsamkeit walten lassen.

Im Folgenden erhalten Sie Tipps, die Ihnen helfen zu verhindern, dass unliebsame Spuren im Netz den Erfolg Ihrer Bewerbung gefährden.

... seine Durchsetzung

Einträge bei Google löschen lassen

Google bietet online ein Formular an, mit dem Sie die Löschung unliebsamer Einträge beantragen können. Ob diese tatsächlich gelöscht werden, hängt aber davon ab, ob die Inhalte wirklich rechtswidrig angezeigt werden, also gegen das Persönlichkeitsrecht oder das Datenschutzrecht verstoßen. Das Formular und die Anleitungen diverser Onlinepublikationen zum Löschungsantrag finden Sie, wenn Sie die Wortsequenz »Antrag auf Entfernung aus den Suchergebnissen« in eine Suchmaschine (z. B. Google oder Bing) eingeben.

In unklaren Fällen müssen Sie erläutern, inwiefern die verlinkte Seite sich tatsächlich auf Sie bezieht. Das kann etwa bei Fotos nötig sein, auf denen Sie zu sehen, die aber nicht mit Ihrem Namen versehen sind. Begründen Sie, weshalb die jeweilige URL in den Suchergebnissen irrelevant, veraltet oder aus einem anderen Grund unangemessen ist.

Websitebetreiber zur Löschung auffordern

Sie sind nicht unbedingt auf die Mithilfe von Google angewiesen, um unliebsame Suchergebnisse löschen zu lassen. Sie können auch die Betreiber von Websites selbst auffordern, Informationen über Sie zu löschen. Rechtsgrundlage ist das Bundesdatenschutzgesetz (BDSG, § 35). Bei Inhalten, die Ihnen schaden könnten, ist dieses Vorgehen ratsam. Google kann zwar den Eintrag in seinen Suchergebnissen löschen, nicht aber die Website, auf der die fraglichen Inhalte veröffentlicht wurden.

Hier hält der Gesetzgeber fest: Die Daten müssen gelöscht werden, wenn sie für den Betreiber der Seiten nicht mehr erforderlich sind. Fordern Sie daher in einem Schreiben, dass der Betreiber die Daten auf seiner Seite unwiderruflich löscht. Bitten Sie außerdem darum, dass der Empfänger des Schreibens den Eingang und die Bearbeitung bestätigt.

Einträge in sozialen Netzwerken kontrollieren

Beiträge in sozialen Medien können im Bewerbungsverfahren verhängnisvoll sein.

Auch unangemessene Beiträge in sozialen Medien wie zum Beispiel bei Facebook, Google+ oder beim Kurznachrichtendienst Twitter, aber auch bei Youtube, Instagram & Co. können im Bewerbungsverfahren verhängnisvoll sein. Fotos von Partys, Sportveranstaltungen und ähnlichen Gelegenheiten stellen für Personaler kostenlose, leicht zugängliche Auskünfte über Ihr Privatleben dar. Die einen Informationen mögen harmlos sein, andere sind es vielleicht nicht.

Prüfen Sie, ob Sie in den sozialen Netzwerken mit »Jugendsünden« vertreten sind, und wenn ja, werden Sie aktiv: In der Regel genügt es, den Zugriff einzuschränken. Fast jeder Anbieter – ob Facebook, Twitter oder Google+ – bietet Optionen an, mit denen Sie die Zugriffsrechte auf Ihre Inhalte regeln können. Sie haben zwei Möglichkeiten:

- Ihre Einträge vor den Suchmaschinen (z. B. Google oder Bing) zu verbergen und somit zu verhindern, dass diese als Suchergebnisse angezeigt werden oder
- bei der internen Suche (z. B. durch ein Facebook-Mitglied) den Kreis der Personen zu beschränken, die Ihre Einträge sehen können.

Wollen Sie jedes Risiko ausschließen, müssen Sie sich bei jedem Anbieter einzeln austragen und bei Bedarf ein Schreiben dazu aufsetzen, das sich wiederum auf § 35 BDSG bezieht. Allerdings sitzen die Anbieter in den meisten Fällen im Ausland. Daher ist es ein nicht nur aufwendiges, sondern auch langwieriges Verfahren. Und nötig ist es eigentlich nur in Extremfällen.

Hilfreiche Informationen zu allen Themen rund um diese Fragen finden Sie auf der Internetseite des Bundesamts für Sicherheit in der Informationstechnik (www.bsi-fuer-buerger.de).

? Sie rekrutieren junge Talente – was sind für Sie ideale Hochschulabsolventen bzw. Hochschulabsolventinnen?

Sie müssen natürlich in ihrer Fachrichtung Top-Ergebnisse mitbringen. Aber entscheidend ist der Gesamteindruck der Persönlichkeit. Die Bewerber müssen teamfähig und innovativ sein, eine solide Allgemeinbildung und einen gewissen Start-up-Spirit mitbringen. Wir diskutieren selbst oft darüber: Ideal ist jemand mit super Noten, der im Orchester gespielt hat, im Sportverein und Schülersprecher/-in war, freundlich und kompetent ist – solche Männer und Frauen suchen wir!

? Absolventen und Absolventinnen haben noch wenig Berufserfahrung – wo liegen ihre Stärken?

In der Offenheit, sich auf Neues einzulassen und sich mit dem Wissen aus dem Studium »on the job« passgenau für den Beruf zu qualifizieren. Man darf nicht vergessen, dass die Leute heute noch relativ jung sind, wenn sie anfangen. Da muss man bereit sein, im Beruf selbst noch sehr viel dazuzulernen und seine Persönlichkeit zu entwickeln.

? Wie sollte man sich im Bewerbungsgespräch präsentieren?

Wichtig ist die Fähigkeit, über den Tellerrand zu blicken und flexibel zu sein. Außerdem sollte man sich vorher gut informieren. Wer auf unsere Website geht und einfach mal durchklickt, bekommt schon ein gutes Bild von Daimler. Wer unvorbereitet ins Gespräch geht, ist wahrscheinlich nicht der- oder diejenige, den/die wir suchen.

? Haben Sie einen Blick für junge Leute entwickelt, die zu Daimler passen?

Ja! Es gibt einen amerikanischen Spruch: »I can't define it, but I know it when I see it.« Wir achten unter anderem auf die Fähigkeit, sich auf unbekanntes Terrain zu wagen und eigenständig Lösungen zu entwickeln. Dafür braucht man eine sehr gute Bildungsgrundlage schon aus der Schule, das kann man im heute sehr fokussierten Studium gar nicht mehr aufholen.

? Welche Ambitionen sollten Bewerber haben?

Er oder sie sollte immer weiter lernen wollen. Lebenslanges Lernen ist heute unverzichtbar, um erfolgreich zu sein. Die Einstellung »jetzt habe ich einen Job und ruhe mich da erstmal aus«, funktioniert nicht. Sondern dann geht's erst los. Man muss sich weiterbilden und weiterentwickeln und seinen Weg finden.

? Wie gut sind bei Daimler Beruf und Familie vereinbar?

Unser Unternehmen fördert eine gute Work-Life-Balance sehr. Ich habe selbst vier Kinder und habe immer voll gearbeitet. Bei Daimler gibt es Arbeitszeitmodelle in allen Variationen, auch Karriere in Teilzeit.

? Wie gelingt ein entspannter Einstieg?

Einfach aufmerksam und offen sein. Viel mitnehmen, sich für viele Dinge begeistern, sich privat und sozial im Unternehmen vernetzen. Und nie aufhören zu lernen!

Dr. Anna-Maria Karl ist Leiterin des Global Talent Sourcing der Daimler AG in Stuttgart.

Mit Absagen umgehen

Wie verkraftet man eine Absage? Wie vermeidet man den Bewerbungsblues? Und wie reagiert man professionell? Eine Absage kann ganz schön demotivieren, aber sie ist nicht das Ende. Schließlich stehen Sie gerade mal am Anfang Ihrer Karriere. Vielleicht können Sie aus einer Absage doch noch eine Anstellung machen.

»Nach sorgfältiger Prüfung müssen wir Ihnen leider mitteilen, …« Erfolgreich studiert. Hoch motiviert. Und dann kommen sie: die Absagen. Wer sich bewirbt, muss damit rechnen und damit umgehen können. Eine Absage ist kein Grund für den Bewerbungsblues. Bleiben Sie gelassen, zeigen Sie Kampfgeist und reagieren Sie professionell. Sie wären nicht der oder die erste, der oder die nach einer Absage doch noch das Rennen macht.

FRUST VERARBEITEN

Sie haben Ihr Bestes gegeben, Stunden in das Anschreiben investiert, Ihre Bewerbung optimal zusammengestellt und im Vorfeld telefonisch Kontakt aufgenommen. Vielleicht sind Sie sogar zum Vorstellungsgespräch eingeladen worden und konnten sich im Interview sehr gut präsentieren. Alles sah gut aus. Und doch erhalten Sie eine Absage.

Frustration, Wut und Enttäuschung sind jetzt nur allzu verständlich – und menschlich. Prompt folgen auch die Selbstzweifel. »Bin ich nicht gut genug?« »Werde ich jemals den Berufseinstieg schaffen?« »Macht es überhaupt noch Sinn, mich weiter zu bewerben?« Absagen führen leicht zum Gefühl des Versagens. Und schon sind Sie mittendrin im Bewerbungsblues – und auch das ist menschlich. Um den Kopf wieder freizubekommen und motiviert zu bleiben, können Sie einiges beachten:

> Frustration, Wut und Enttäuschung sind verständlich.

Jammern, wenn es hilft

Fluchen Sie, wenn es hilft, oder jammern Sie. Zerreißen Sie Ihr Anschreiben, wenn es Sie erleichtert. Weinen Sie, wenn das Druck von Ihnen nimmt. Aber hören Sie spätestens nach einem Tag damit auf! Denn eine Absage ist wirklich niemals persönlich gemeint. Kein Personaler will Ihnen schaden. Absagen können unterschiedlichste Gründe haben. Die beiden häufigsten:

1. zu viele Bewerber auf zu wenige Stellen,
2. Ihre Bewerbung passte einfach nicht in das momentane Auswahlraster des Unternehmens.

>> *E*s gab einige Absagen, das macht schon etwas mürbe. Man bekommt ja gerade bei schriftlichen Absagen kein Feedback, woran es gelegen hat. Einmal habe ich eine Absage nach einem relativ ausführlichen Vorstellungsgespräch bekommen. Die hat mich noch mehr enttäuscht, weil ich eigentlich ein sehr gutes Gefühl hatte. Die Frau, die mir telefonisch abgesagt hat, hat mir auch signalisiert: Eigentlich hat es gut gepasst, sie haben sich eben nur für jemand anderen entschieden. Das war für den Moment enttäuschend.

Mathias S., 32 Jahre, Bachelor Soziale Arbeit/ Master International Social Sciences, Fachkraft in der sozialpädagogischen Familienhilfe

Das weitere Vorgehen strukturieren

Auch für Akademiker/-innen sind Absagen nicht die Ausnahme, sondern die Regel. Mehr als 50 Bewerbungen bis zum Berufseinstieg sind gerade für Geistes- und Sozialwissenschaftler/-innen keine Seltenheit. Tröstlich zu wissen, dass dennoch die allermeisten Hochschulabsolventen und -absolventinnen binnen eines Jahres den Einstieg schaffen.

Planen Sie jetzt Ihre nächsten Schritte. Prüfen Sie selbstkritisch, ob Sie Fehler gemacht haben. Bitten Sie das Unternehmen um ein Feedback zu Ihrer Bewerbung. Und schließen Sie mit der Absage ab. Wenn Sie sich konstruktiv damit auseinandergesetzt haben, sollten Sie die Absage auf sich beruhen lassen. Es hilft niemandem, wenn Sie sich wochenlang das Gehirn über mögliche Gründe zermartern. Manchmal passt es einfach nicht.

Lassen Sie sich von Absagen also nicht entmutigen. Werden Sie produktiv und verwandeln Sie die Absage in eine Chance!

Die meisten Hochschulabsolventen schaffen den Einstieg binnen eines Jahres.

Noch nicht aufgeben

Bitten Sie um Feedback!

Sobald Sie Ihre Absage emotional verarbeitet haben, gilt es wieder aktiv zu werden. Scheuen Sie sich niemals, nach einer Absage das Unternehmen um ein Feedback zu bitten. Ein Feedbacktelefonat kann aus drei Gründen nützlich sein.

Vielleicht doch noch im Rennen?

Im besten Fall nutzen Sie eine Absage als Gesprächseinstieg, um doch noch ein Angebot zu bekommen. Das gelingt öfter, als viele glauben. Dazu ist es wichtig, die bzw. den für die Stellenbesetzung Verantwortliche/-n ans Telefon zu bekommen. Die Regel: Immer höflich bleiben! Danken Sie für den angenehmen und informativen Bewerbungsprozess und gegebenenfalls die schnelle Antwort des Unternehmens. Damit zeigen Sie, dass Sie die Absage sportlich, aber nicht persönlich nehmen.

Bleiben Sie höflich!

Fragen Sie nach Tipps!

Dann bitten Sie den Gesprächspartner bzw. die Gesprächspartnerin freundlich um einen Tipp, was Sie bei zukünftigen Bewerbungen anders, besser machen können. Und zum Schluss lassen Sie die Tür ins Unternehmen einen Spalt geöffnet, indem Sie den Personaler bzw. die Personalerin fragen, ob in Zukunft bei passenden offenen Stellen Interesse an Ihren Bewerbungsunterlagen besteht.

Aus Fehlern lernen

Ein Feedbacktelefonat kann wichtige Hinweise dazu liefern, ob die von Ihnen angestrebte Einstiegsposition überhaupt zu Ihrem Profil passt. So können Sie Ihre Arbeitgebersuche verfeinern. Außerdem können Sie Tipps für Ihre Bewerbungsunterlagen und/oder Ihre Selbstpräsentation bekommen.
Auch wenn das Allgemeine Gleichbehandlungsgesetz (AGG) seit 2006 viele Personaler davor zurückschrecken lässt, differenziert Auskunft über die wahren Gründe für eine Absage zu erteilen, so besteht doch eine 50:50-Chance darauf, aus einem Feedbacktelefonat etwas für zukünftige Bewerbungen zu lernen.

Aktiv bleiben

Selbst wenn Sie mit Ihrem Telefonat weder die Tür ins Unternehmen einen Spalt weit geöffnet lassen können noch Tipps zu Ihrer Bewerbung bekommen, so ist es nach einer Absage dennoch wichtig. Warum? Um den Bewerbungsprozess bewusst abzuschließen. Es besteht ein kleiner, aber wichtiger psychologischer Unterschied darin, ob Sie Absagen unkommentiert und passiv einstecken oder ob Sie aktiv und engagiert bleiben.

Zeigen Sie Kampfgeist! Nutzen Sie jede vermeintliche Niederlage und machen Sie das Beste daraus. Den gesamten Bewerbungsprozess mit allen Höhen und Tiefen können Sie übrigens auch als Vorschau auf Ihre spätere berufliche Tätigkeit ansehen. Auch im Berufsalltag wird nicht immer alles auf Anhieb klappen. Lernen Sie früh mit Ungewissheit und mit Niederlagen konstruktiv umzugehen. Das wird Ihnen später sehr helfen.

Zeigen Sie Kampfgeist!

Bewerbungen analysieren und verbessern

Nehmen Sie eine Absage also niemals persönlich, sondern als Ansporn, es das nächste Mal besser zu machen. Damit das klappt, sollten Sie prüfen, woran Ihre Bewerbung gescheitert ist. Lag es an Ihren Bewerbungsunterlagen? Oder an Ihrer Qualifikation? Müssen Sie Ihre Selbstpräsentation im Interview verbessern? Oder sogar Ihre beruflichen Vorstellungen überdenken?

Die Hauptursache für Absagen ist nach wie vor die große Anzahl an Bewerbern. Dies gilt besonders für Geistes- und Sozialwissenschaftler. Aber auch nicht alle Absolventen der MINT-Studiengänge (Mathematik, Informatik, Naturwissenschaft, Technik) haben es nach ihrem Abschluss leicht, den Einstieg zu finden. Denn all zu viele konzentrieren sich auf wenige große und bekannte Firmen, die als sexy gelten: Airlines wie Lufthansa, Automobilhersteller wie BMW oder IT-Firmen wie Google. Gerade diese großen und bei Bewerbern attraktiven Unternehmen aber haben feste Kriterien, nach denen sie die Bewerber auswählen. Wer durch das elektronische Raster fällt, wird ohne genaue Begründung abgelehnt und erhält eine Standardabsage, aus der nicht viel herauszulesen ist. Analysieren Sie selbstkritisch, was Sie in Zukunft besser machen können.

Nehmen Sie eine Absage niemals persönlich!

Bewerbungsunterlagen

Überlegen Sie: Was hätten Sie anders, besser machen können?

Gehen Sie noch einmal Ihre gesamten Bewerbungsunterlagen durch und überlegen Sie, was Sie hätten anders, besser machen können. Fangen Sie mit den formalen Kriterien an und gehen Sie dann zu den inhaltlichen Punkten:

- Entsprechen die Dateiformate und Dateigrößen den Vorgaben des Unternehmens?
- Ist es Ihnen gelungen, ein einseitiges, aussagekräftiges und ansprechendes Anschreiben zu formulieren?
- Ist Ihr Lebenslauf lückenlos und übersichtlich?
- Haben Sie alle relevanten Zeugnisse und Nachweise zusammengestellt?
- Wird Ihre Motivation für den Einstieg in genau dieses Unternehmen und für diese Stelle deutlich?
- Haben Sie in Ihren Bewerbungsunterlagen alle wichtigen Keywords, die in der Stellenanzeige genannt werden, berücksichtigt?

Prüfen Sie Ihre Unterlagen selbstkritisch!

Es lohnt sich, selbstkritisch alle Unterlagen für die nächste Bewerbung auf Herz und Nieren zu prüfen und bei Bedarf zu optimieren.

Vorstellungsgespräch

Auch nach dem Vorstellungsgespräch kann es noch eine Absage geben. Schließlich werden immer mehrere Kandidaten und Kandatinnen eingeladen. Reflektieren Sie in so einem Fall noch einmal Ihre Selbstpräsentation und überlegen Sie, was Sie hätten besser machen können. Denken Sie nicht nur an Ihre Formulierungen im Gespräch. Denken Sie auch an Ihr nonverbales Auftreten:

- Waren Sie pünktlich?
- Waren Sie passend gekleidet?
- Haben Sie angemessen Blickkontakt gehalten, ab und an gelächelt und Ihre Gesprächspartner mit Namen angesprochen?
- Konnten Sie mit sicherer Stimme sprechen?
- Wie präzise konnten Sie auf die Fragen der Interviewer antworten?
- An welchen Stellen hatten Sie Schwierigkeiten?

Gehen Sie das ganze Gespräch noch einmal selbstkritisch durch und trainieren Sie ein wenig für das nächste Vorstellungsgespräch.

Arbeitgeber- und/oder Stellenauswahl
Womöglich haben Sie sich bei Ihrer letzten Bewerbung zu sehr auf Ihren Traumarbeitgeber fokussiert. Vergessen Sie nicht, dass es weitaus mehr Unternehmen auf dem Arbeitsmarkt gibt! Vielleicht sollten Sie Ihre Arbeitgebersuche verfeinern und sich für andere Unternehmen oder für andere Stellen öffnen. Erweitern Sie Ihren Suchradius.
Zweifeln Sie Ihre Suchtechnik an und Ihre Suchbegriffe für die Onlinesuche. Nutzen Sie neue und synonyme Begriffe. So können Sie Einstiegspositionen finden, an die Sie noch nicht gedacht haben, die aber vielleicht sogar noch besser passen. Es kann schwierig sein, direkt nach dem Studium eine feste Stelle zu finden; viele Arbeitgeber verlangen Berufserfahrung. Wäre ein Praktikum oder eine Traineestelle etwas für Sie?

Absagen schmerzen. Lassen Sie aber den Kopf nicht hängen. Bleiben Sie aktiv und lernen Sie aus Absagen, was Sie beim nächsten Mal besser machen können.
Klären Sie bereits vor Ihrer Bewerbung mit einem Telefonanruf, ob Sie für die Stelle überhaupt geeignet sind, wenn Sie daran Zweifel haben. Viele Unternehmen nennen in ihren Stellenausschreibungen Ansprechpartner und ermutigen Bewerber/-innen zu Rückfragen. Machen Sie Gebrauch von diesem Angebot!
Und wenn Sie mit Ihren Bewerbungen durchaus nicht weiterkommen und einige Monate nach dem Abschluss und vielen Absagen nicht weiterwissen, sollten Sie die Unterstützung eines professionellen Coachs suchen. Immerhin geht es um Ihre berufliche Zukunft.

> Vielleicht sollten Sie Ihre Arbeitgebersuche verfeinern.

> Bleiben Sie aktiv!

Das Vorstellungs-
gespräch

Wie gelingt die überzeugende Selbstpräsentation im Vorstellungsgespräch? Worauf können Sie besonders achten? Und was unterscheidet einen erfolgreichen von einem erfolglosen Bewerber? Das Vorstellungsgespräch ist kein Alltagsgespräch. Erfahren Sie auf den nächsten Seiten, wie Sie sich auf den vorläufigen Höhepunkt der Bewerbungsphase vorbereiten – und die Stelle bekommen, die Sie sich wünschen.

Der Arbeitsmarkt für Hochschulabsolventen und -absolventinnen in Deutschland, in Österreich und in der Schweiz sieht generell gut aus. Nur wenige Akademiker und Akademikerinnen sind nach dem Abschluss lange arbeitslos. Aber es gibt Unterschiede zwischen den Studienfächern und es herrscht ein Wettbewerb um die besten Stellen. Wer sich mit seiner Bewerbung durchgesetzt hat und zu einem Vorstellungsgespräch eingeladen wird, hat schon den ersten wichtigen Schritt auf dem Weg zur begehrten Stelle getan.

DIE EINLADUNG

Beweisen Sie, dass Sie die beste Besetzung sind.

Mit der Einladung zum Vorstellungsgespräch allein ist jedoch noch nichts gewonnen. Jetzt beginnt der Wettbewerb von Neuem. Denn in der Regel werden mehrere potenzielle Kandidaten und Kandidatinnen für die ausgeschriebene Stelle zum Vorstellungsgespräch eingeladen. Sie alle wollen im persönlichen Gespräch beweisen, dass sie genau die richtige Person für die zu besetzende Position sind.

Unbedingt: Die Chemie muss stimmen.

Aber nicht nur die Vertreter des ausschreibenden Unternehmens nutzen das Vorstellungsgespräch, um die Qualifikation des Bewerbers bzw. der Bewerberin zu prüfen. Auch der Bewerber bzw. die Bewerberin selbst hat in diesem persönlichen Gespräch die Gelegenheit auszuloten, ob das Anforderungsprofil und die vom Unternehmen angebotenen Perspektiven mit den eigenen beruflichen Vorstellungen übereinstimmen.

Beide Parteien müssen prüfen, ob das menschliche Miteinander passt, ob die Chemie stimmt – die grundlegende Voraussetzung für eine erfolgreiche, konstruktive und vor allem längerfristige Zusammenarbeit.

All dies sind gute Gründe, um jeden Schritt von der Einladung zum ersten Vorstellungsgespräch bis hin zur Unterschrift unter den Arbeitsvertrag gründlich vorzubereiten.

Die Form der Einladung

Manche Unternehmen bevorzugen Onlinebewerbungen und die Kommunikation per E-Mail, weil sie die Auswahl der Bewerber sowie die Verwaltung der Bewerbungen mit sehr viel technischer Unterstützung leisten und innerhalb der elektronischen Welt bleiben wollen. Andere dagegen halten an der traditionellen Bewerbung fest, weil sie nur selten Stellen zu besetzen haben und sich die Anschaffung teurer E-Recruiting-Systeme nicht lohnen würde. Allen gemeinsam aber ist, dass sie die Einladung und den Termin für ein Vorstellungsgespräch nur noch selten per Brief auf dem Postweg senden.

Manche Personalverantwortliche wählen den kürzesten Weg der Kontaktaufnahme: Sie rufen die Bewerber/-innen an (oder lassen das Sekretariat anrufen) und sprechen die Einladung zum Vorstellungstermin am Telefon aus. Andere senden den Termin fürs Vorstellungsgespräch per E-Mail.

Egal auf welchem Weg ein Bewerber oder eine Bewerberin die Einladung zu einem Vorstellungsgespräch erhält, er bzw. sie sollte auf jeden Fall schnell reagieren. Denn der nächste Test nach dem Bewerbungsschreiben läuft bereits: Wissen Sie, wie man einen Vorstellungstermin professionell bestätigt?

Der Personalfragebogen

Einige Unternehmen schicken mit der schriftlichen Einladung zum Vorstellungsgespräch gleich einen Personalfragebogen zum Ausfüllen mit. Darin werden Ihre persönlichen Daten abgefragt, zum Beispiel Adresse, Geburtsdatum, Versicherungsnummer, Kontonummer. Diesen Bogen füllen Sie sorgfältig und wahrheitsgetreu aus.

Wahrheitswidrige Angaben können bei späterer Anstellung zur Anfechtung des Arbeitsvertrages wegen Irrtum oder arglistiger Täuschung führen. Der Personalfragebogen wird dem potenziellen Arbeitgeber in der Regel vorab per E-Mail zugestellt oder als Ausdruck zum Vorstellungsgespräch mitgebracht.

> Die Einladungen zum Vorstellungsgespräch kommen meist per E-Mail oder telefonisch.

> Bestätigen Sie den Termin umgehend!

Den Termin telefonisch bestätigen

Im Rahmen von Onlinebewerbungen oder wenn es schnell gehen muss, wird das Telefon zum zusätzlichen Kommunikationsmittel zwischen Unternehmen und Bewerber. Deshalb ist es ratsam, sich mit dieser Situation gedanklich so früh wie möglich vertraut zu machen. Denn nichts ist peinlicher, als von einem Unternehmensvertreter oder einer Unternehmensvertreterin mit einem Anruf überrumpelt zu werden und völlig unprofessionell zu reagieren.

Jederzeit mit einem Anruf rechnen

Wer sich in einer Bewerbungsphase befindet und viele Bewerbungen losgeschickt hat, muss zu jeder Tageszeit damit rechnen, dass ein Unternehmensvertreter oder eine Unternehmensvertreterin am anderen Ende der Leitung ist, wenn das Telefon klingelt. Die Stimme und die Form, wie sie sich am Telefon meldet, vermittelt einen ersten Eindruck von der Person. Ein unpersönliches »Ja« oder »Hallo« kommt ebenso wenig an wie ein ungeduldiges, gelangweiltes oder unfreundliches »Weber!«.

Wer anruft, sollte – im Gegenteil – ein angenehmes Gefühl bekommen, wenn die Stimme des potenziellen Mitarbeiters bzw. der potenziellen Mitarbeiterin zu hören ist. Denn sie erzeugt den ersten Eindruck davon, wie jemand auf Kunden, auf Geschäftspartner des Unternehmens und auch auf das Kollegium wirken würde.

Stimme und Stimmführung haben eine hohe Aussagekraft, besonders am Telefon, wo man nur auf diese akustischen Signale angewiesen ist, um eine Person zu beurteilen. »Allzeit bereit« heißt deshalb die Devise, wenn die Bewerbungen verschickt sind.

Die passende Stimmführung üben

Und wenn das Telefon klingelt, wird der Anrufer oder die Anruferin am besten mit einer erwartungsvoll freudig gesprochenen und frischen Selbstvorstellung begrüßt, bei der die Stimmführung am Ende des Satzes fragend nach oben geht:

Rechnen Sie jederzeit mit dem Anruf eines Unternehmensvertreters!

- »Leonie Weber, guten Tag?«
- »Leonie Weber, hallo?«
- »Guten Tag, hier spricht Leonie Weber?«
- »Guten Morgen, hier ist Leonie Weber?«

Nichts spricht dagegen, der natürlichen Freude Ausdruck zu ver-
leihen, wenn der Gesprächspartner oder die Gesprächspartnerin
am anderen Ende der Leitung zum Vorstellungsgespräch einlädt:
»Vielen Dank. Das freut mich sehr. Selbstverständlich komme ich
gern.« Terminkalender und Stift sollten immer griffbereit sein,
damit die Terminabsprache ohne viel Zeitverlust vonstatten-
gehen kann.

Wenn der Anrufer oder die Anruferin nicht von selbst darauf zu
sprechen kommt, sind die Fragen nach dem Anfahrtsweg, dem
genauen Ort, wo das Treffen stattfinden soll, und dem Namen
des Gesprächspartners bzw. der Gesprächspartnerin im Vorstellungsgespräch ein Muss. Weil dieser Name eine große Bedeutung
für Sie hat, ist es ratsam, sich ihn buchstabieren zu lassen, falls er
nicht richtig zu verstehen war. Auch der Name des Anrufers oder
der Anruferin, wenn es sich zum Beispiel um die Sekretärin des
Personalverantwortlichen handelt, wird notiert und festgehalten.
Ebenso wichtig ist die Frage, ob und welche Unterlagen zum
Gespräch mitgebracht werden sollen.

Am Ende des Gesprächs bedanken Sie sich für den Anruf und
bringen noch einmal Freude über die Einladung zum Ausdruck.

Selbst anrufen

Wenn Sie per E-Mail eine Einladung erhalten und um Rückruf
gebeten werden, haben Sie etwas mehr Zeit, sich vorzubereiten.
Das ist gut. Denn eine souveräne telefonische Selbstpräsentation
ist wichtig. Diese beginnt schon mit der Vorstellung am Telefon:
»Guten Tag, ich bin Leonie Weber« klingt besser als »Mein Name
ist Leonie Weber«, »Weber hier« oder nur »Weber«.
Je persönlicher, dynamischer und freundlicher ein Bewerber
oder eine Bewerberin am Telefon klingt, desto besser ist der erste
Eindruck, den er bzw. sie beim potenziellen neuen Arbeitgeber
hinterlässt.

Reagieren Sie
mit natürlicher
Freude!

Halten Sie den
Namen des
Anrufers oder
der Anruferin
fest!

Beispielformulierung Guten Tag, ich bin Leonie Weber. Es geht um meine Bewerbung als Controllerin. Herzlichen Dank für Ihre Einladung zum Vorstellungsgespräch. Ich möchte den Termin bestätigen: Ich komme gern am Montag, dem 5. 7. um 14.00 Uhr zu Ihnen in die Sandstraße. Möchten Sie, dass ich Unterlagen mitbringe, die für das Gespräch wichtig sind? … Vielen Dank, ich freue mich auf das Gespräch mit Ihnen!

Informationen austauschen, nicht plaudern

Aufs Wichtigste beschränken

Das Ziel telefonischer Terminabsprachen ist es, den Termin für das Vorstellungsgespräch festzulegen, den Anfahrtsweg zu besprechen und zu klären, welche Unterlagen mitgebracht werden sollen. In der Regel hat der Unternehmensvertreter oder die Unternehmensvertreterin am anderen Ende der Leitung wenig Zeit und will sich auf den Austausch dieser wichtigsten Daten beschränken. Deshalb ist ein ausführlicher Small Talk in dieser Situation nicht angebracht. Es sei denn, Sie erhalten deutliche Signale dazu. Generell passen Sie sich – was den Austausch von Informationen anbelangt – am besten an den Gesprächspartner oder die Gesprächspartnerin an. Detailfragen zur Stelle gehören nicht in dieses erste Telefonat. Dafür ist im Vorstellungsgespräch ausreichend Raum.

Die Reisekostenerstattung

Die Agentur für Arbeit kann Bewerbungs- und Fahrtkosten übernehmen.

Die meisten Arbeitgeber erstatten leider keine Fahrtkosten zu Vorstellungsgesprächen mehr. Aber die deutsche Agentur für Arbeit kann Bewerbungs- und Reisekosten in Höhe von bis zu 260 Euro pro Jahr übernehmen. Das müssen Sie allerdings vorher beantragen – also zum Beispiel vor der Fahrt zu einem Vorstellungsgespräch. Fragen Sie bei Ihrer Arbeitsagentur nach.

Den Termin per E-Mail bestätigen

Bei Onlinebewerbungen oder wenn das Unternehmen den Kontakt zum Bewerber bzw. zur Bewerberin per E-Mail aufnimmt, wird grundsätzlich auch erwartet, dass dieser Kommunikationsweg von beiden Seiten beibehalten wird.

Für die Terminbestätigung per E-Mail gelten die gleichen Grund-
sätze wie für einen Brief: Sie muss korrekt sein in Rechtschreibung und Grammatik, professionell höflich und akkurat in ihrer
Gestaltung.

Der Betreff: konkret werden

Ein konkret formulierter Betreff zeigt dem Empfänger sofort,
worum es geht. Die Formulierung könnte zum Beispiel lauten:
»Ihre Einladung zum Vorstellungsgespräch am 5. 7. 2017, Bewerbung als Controllerin«
Die Gefahr, dass die E-Mail in der Masse der anderen Eingänge
untergeht, ist damit sehr viel geringer.

Anrede: korrekt bleiben

Die korrekte Anrede ist ein Grundsatz der Höflichkeit:
»Sehr geehrte Frau Berger, …«
Hat die E-Mail-Partnerin oder der E-Mail-Partner einen akademi-
schen Grad, zum Beispiel Doktor oder Professor, gehört dieser mit
zur Anrede: »Sehr geehrte Frau Dr. Berger, …«
Bei der Anrede gilt: lieber konservativ als locker. Anreden wie
»Einen wunderschönen guten Morgen« oder kreative Grußfor-
meln wie »Fröstelnde Grüße aus dem verschneiten München«
sind in der Bewerberkorrespondenz nicht am Platz. Es sei denn,
Sie kommunizieren mit einem Unternehmen der Kreativwirtschaft
und Sie kennen die einschlägigen Gepflogenheiten sehr genau.
Hier kann ein lockerer Umgangston durchaus angebracht sein.

Mail-Inhalt: auf Vollständigkeit achten

Fehlerlose Rechtschreibung und Grammatik und ein höflicher
Stil sind der erste Beweis, dass Sie professionell korrespondieren
können. Abkürzungen wie MfG (Mit freundlichen Grüßen) oder
zz. (zurzeit) sind unangebracht.
Wer die Kommunikation per E-Mail wählt, schätzt die Schnellig-
keit. E-Mails sollten möglichst noch am gleichen Tag beantwortet
werden. Umständliche Sätze und lange Erläuterungen gehören
nicht in die Korrespondenz. Man beschränkt sich auf die wichtigsten Daten und Fakten und bringt sein Anliegen schnörkellos, aber
höflich auf den Punkt.

Auch ein klares Schriftbild ist wichtig: Bilder, Emoticons, Schnör-kelschrift und farbliche Unterlegungen haben in einer sachlichen Geschäftskorrespondenz nichts zu suchen. Der E-Mail-Text sollte eine Länge von 70 Zeichen pro Zeile nicht überschreiten, denn nicht alle E-Mail-Programme brechen den Text automatisch um. Sinnvoll eingefügte Absätze helfen, die Übersichtlichkeit der Information zu steigern.

Zu einer vollständigen E-Mail gehören die korrekte Grußformel und selbstverständlich auch die vollständige E-Mail-Signatur, die den Namen, die Adresse, die Telefonnummer sowie die E-Mail-Adresse enthalten muss.

Den Termin verschieben

Generell gilt: Bewerber/-innen sollten den vom Unternehmen angebotenen Termin für das Vorstellungsgespräch akzeptie-ren. Denn bereits bei der Terminabsprache lässt sich Flexibilität beweisen sowie ein starkes Interesse, künftig für dieses Unter-nehmen zu arbeiten. Eine Bitte um Verschiebung, vor allem nach-träglich, ist deshalb nur im Notfall erlaubt, zum Beispiel wenn Sie schwerer erkrankt sind.

Nachvollziehbare Gründe nennen

Aber auch eine Terminverschiebung wegen Krankheit kann zum Nachteil werden. Hier kommt es auf die Art der Erkrankung und auf das Verständnis des oder der Personalverantwortlichen an. Wenn der Termin glaubhaft wegen einer fieberhaften Grippe verschoben wird, liegt das bei den meisten Unternehmen sicher noch im Toleranzbereich. Wer absagt, weil er oder sie wieder ein-mal einen Hexenschuss hat, läuft Gefahr, dass von dieser Aussage auf eine generell angeschlagene gesundheitliche Konstitution geschlossen wird.

Arzttermine, kein Babysitter für das Kind oder Konzertkarten für den Lieblingssänger sind keine akzeptablen Gründe, um ein Vorstellungsgespräch zu verschieben. Hier zählt der potenzielle Arbeitgeber auf die Organisationsfähigkeiten des Kandidaten bzw. der Kandidatin, die schließlich auch in den meisten Berufen ein Qualifikationsmerkmal sind, und darauf, dass der Bewerber

bzw. die Bewerberin auf ein Privatvergnügen wie einen Konzertbesuch auch einmal zugunsten des Berufs verzichten kann.
Wer in der Bewerbungsphase noch Vollzeit tätig ist, sollte für das Vorstellungsgespräch einen Urlaubstag nehmen. Diese Opferbereitschaft erwarten Unternehmen mit Selbstverständlichkeit.

Überzeugend argumentieren

Sicher gibt es Situationen, die einen Bewerber oder eine Bewerberin dazu zwingen, eine Bitte um Terminverschiebung vorzubringen. Zum Beispiel, weil er bzw. sie für den derzeitigen Arbeitgeber eine seit Langem geplante Geschäftsreise antreten muss oder weil er bzw. sie ein Team bei einer entscheidenden Kundenpräsentation nicht im Stich lassen kann.
In diesen Fällen kommt es auf den richtigen Ton und die Argumentation an. Mit anderen Worten: Problematisch ist in aller Regel nicht die Bitte um einen anderen Termin, sondern allenfalls die Art und Weise, wie Sie sie vortragen. Wenn Sie darlegen, dass Sie sich für das Team, Ihre Kollegen und Kolleginnen und für Ihre Aufgaben in Ihrem jetzigen Unternehmen bis zum letzten Arbeitstag verantwortlich fühlen, wird Ihnen das beim neuen Arbeitgeber sicher nicht zum Nachteil gereichen.
Auf keinen Fall aber sollte der Eindruck entstehen, dass Ihre Bewerbung aus welchen Gründen auch immer nur halbherzig ist und Sie einen Arbeitsplatzwechsel nicht ernsthaft erwägen. Um dem vorzubeugen, sollten Sie zum Ausdruck bringen, dass Sie zwar eine Terminverschiebung bevorzugen, darauf aber nicht bestehen würden, falls sie für das einladende Unternehmen nur mit größeren Schwierigkeiten zu bewerkstelligen wäre.
Wie auch immer Sie sich entscheiden und wie immer Sie Ihren Wunsch nach Terminverschiebung vortragen: Letztlich kommt es also darauf an, wie glaubhaft und triftig die vorgebrachten Gründe sind.

Den Termin absagen

Auch das kommt vor: Ein Bewerber oder eine Bewerberin entschließt sich, das Vorstellungsgespräch nicht wahrzunehmen, sei es wegen Bedenken, ob das Unternehmen bzw. die Aufgabe tatsächlich passen, sei es wegen eines bereits bei einem anderen Unternehmen unterschriebenen Arbeitsvertrags oder vielleicht auch, weil der derzeitige Arbeitgeber überraschend neue Perspektiven eröffnet hat.

Stilsicher absagen

Es macht einen denkbar schlechten Eindruck, auf eine Termineinladung überhaupt nicht zu reagieren. Denken Sie daran: Häufig bewegt man sich beruflich über Jahre hinweg in der gleichen Branche, und die Wahrscheinlichkeit, einer Person ein zweites Mal zu begegnen oder erneut in Kontakt mit dem betreffenden Unternehmen zu kommen, ist nicht gering. Bewerber und Bewerberinnen, die auf eine Einladung nicht reagieren oder die gar einen zugesagten Termin kommentarlos nicht wahrnehmen, bleiben lange Zeit in unangenehmer Erinnerung.

Dabei ist für den Bewerber oder die Bewerberin selbst die Möglichkeit, auf das Unternehmen zweiter Wahl bei Bedarf zurückgreifen zu können, durchaus eine Chance. Es ist ja möglich, dass man die Probezeit in der neuen Position nicht übersteht. Dann ist es immer von Vorteil, den ursprünglichen Kontakt wieder aufleben lassen zu können. Und das funktioniert nur, wenn diese Option nicht durch stilloses Verhalten zerstört wurde.

Sicher, die schriftlichen Absagen von Unternehmen an Bewerber sind nicht immer einfühlsam. Trotzdem ist es – aus den oben erwähnten Gründen – nicht empfehlenswert, sich eine kleine Rache zu gönnen und die Absage von oben herab zu formulieren, nach dem Motto: »Ich bin so begehrt, ich brauche euch nicht!« Professionalität und gutes Networking spiegeln sich auch in einer Absage an ein Unternehmen wider. Vielleicht zahlt sich ein korrektes Verhalten mittel- und langfristig auch wieder aus, weil Sie in guter Erinnerung geblieben sind.

Lassen Sie eine Einladung zum Vorstellungsgespräch nicht unbeantwortet.

Es ist immer von Vorteil, den ursprünglichen Kontakt wieder aufleben lassen zu können.

Plausible Gründe nennen

Deshalb heißt die grundsätzliche Regel beim Absagen eines Vorstellungsgesprächs: nie ohne nachvollziehbare Begründung! Dabei ist allerdings die eine oder andere Notlüge erlaubt. Kaum ein Personalchef und kaum eine Personalchefin will die volle Wahrheit hören: »Ich habe mich für ein anderes Unternehmen entschieden, weil es ein besseres Image hat, ein höheres Gehalt bezahlt und bessere Aufstiegschancen verspricht.« Denn damit wird nicht nur das verschmähte Unternehmen abgewertet, sondern indirekt alle seine Mitarbeiter – einschließlich der Ansprechpartner im Bewerbungsprozess.

Am geschicktesten und höflichsten ist deshalb die Argumentation mit dem Zeitfaktor: »Ein anderes Unternehmen hat sich in der Zwischenzeit für mich entschieden.« Personalverantwortliche wissen, dass Stellensuchende mehrere Bewerbungen parallel abschicken und dass sie im Rennen um die besten Bewerber und Bewerberinnen auch verlieren können. Trotzdem hören sie lieber, dass der Ablehnungsgrund das Timing war und nicht die Qualität oder der Ruf des Unternehmens.

Weitere gute Gründe für eine Absage können nachvollziehbare familiäre Gründe sein, zum Beispiel:
- Sie bevorzugen ein Unternehmen in einer anderen Stadt, weil dort Ihr Partner / Ihre Partnerin lebt.
- Sie wählen das Unternehmen mit dem kürzeren täglichen Anfahrtsweg, um mehr Zeit mit der Familie verbringen zu können.
- Sie sagen dem anderen Unternehmen zu, weil es einen zusätzlichen Homeoffice-Arbeitsplatz anbietet, was die Kinderbetreuung erleichtert.

Das geeignete Medium

Der Kommunikationsweg, den das Unternehmen bisher eingeschlagen hat, eignet sich auch für die Terminabsage und die Terminverschiebung. Bestand bereits Telefonkontakt, empfiehlt sich das Telefon auch für eine höfliche Absage mit Begründung, damit das Unternehmen schnell neu disponieren kann. Ansonsten verschickt der Bewerber oder die Bewerberin seine/ihre

Notlüge erlaubt: Nennen Sie nur akzeptable Gründe für Ihre Absage.

Am höflichsten ist die Argumentation mit dem Zeitfaktor.

Auch familiäre Gründe eignen sich gut für eine Absage.

Nachricht unverzüglich per E-Mail oder Brief, je nachdem in welchem Medium er zuvor mit den Verantwortlichen kommuniziert hat. Unabhängig vom Kommunikationsweg und unabhängig davon, ob Sie mündlich oder schriftlich verschieben oder absagen: ein Ausdruck des Bedauerns und ein Dank für die Einladung zum Vorstellungsgespräch gehören unbedingt dazu!

DIE VORBEREITUNG: ZUM UNTERNEHMEN RECHERCHIEREN

Häufig steht schon in der Einladung, wer Gesprächspartner oder Gesprächspartnerin im Vorstellungsgespräch sein wird; manchmal allerdings nicht. Um schon vorab möglichst viele Informationen an der Hand zu haben und den Gesprächspartner bzw. die Gesprächspartnerin gut einschätzen zu können, sollten Sie ihn oder sie im Vorfeld identifizieren.

Gesprächspartner identifizieren

Notieren Sie den Namen des Interviewpartners oder der Interviewpartnerin.

Mit einem kurzen Anruf sollte das schnell getan sein. Die Frage nach dem Namen des Interviewpartners oder der Interviewpartnerin wird sicher nicht als Aufdringlichkeit oder Neugier, sondern als Interesse und gute Vorbereitung gewertet.

Beispielformulierungen

- Darf ich Sie fragen, wer meine Interviewpartner im Vorstellungsgespräch am 5. 7. um 14.00 Uhr sein werden?
- Wird der oder die für die Position zuständige Vorgesetzte das Gespräch führen, oder spreche ich mit jemand aus der Personalabteilung?
- Darf ich Sie um den Namen und die Positionsbezeichnung meiner Gesprächspartner bitten? Ich möchte nicht neugierig sein. Es geht mir nur darum, mich auf das Gespräch vorzubereiten.

Tipp

Bei Namen im Zweifel noch einmal nachfragen!

Wenn Sie einen Namen im telefonischen oder persönlichen Gespräch nicht gleich verstehen, fragen Sie lieber nach, oder lassen Sie sich ihn buchstabieren. Es ist nicht nur peinlich, den Namen eines Gesprächspartners falsch auszusprechen oder zu schreiben. Es signalisiert auch mangelnde Sorgfalt und könnte als Nachlässigkeit oder Desinteresse interpretiert werden.

Je besser vorbereitet Bewerber und Bewerberinnen in ein Vorstellungsgespräch gehen, desto größer sind ihre Chancen, die begehrte Stelle zu bekommen. Es kommt immer gut an, wenn sie durch sorgfältige und gute Vorbereitung signalisieren, dass sie sich für das Unternehmen interessieren und sich bereits ausführliche Gedanken über die künftige Position gemacht haben. Das erfordert einige Recherche.

Je vorbereiteter Bewerber in ein Vorstellungsgespräch gehen, desto größer die Chancen.

Informationen zu den Gesprächspartnern sammeln

Namen und Position des Interviewpartners oder der Interviewpartnerin vor dem Vorstellungsgespräch zu identifizieren, hat nicht nur einen formalen, sondern auch einen inhaltlichen Hintergrund: Die Position der Gesprächspartnerin oder des Gesprächspartners im Unternehmen lässt auf die Qualifikationsschwerpunkte schließen, auf die sie bzw. er Wert legt.

Die Position gibt Aufschluss

Mit diesem Wissen haben Bewerber und Bewerberinnen bereits einen kleinen psychologischen Vorteil: Handelt es sich zum Beispiel um eine Vertriebschefin, werden Auftreten und Kommunikationsfähigkeit eine große Rolle für sie spielen und sie wird im Interview besonderes Augenmerk auf diese Fähigkeiten legen. Der Controller dagegen bevorzugt Genauigkeit und Zahlensicherheit, die Marketingchefin ist empfänglich für Originalität und kreative Kommunikation und das Vorstandsmitglied hört gern strategische Überlegungen und visionäre Ziele.

Je höher die Interviewpartner und Interviewpartnerinnen in der Unternehmenshierarchie stehen, desto wahrscheinlicher ist es, dass Hintergrundinformationen zu ihnen auf der Unternehmenswebsite oder generell im Internet zu finden sind. Deshalb lohnt es sich immer, nach diesen Namen mit Suchmaschinen zu recherchieren. Oft findet man Auszüge aus Reden, Veröffentlichungen in Büchern oder Zeitschriften oder Interviewaussagen. Diese Informationen geben Kandidaten und Kandidatinnen eine Menge Material für das Vorstellungsgespräch an die Hand.

Im Gespräch können Sie dann die Fähigkeiten und Qualifikationen betonen, die den Vorstellungen des Gegenübers entgegenkommen, oder Themen anreißen, die ihn besonders interessieren dürften.

Wichtig: Selbstverständlich sollten Sie immer nah an der Wahrheit bleiben. Fähigkeiten, Einstellungen und Qualifikationen vorzugaukeln, führt nicht weit. Spätestens in der Probezeit werden Sie entlarvt. Letztlich hat im Beruf nur wirklich langfristig Erfolg, wer authentisch ist.

Informationen über das Unternehmen sammeln

Personalverantwortliche kritisieren häufig, dass sich viele Bewerber und Bewerberinnen vor dem Vorstellungsgespräch nicht ausreichend über das Unternehmen informieren. Aber gerade das erwarten sie. Für sie ist es wichtig, dass nicht nur sie selbst eine genaue und kritische Auswahl treffen, sondern auch der Bewerber oder die Bewerberin. Sie können dann umso fundierter und sicherer entscheiden.

Das Ziel fast aller Unternehmen sind fruchtbare und langfristige Mitarbeiterbindungen. Deshalb müssen Kandidaten und Kandidatinnen genauso sicher »Ja« sagen können wie die Personalverantwortlichen selbst. Frühzeitige Kündigungen sind nicht im Interesse von Unternehmen, weil sowohl die Bewerberauswahl als auch die Einarbeitungszeit mit hohen Kosten verbunden sind.

Im Beruf hat langfristig nur Erfolg, wer authentisch ist.

Informieren Sie sich vorher gut über das Unternehmen und seine Produkte bzw. Dienstleistungen.

>> Natürlich ist man aufgeregt. Es hilft, vorher schon mal Vorstellungsgespräche gehabt zu haben, zum Beispiel für ein Praktikum. Man sollte sich bewusst sein, was man gut kann, warum man hier ist, was man vielleicht auch anderen Bewerbern voraushat. Gerade wenn es ein überlaufener Bereich ist, sollte man sich über seine Alleinstellungsmerkmale im Klaren sein. Und ganz offen sein, als gleichwertiger Gesprächspartner auftreten. Bei einem hierarchieorientierten Personaler kann man damit vielleicht auf die Nase fliegen, aber ich habe immer positive Erfahrungen gemacht.

Andreas S., 25 Jahre, Bachelor BWL, IT-Projektleiter in einem mittelständischen Lager- und Logistik-Unternehmen

Die Website

Die Website des Unternehmens ist selbstverständlich die erste Quelle für die Recherche. Hier stellen sich Unternehmen, Behörden und Organisationen so dar, wie sie gesehen werden möchten. Rechnen Sie damit, dass Sie im Vorstellungsgespräch darauf geprüft werden, ob Sie die Website studiert haben. Wenn Sie dort ein Organigramm finden, können Sie Einblicke in die Organisationsstruktur gewinnen: wie die Aufgabenbereiche eingeteilt sind, wie (stark) das Unternehmen hierarchisiert ist, wie die Einheiten gegliedert sind – und vielleicht sogar, wer welche Bereiche verantwortet.

Formaler und inhaltlicher Aufbau der Website spiegeln abgesehen vom Inhalt wider, ob das Unternehmen zum Beispiel eher konservativ oder eher progressiv agiert. Möglicherweise hat das Unternehmen auch einen Leitsatz: Er gibt prägnant Auskunft über die Ziele und das Handeln des potenziellen Arbeitgebers. Die meisten Websites berichten auch über Unternehmenslösungen, Services, Kunden und Standorte.

Die Unternehmenswebsite gründlich zu studieren, ist ein Muss!

177

Der Geschäftsbericht

Viele Unternehmen veröffentlichen auf ihrer Website auch ihren aktuellen Geschäftsbericht. Er informiert unter anderem über den Unternehmensabschluss und die Unternehmenslage. Sie als Bewerber bzw. Bewerberin finden vor allem im Lagebericht verwertbare Informationen: Er berichtet über den Geschäftsverlauf, die aktuelle Situation und die künftige Entwicklung des Unternehmens, die Risiken der künftigen Entwicklung sowie wesentliche Ereignisse nach dem Bilanzstichtag. Außer den Risiken erläutert er auch Chancen, Ziele und Strategien des Unternehmens.

> Für Bewerber ist v. a. der Lagebericht im Geschäftsbericht interessant.

Presseartikel

Suchen Sie im Internet Berichte über das Unternehmen, die in den letzten Monaten in der Presse erschienen sind. Artikel, besonders in der Fachpresse, sind immer eine geeignete Recherchequelle. Hier können Stellensuchende auch kritische Berichte lesen und erfahren, mit welchen Problemen das Unternehmen aktuell kämpft oder welche Herausforderungen es bewältigt hat.

> Die Fachpresse ist eine sehr gute Recherchequelle.

Branchendienste

Sammeln Sie Informationen aus der Branche, vor allem dann, wenn Sie die Branche kaum kennen!
Branchenmagazine berichten über neue Produkte, neue Services, neue Verfahren, neue Mitarbeiter und Mitarbeiterinnen, aber auch über die Probleme und die besonderen Herausforderungen der Branche sowie über ihre einzelnen Unternehmen. Nutzen Sie das! Wer die einschlägigen Branchenmagazine nicht kennt, recherchiert im Internet, indem er/sie den Branchennamen mit dem Zusatz Branchenmagazin sucht, zum Beispiel »Hotellerie Branchenmagazin«.

> Sammeln Sie Informationen aus der Branche!

Weitere Recherchequellen

Das eigene Netzwerk kann ebenfalls nützliche Informationen liefern. Vielleicht ist ein Freund oder Bekannter bereits im Unternehmen tätig oder hat geschäftlich damit zu tun. Diese Informationen sind zwar meist persönlich gefärbt, können aber für das Bewerbungsinterview eine große Hilfe sein, weil sie Insiderwissen enthalten.

Werbeprospekte, Messeunterlagen und Produktbeschreibungen teilen ebenfalls Wissenswertes über das Unternehmen mit und eignen sich gut zum Einlesen in die Materie. Schnuppern Sie wenn möglich Unternehmensflair in Filialen des Unternehmens. Sie bieten sich für einen Besuch vorab an, wenn das Unternehmen seine Produkte oder Dienstleistungen dort anbietet. Hier können Sie bereits einen Live-Eindruck vom Unternehmen gewinnen und sich ein konkretes Bild von seinen Aktivitäten machen.

Wenn Sie nicht alle wichtigen Informationen recherchieren konnten, bleibt immer noch das Vorstellungsgespräch, in dem Sie fragen können. Es macht in jedem Fall einen guten Eindruck, wenn ein Kandidat oder eine Kandidatin im Gespräch Interesse zeigt und vertiefende Fragen stellt.

Haben Sie das Gefühl, dass das doch zu viel Mühe ist? Mitnichten! Der Aufwand lohnt sich. Bedenken Sie: Es geht um Ihren Berufseinstieg und Ihre langfristige Karriere.

> Schnuppern Sie wenn möglich Unternehmensflair in Filialen des Unternehmens.

Checkliste

Informationen zum Unternehmen

- ○ Unternehmensform (GmbH, KG, AG, GmbH & Co. KG usw.)
- ○ Geschäftsfelder (Bereiche, in denen das Unternehmen tätig ist)
- ○ Geschäftsmodell (Wie verdient das Unternehmen Geld?)
- ○ Bedeutende Personen im Unternehmen (Aufsichtsrat, Vorstand, Geschäftsführer)
- ○ Hauptsitz und Niederlassungen
- ○ Anzahl der Mitarbeiter
- ○ Produktpalette bzw. Dienstleistungen
- ○ Kundengruppen des Unternehmens
- ○ Marktanteile des Unternehmens
- ○ Image des Unternehmens in Presse, Funk und TV
- ○ Wichtige Wettbewerber
- ○ Aktuelle Umsatzzahlen, aktueller Börsenwert des Unternehmens
- ○ Ziele und strategische Ausrichtung des Unternehmens
- ○ Neue Entwicklungen und Projekte
- ○ Entwicklungen in der Branche

Vorstellungsgespräch

LÜCKEN IM LEBENSLAUF ERKLÄREN

Wenn Sie genügend Informationen über das Unternehmen und Ihre Gesprächspartner gesammelt haben, können Sie sich dem zu erwartenden Ablauf des Vorstellungsgesprächs selbst widmen. Bereiten Sie sich auf unangenehme Fragen vor, damit Sie nicht überrumpelt werden und ins Stottern geraten. Vor allem, wenn es Lücken oder Unregelmäßigkeiten in Ihrem Lebenslauf gibt, können Sie mit Sicherheit davon ausgehen, das die Sprache darauf kommt.

Auf Fragen vorbereiten

> Im Idealfall haben Sie Lücken in Ihrer Biografie bereits im Lebenslauf plausibel begründet.

Wer Lücken im Lebenslauf tarnt, statt sie plausibel zu erklären, riskiert, damit aufzufliegen. Und damit wäre schon ein Vertrauensbruch entstanden, der die gesamte Bewerbung infrage stellt. Im Idealfall haben Sie Lücken in Ihrer Biografie bereits im Lebenslauf gut begründet. Grundsätzlich sehen Personaler tatsächliche oder vermeintliche Lücken im Lebenslauf erst einmal neutral. Kurze Erklärungen dazu können ihnen durchaus reichen, und sie laden eine Bewerberin bzw. einen Bewerber trotz Lücke im Lebenslauf zum Vorstellungsgespräch ein.

Im Vorstellungsgespräch erläutern Sie die Hintergründe dann ausführlicher. Schwieriger wird es, wenn Sie Lücken nicht erklärt oder leichtfertig Angaben gemacht haben, zu denen Ihnen spontan keine nachvollziehbare Erläuterung einfällt. Dann müssen Sie sich unbedingt intensiv auf Nachfragen vorbereiten.

Denn in diesem Gespräch werden Personaler gründlicher nachhaken und zum Beispiel fragen, warum Sie bereits seit acht Monaten den Berufseinstieg suchen und noch keinen Job gefunden, oder warum Sie so lange studiert haben. Wer als Grund für eine lange Studienzeit Überlastung angibt, wird nicht eingestellt. Erst die plausible Begründung verwandelt eine zweifelhafte Lücke in eine sinnvoll genutzte Lebensphase.

Wer stellt schon Mitarbeiter oder Mitarbeiterinnen ein, die aufgrund psychischer oder körperlicher Erschöpfung ihr Studium unterbrochen haben? Die Praxis zeigt, dass es für die meisten Personalverantwortlichen keine Rolle spielt, ob man nun völlig wiederhergestellt ist. Die Ausfallzeit wegen Überbelastung bleibt wie ein dauerhafter Makel an einem haften. Personalverantwortliche wollen keinerlei Risiko eingehen und entscheiden sich deshalb für jemand mit einer stabileren Konstitution.

Es gibt zudem Reizwörter, auf die Personalverantwortliche ablehnend reagieren, wenn sie sie in diesem Zusammenhang hören. Dazu gehören zum Beispiel:

- Selbstfindung
- Trennungskrise
- Trauerphase nach dem Tod eines nahestehenden Angehörigen
- Psychische Probleme
- Weltreise

Mit diesen oder ähnlich negativ besetzten Themen sollten Lücken weder im Lebenslauf noch anschließend im Vorstellungsgespräch begründet werden. Hier ist eine Beschönigung ein notwendiger Überlebensmechanismus, sonst klappt es mit keiner Bewerbung. Plausiblere und vor allem akzeptiertere Gründe sind zum Beispiel Pflege- und Erziehungszeiten oder Weiterbildungen. Entscheidend ist immer, wie glaubhaft und nachvollziehbar Sie längere Lücken begründen können. Und ideal ist es, wenn Sie darlegen können, dass Sie daraus etwas gelernt haben, das für Sie wichtig ist – und für das Unternehmen ebenso.

Nicht alle Lücken sind erwähnenswert

Lücken im Lebenslauf von ein bis zwei Monaten müssen nicht unbedingt explizit erwähnt werden. Wägen Sie hier ab, ob eine Erwähnung im Lebenslauf für Sie eher schädlich oder nützlich ist. Ein zweimonatiger Trip durch Australien nach dem Studium geht als Horizonterweiterung durch. Vielleicht können Sie solche Phasen aber auch als Zeit des Selbststudiums deklarieren, in der Sie sich Fachkompetenzen angeeignet haben, die für die ersehnte Stelle gebraucht werden?

EIGENE FRAGEN ÜBERLEGEN

Genauso wichtig, wie es ist, die Fragen der Interviewer souverän zu beantworten, ist es auch, selbst die richtigen Fragen zu stellen. Bewerber und Bewerberinnen, die durchdachte Fragen stellen, zeigen, dass sie sich vor dem Vorstellungsgespräch ausführlich vorbereitet haben. Bewerber/-innen haben nicht nur das Recht, Fragen zu stellen. Bewerberfragen sind sogar sehr erwünscht, vor allem wenn sie über die typischen Themen Arbeitszeit und Urlaubstage hinausgehen.

Interesse bezeugen

Je nach Position, auf die Sie sich bewerben, können Ihre Interessen und Fragen ganz unterschiedlich ausgerichtet sein. In jedem Fall müssen sie im Vorfeld genau überlegt und notiert sein. Die vorbereiteten Notizen nehmen Sie in das Gespräch mit. In der Interviewsituation das eine oder andere Mal einen Blick auf die Notizen zu werfen, um keine wichtige Frage zu vergessen, wird kein Interviewer negativ auslegen, im Gegenteil: Es wird den Eindruck festigen, dass Sie gut organisiert sind und gründlich arbeiten.

Durch Fragen können Sie nicht nur Interesse und Engagement beweisen, sondern das Gespräch auch geschickt in eine bestimmte Richtung lenken, die für Ihre Selbstpräsentation vorteilhaft ist. Fragt man etwa nach einem bestimmten Aufgabenschwerpunkt der Stelle, dann lassen sich damit auch gleich die besondere Qualifikation für diese Aufgaben und die Erfahrung darin in den Vordergrund stellen.

Bewerberfragen im Vorstellungsgespräch sind für die Personalverantwortlichen wichtige Hinweise darauf, was für den Kandidaten bzw. die Kandidatin besonders wichtig ist: was ihn bzw. sie motiviert und welche Ansprüche er bzw. sie an die Position und das Unternehmen hat. Dennoch stellt rund ein Drittel aller Kandidaten keine Fragen. Sie sollten nicht dazugehören.

Bewerber: Ich denke, dass im Rahmen dieser Tätigkeit auch Präsentationen professionell aufbereitet werden müssen. Liege ich da richtig?

Wenn die Personalverantwortlichen bejahen, betonen Sie Ihre genau dafür passenden Qualifikationen.

Bewerber: Ich habe mich in mehreren Fortbildungen zu PowerPoint immer weiter qualifiziert. Das können Sie auch aus meinen Unterlagen ersehen. Für meinen Professor habe ich regelmäßig seine Präsentationen erstellt, z. B. für seine Vorträge auf Kongressen, aber auch für die Berichte in Uni-Gremien. Schließlich hat er mir da völlig freie Hand gelassen. Manchmal hat er mir sogar nur die Eckdaten oder ein Gerüst vorgegeben. Das läuft reibungslos, und er hat mir immer wieder bestätigt, dass er sehr zufrieden mit meiner Präsentationsvorbereitung ist.

Das Vorstellungsgespräch ist eine entscheidende Situation, die die beruflichen Bedingungen für Sie auf Jahre hinaus festlegen kann. Abgesehen von der Gehaltsverhandlung können Sie in allen Phasen des Vorstellungsgesprächs durch vertiefende Fragen erfahren, wo genau Sie eingesetzt werden, welche Erwartungen das Unternehmen an Sie hat, die über die in der Stellenanzeige beschriebenen hinausgehen, wie das Team zusammengesetzt ist und vieles mehr.

Wer keine Fragen stellt, den erwarten womöglich unliebsame Überraschungen im neuen Unternehmen. Falls es dann gar nicht läuft wie erhofft, die Kündigung und erneute Stellensuche nach kurzer Zeit nötig wird, dann macht sich das in keinem Lebenslauf gut und muss beim nächsten Arbeitgeber erklärt werden.

Unpassende Fragen

Am besten machen Sie sich im Vorfeld Stichpunkte zu allen Fragen, die Ihnen einfallen. Dann wählen Sie die wichtigsten Fragen aus, die Sie tatsächlich stellen wollen.

Denn Vorsicht: Personalverantwortliche begrüßen zwar interessierte Fragen, die auf Engagement und Gründlichkeit hinweisen. Niemand will aber »gelöchert« und mit allen möglichen Detailfragen bombardiert werden, die Sie leicht selbst hätten recherchieren können. Ein Zuviel an Fragen könnte Sie schnell als Erbsenzähler erscheinen lassen, der später permanent auf die eigenen Rechte pocht. Es ist also wichtig, das richtige Maß zu finden und sich auf die wirklich relevanten Fragen zu beschränken. Am besten stellen Sie Ihre Fragen am Ende des Vorstellungsgesprächs oder formulieren sie vereinzelt als Zwischenfragen, wenn sie gerade zum Thema passen. Die meisten wichtigen Fragen werden sich im Laufe des Gesprächs ohnehin ganz von selbst beantworten.

Beispielfragen für Bewerber

- Wie genau ist mein Verantwortungsbereich umrissen?
- In Ihrer Stellenausschreibung betonen Sie … Können Sie erläutern, was das für die Stelle konkret im Berufsalltag bedeutet?
- Wie sind meine Aufgaben gewichtet?
- Wer ist mein direkter Vorgesetzter / meine direkte Vorgesetzte?
- Wie viele Personen arbeiten in der Abteilung?
- Wie groß ist das Team, in dem ich arbeiten würde?
- Werde ich mit konkreten Zielvorgaben arbeiten?
- Gibt es regelmäßige Feedbackgespräche?
- Mit welchen anderen Abteilungen werde ich eng zusammenarbeiten?
- Mit wem teile ich meinen Arbeitsplatz?
- Gibt es eine bestimmte Person, die mich einarbeiten wird?
- Wie selbstständig werde ich nach der Einarbeitung arbeiten?
- Erwarten Sie, dass ich selbst Entscheidungen treffe?
- Ist ein Auslandsaufenthalt vorgesehen?
- Wie sieht es mit Geschäftsreisen aus?
- Wie stellen Sie sich den idealen Mitarbeiter / die ideale Mitarbeiterin vor?
- Womit kann ein Mitarbeiter / eine Mitarbeiterin Sie angenehm überraschen?
- Wie gehen Sie mit Vorschlägen, Ideen und Feedback Ihrer Mitarbeiter und Mitarbeiterinnen um?
- Für mich hat sich im Gespräch gezeigt, dass Sie von dem neuen Stelleninhaber schwerpunktmäßig Folgendes erwarten … Habe ich das richtig verstanden?
- Warum wird die Position neu besetzt?

- Wie lange hatte der bisherige Stelleninhaber seine Position inne?
- Wurde die Position neu geschaffen?
- Wie sehen Sie mein Entwicklungspotenzial in Ihrem Unternehmen?
- Welche Weiterentwicklungsmöglichkeiten gibt es für mich im Unternehmen?
- Werde ich in einem Großraumbüro arbeiten oder sind es abgeschlossene einzelne Büros?
- Wäre es möglich, dass Sie mir den Arbeitsplatz zeigen?
- Kann ich meine Kollegen vorab kurz kennenlernen bzw. in der Abteilung besuchen?
- Ist es möglich, meine Vorgesetzte / meinen Vorgesetzten vorher kennenzulernen?
- Was halten Sie von einem Probearbeitstag in Ihrem Unternehmen?
- Wie werden Überstunden bei Ihnen gehandhabt?
- Gibt es bei Ihnen eine Gleitzeitregelung?

Den richtigen Zeitpunkt für Fragen wählen

Bei diesen beispielhaft aufgeführten Bewerberfragen stehen die Fragen, die sich vorwiegend auf die Aufgaben der zukünftigen Stelle beziehen, am Anfang der Liste. Wer so vorgeht, beweist, dass er oder sie sich besonders für die Aufgabeninhalte und den Umfang der künftigen Verantwortung nicht interessiert. Wenn der Bewerber oder die Bewerberin im selben Kontext die eigenen Fähigkeiten und Qualifikationen nennt, präsentiert er bzw. sie, wie groß der Nutzen für das Unternehmen wäre, wenn er bzw. sie eingestellt werden würde.

Die Fragen am Ende des Katalogs, zum Beispiel nach der Überstundenregelung, beziehen sich indirekt oder direkt auf den persönlichen Nutzen des Bewerbers oder der Bewerberin. Deshalb ist es geschickt, sie im Vorstellungsgespräch erst etwas später zu stellen, dann, wenn Sie sich inhaltlich bereits sehr gut präsentiert haben.

Gehalt und Urlaub erst gegen Ende ansprechen!

DIE HÄUFIGSTEN ARBEITGEBER-FRAGEN

Auch wenn jedes Vorstellungsgespräch anders verläuft: Bestimmte Fragen und Themen sind Standard. Bereiten Sie sich auf diese Standardfragen vor: eine Einstiegsfrage zum beruflichen, persönlichen und sozialen Hintergrund, Fragen zur Motivation, zur Qualifikation, zur persönlichen Eignung sowie auf organisatorische Fragen, zu denen auch die Gehaltsfrage zählt. Auf den folgenden Seiten finden Sie die 30 häufigsten Fragen, mit denen Sie rechnen müssen. Sie erfahren die Hintergründe dazu, bekommen Tipps und zahlreiche Beispielantworten. Entwickeln Sie daraus Ihre eigenen Antworten!

Die Einstiegsfrage

1. Stellen Sie sich uns bitte vor. Erzählen Sie von sich!
Zu Beginn eines Vorstellungsgesprächs werden Sie sich kurz präsentieren müssen. Sagen Sie etwas zu Ihrer Person, Ihrem sozialen und beruflichen Werdegang. So soll erst einmal das Eis gebrochen werden. Beide Seiten kennen sich noch nicht, und das soll sich im Plauderton ändern. Doch Achtung! Die Einstiegsfrage ist nur vermeintlich einfach. Sie wissen, dass es für den ersten Eindruck keine zweite Chance gibt. Das gilt nicht nur für Ihr Auftreten, das Outfit und Ihre Körpersprache. Das gilt auch für Ihre erste Antwort. Sie können (und sollten) den Einstieg in das Vorstellungsgespräch dazu nutzen, Ihre Eignung für die Stelle deutlich zu machen.

Das gelingt Ihnen am besten, wenn Sie einige Minuten frei die wichtigsten Stationen aus Ihrem Lebenslauf strukturiert darstellen. Überlegen Sie sich vorher genau, was für die Firma und die Position besonders wichtig sein könnte – und was Sie davon zu bieten haben. Antworten Sie präzise, indem Sie aus Ihrem bisherigen Werdegang – Schulzeit, Studium, ehrenamtlichen Aktivitäten, Nebenjobs – das erwähnen, was zur Firma und zur Stelle passt.

Fragen dieser Art kommen ganz bestimmt.

Fragen zur Motivation

2. Warum haben Sie sich bei uns beworben?

3. Warum haben Sie sich für diese Stelle / dieses Traineeprogramm / diesen Direkteinstieg beworben?

Ein potenzieller Arbeitgeber ist nicht nur an Ihrem Werdegang interessiert, sondern vor allem auch an Ihrer Motivation. Warum haben Sie sich gerade bei diesem Unternehmen, in dieser Branche und auf diese spezielle Stelle für Ihren Berufseinstieg beworben? War es eine bewusste Entscheidung oder Zufall? Geht es um Ihren Traumjob oder doch eher um eine Verlegenheitslösung? Am leichtesten fällt Ihnen eine schlüssige Antwort, wenn Sie auf die Informationen aus Ihrer ausführlichen Recherche zum Unternehmen und zur Position zurückgreifen können. Zum Beispiel:

Bringen Sie jetzt die Informationen aus Ihrer Recherche ins Spiel!

Antworten auf die Frage nach Ihrer Motivation

- Sie sind überzeugt von den Produkten/Dienstleistungen des Unternehmens.
- Sie halten die strategische Ausrichtung des Unternehmens für Erfolg versprechend.
- Sie identifizieren Sich mit den Unternehmenszielen und der Unternehmensphilosophie.
- Sie vertrauen auf die wirtschaftliche Solidität des Unternehmens.
- Sie finden das soziale Engagement des Unternehmens gut.
- Sie schätzen die Entwicklungsmöglichkeiten, die das Unternehmen / das Berufseinstiegsprogramm bietet.
- Sie haben bereits während Ihrer Praxissemester in einem ähnlichen Tätigkeitsbereich gearbeitet.
- Sie haben Ihre Bachelor- oder ihre Masterarbeit zu einem entsprechenden Thema geschrieben.
- Sie interessieren sich sehr für das Aufgabenfeld.
- Sie wollen im Traineeprogramm das Unternehmen mit den verschiedenen Tätigkeitsbereichen näher kennenlernen.

Aus solchen Antworten schließt ein Arbeitgeber, dass Sie es ernst meinen und die ausgeschriebene Stelle wirklich wollen.

Vorstellungsgespräch

4. Was erwarten Sie von uns als Ihrem Arbeitgeber?

Hier will der Arbeitgeber erfahren, worauf Sie Wert legen, was Ihnen wichtig ist und auch, was Sie im Arbeitsalltag motiviert. Ist das ein sicherer Arbeitsplatz, eine sehr gute Bezahlung, ein kurzer Arbeitsweg oder doch eher eine herausfordernde Aufgabe in einer interessanten, innovativen und zukunftsweisenden Branche? Betonen Sie die Vorzüge des Unternehmens (z. B. die internationale Ausrichtung, eine Marktführerschaft, innovative Produkte, eine gute Personalpolitik) und legen Sie dar, dass Ihre Qualifikationen und Karriereziele zum Anforderungsprofil passen.

Beispielformulierung Mir ist es besonders wichtig, dass ich meine Sprachkenntnisse einsetzen und mich weiterentwickeln kann. In der Zusammenarbeit ist mir Offenheit und Vertrauen wichtig. Ich will etwas zum Unternehmenserfolg beitragen und dabei gefordert und gefördert werden.

5. Was erwarten Sie von der neuen Aufgabe?

Mit dieser Frage will ihr Gesprächspartner bzw. ihre Gesprächspartnerin herausfinden, ob Ihre Erwartungen an die Aufgabe der ausgeschriebenen Stelle auch erfüllt werden können. Beschreiben Sie Ihre Erwartungen klar und realistisch. So können sowohl Sie als auch Ihr Gegenüber prüfen, ob sie zueinander passen. Denn es ist niemandem gedient, wenn Sie das Unternehmen in der Probezeit enttäuscht verlassen.

6. Warum haben Sie sich für Ihre Studienrichtung entschieden?

Ihre Antwort kann einen roten Faden erkennen lassen, aber auch Verlegenheitsentscheidungen. Haben Sie etwa Ihre Studienrichtung entsprechend Ihren starken Fächern in der Schule und / oder Ihren Hobbys und Interessen gewählt, zeugt das von bewusster Entscheidung.

Wenn Sie außerdem deutlich machen, dass Sie die Möglichkeiten und Herausforderungen der Einstiegsstelle in diesem Unternehmen besonders ansprechen, dann dürften Sie die andere Seite überzeugt haben.

7. Welche Karriereziele verfolgen Sie?
Wo sehen Sie sich beruflich in zehn Jahren?

Für die meisten Berufseinsteiger/-innen ist es schwierig, zehn Jahre in die Zukunft zu blicken. Die wenigsten haben einen konkreten Karriereplan in der Tasche. Dennoch lohnt es sich, vor einem Vorstellungsgespräch darüber nachzudenken, ob Sie sich eher in einer Spezialisten-, einer Projekt- oder einer Führungskarriere sehen. Manchmal wird an dieser Stelle auch nach privaten Zielen gefragt. Hier müssen Sie natürlich nicht alle Pläne offenlegen. Am besten beantworten Sie die Frage nach persönlichen Zielen optimistisch und allgemein.

Ihre beruflichen Ziele sollten natürlich mit der Einstiegsstelle vereinbar sein. Wenn Sie Karriereziele formulieren, die der ausgeschriebenen Position nicht entsprechen, wird das Unternehmen Sie nicht einstellen. Idealerweise beschreiben Sie eine Entwicklung, die im Unternehmen realistisch ist.

> *Bereiten Sie sich auf diese Fragen besonders vor!*

Fragen zur fachlichen Qualifikation

8. Welche Fähigkeiten und Kenntnisse bringen Sie für die ausgeschriebene Stelle mit?

Keiner kann alles. Und die wenigsten Bewerberinnen und Bewerber erfüllen das Anforderungsprofil einer ausgeschriebenen Stelle hundertprozentig. Das wissen Personalverantwortliche. Bei dieser Frage geht es nicht darum, etwas vorzutäuschen – das merken Personaler, und damit leidet Ihre Glaubwürdigkeit. Es geht darum, präzise zu sagen, was von dem, das der Arbeitgeber braucht, Sie zu bieten haben und was Sie sich noch erarbeiten müssen.

Sie wissen, was der Arbeitgeber von Ihnen will. Das steht in der Stellenanzeige. Und Sie wissen, was Sie zu bieten haben. Das steht in Ihren Zeugnissen und in Ihrem Lebenslauf. In Ihrer Gesprächsvorbereitung haben Sie beide Profile bereits abgeglichen. Sie beginnen in Ihrer Antwort also bei Ihrem Studienabschluss, der in der Regel die Voraussetzung dafür ist, dass Sie im Vorstellungsgespräch sitzen. Dann nennen Sie alle inhaltlich-fachlichen Kenntnisse aus der Ausschreibung, die Sie mitbringen. Es folgen Ihre methodischen Kompetenzen, zum Beispiel EDV- und Sprach-

> *Sie müssen nicht alle Anforderungen erfüllen.*

kenntnisse, aber auch Kommunikations-, Moderations-, Präsentationsfähigkeiten – wenn diese gefragt sind.

Zusätzlich erwähnen Sie die praktischen Erfahrungen, die Sie mit dem in der Stellenanzeige beschriebenen Aufgabenfeld während Ihrer Studienzeit in Auslandssemestern, Studienpraktika, als Werksstudent, wissenschaftliche Hilfskraft oder auch außerhalb der Hochschule in Nebenjobs, ehrenamtlicher Tätigkeit oder in der Familie gesammelt haben. Denken Sie darüber schon im Vorfeld des Interviews genau nach. Ihr Gesprächspartner bzw. Ihre Gesprächspartnerin wünscht sich präzise Antworten, kein Stammeln und kein Drumherumreden. Wenn Sie etwas von dem, was der Arbeitgeber sucht, nicht können oder wissen, dann sagen Sie das offen, und bieten Sie eine Lösung an: zum Beispiel, dass Sie eine gute Auffassungsgabe haben, schnell lernen und willens sind, sich schnell einzuarbeiten.

Beschreiben Sie die Erfahrungen, die Sie für die Stelle mitbringen.

9. Mit welchen EDV-Programmen, Tools, Verfahren, Methoden haben Sie schon gearbeitet?

Auf die Frage nach Ihren EDV-Kenntnissen antworten Sie sachlich, welche EDV-Programme, Tools, Verfahren und Methoden Sie wo und wie eingesetzt haben und wie sicher Sie damit umgehen können.

10. Welche Sprachen sprechen Sie wie gut? Would you mind if we continue our interview in English?

Selbst komplexere EDV-Programme lassen sich in wenigen Wochen lernen. Sprachen nicht. Wurden in der Ausschreibung Sprachkenntnisse verlangt, dann sollten Sie in Ihrer Bewerbung ehrliche Angaben gemacht (und bei Bedarf vor dem Vorstellungsgespräch einen Auffrischungskurs absolviert) haben. Denn Ihre Sprachkenntnisse lassen sich ganz leicht prüfen: »Would you mind if we continue our interview in English?« Seien Sie darauf gefasst!

Ihre Sprachkenntnisse lassen sich ganz leicht prüfen. Seien Sie darauf gefasst!

11. Was sind Ihre besonderen (fachlichen und methodischen) Stärken und Schwächen?

Eine selbstbewusste Persönlichkeit steht zu ihren Stärken, aber auch zu ihren Schwächen. Im Vorstellungsgespräch allerdings

>> **D**ie Gespräche laufen eigentlich immer gleich ab. Beim ersten Gespräch habe ich gemerkt, wo meine Schwachstellen lagen und wo ich mich vielleicht nicht gut genug vorbereitet hatte. Ich habe mich durch die ganze Palette an Standard-Bewerbungsfragen gearbeitet, habe mir Karteikarten geschrieben zu Stärken, Schwächen, Arbeitsweise etc. und alles thematisch abgearbeitet. Ich habe auch genau überlegt: Was sind die wichtigen Punkte in meinem Lebenslauf, was sind die Ziele, wo möchte ich hin. Damit war ich eigentlich bei jedem Vorstellungsgespräch gut vorbereitet und kam nicht in Situationen, die mich außer Fassung gebracht haben.

Sabrina K., 23 Jahre, Bachelor Public Relations, Projektmanagerin bei einem digitalen Dienstleister

sollten Sie Ihre Schwächen – das, was Sie nicht oder noch nicht so gut können – nicht allzu sehr betonen. Sprechen Sie also mehr von dem, was Sie können.

Erinnern Sie sich daran, dass Sie die andere Seite mit Ihren Bewerbungsunterlagen und möglicherweise schon mit einem Vorab-Telefoninterview oder einem Vorab-Onlinetest überzeugt haben. Sonst säßen Sie nicht im Vorstellungsgespräch. So schlecht kann Ihr Qualifikationsprofil nicht zur Firma und zur Position passen.

Greifen Sie auf Ihre Stärken-Schwächen-Analyse zurück, die Sie als Vorbereitung auf das Gespräch gemacht haben sollten, und beschreiben Sie selbstbewusst Ihre Stärken anhand von Beispielen. Idealerweise verknüpfen Sie Ihre Stärken gleich mit den Anforderungen der neuen Stelle. Bei Ihren Schwächen erwähnen Sie fachliche und methodische Punkte, die für die zu besetzende Position kein K.-o.-Kriterium sind.

Betonen Sie das, was Sie können!

12. Wie halten Sie sich fachlich auf dem Laufenden?

Hier geht es um das Ob – und das Wie.

Diese Frage hat zwei Seiten: Einerseits erfährt der Interviewer oder die Interviewerin mit Ihrer Antwort, ob Sie sich überhaupt auf dem Laufenden halten. Damit sagen Sie etwas über Ihre Motivation für Ihr Fachgebiet und Ihren Beruf aus. Andererseits bekommt Ihr Gegenüber einen Eindruck davon, wie Sie fachlich am Ball bleiben. Beispielsweise durch den Besuch von Online-kursen, den Austausch in der (digitalen) Science-Community, durch Fachliteratur oder durch Kongressbesuche.

Fragen zur persönlichen Eignung

Passen Sie ins Team?

Ihre fachliche Qualifikation ist die Eintrittskarte zu einem Vor-stellungsgespräch. Ihre persönliche Eignung aber wird den Ausschlag geben, ob Sie die Stelle bekommen – oder nicht. Der Arbeitgeber muss wissen, ob Sie ins Team passen und ob Ihr Persönlichkeitsprofil den Anforderungen der Stelle entspricht.

13. Wie würden Sie sich selbst charakterisieren?

Auf Fragen wie diese nennen Sie vor allem Eigenschaften, die zum Anforderungsprofil der Stelle passen – aber nur solche, über die Sie wirklich verfügen und die Sie mit Beispielen belegen können.

Beispielformulierung Hm, das ist gar nicht so einfach, über sich selbst etwas auszusagen. In der Lerngruppe an der Hochschule bin ich immer als zuverlässig und hilfsbereit beschrieben worden. Meine Professoren sagen, dass ich zielstrebig und ehrgeizig bin und eine gute Problem-lösefähigkeit habe. Ich würde mich selbst als engagiert und motiviert beschreiben und als Teamplayer.

14. Was waren Ihre größten Erfolge?

Ein Arbeitgeber erfährt durch Ihre Antwort auf diese Frage zweierlei. Erstens, was Sie als Erfolg werten, und zweitens, welche Erfolge das sind. Ist das zum Beispiel eher eine Eins in einer Se-mesterklausur oder ein gelungenes Referat? Eine kurze Studien-zeit oder ein Auslandssemester?

Beantworten Sie diese Frage wahrheitsgemäß und selbstbewusst, ohne Ihr Licht unter den Scheffel zu stellen –, aber natürlich auch, ohne zu dick aufzutragen. Das heißt: Relativieren Sie Ihre Erfolge nicht und überhöhen Sie sie nicht, sondern stellen Sie sachlich dar, was Sie erreicht haben. Überlegen Sie sich vor dem Interview, worauf Sie stolz sind, was Ihnen wirklich gut gelungen ist und was Sie erreicht haben. Und dann überlegen Sie, was davon gut zum Unternehmen und zur Stelle passt. Fokussieren Sie das in Ihrer Antwort und lassen Sie durchblicken, dass Sie diese Leistung auch für das Unternehmen erbringen wollen.

15. Was waren Ihre größten Misserfolge/Fehler? Wie sind Sie damit umgegangen? Was haben Sie daraus gelernt?

Jeder Mensch hat Fehler, und jeder Mensch kennt den Misserfolg aus eigener Erfahrung. Das zu leugnen, wäre falsch. Interviewer prüfen mit dieser Frage die Fähigkeit zur Selbstreflexion. Dramatische Vorfälle und schwere Niederlagen im Studien- und Privatleben behalten Sie aber für sich. Zeigen Sie lieber, wie und was Sie aus einem Fehler oder einer Niederlage gelernt haben – und so daraus letztlich einen Nutzen gezogen haben.

Beispielformulierung Ich hätte mich auf die ersten beiden Semester meines Studiums besser vorbereiten sollen. Dann hätte ich wahrscheinlich in einigen Klausuren gleich bessere Noten geschrieben. Aber ich habe schnell aus diesem Fehler gelernt. Ab dem dritten Semester habe ich mir konsequent Lernpläne geschrieben und eingehalten, und meine Noten sind entsprechend viel besser geworden, sodass ich mein Studium sehr gut abgeschlossen habe.

16. Wie gehen Sie mit Veränderungen um?

Die Märkte und mit ihnen die Unternehmen ändern sich schnell. Entsprechend müssen Mitarbeiter und Mitarbeiterinnen heute sehr flexibel sein. Vorgesetzte wünschen sich deshalb Berufseinsteigerinnen und Berufseinsteiger, die sich schnell auf unterschiedliche Situationen und Personen einstellen können. Veranschaulichen Sie Ihren Umgang mit Veränderungen in Ihrem Leben, zum Beispiel mit dem Wechsel von der Schule an die

Hochschule: Wie Sie mit dem Ortswechsel umgegangen sind, mit den neuen Lernanforderungen, mit dem neuen sozialen Umfeld. Dass diese Veränderungen zwar anstrengend, aber auch sehr interessant waren. Und dass Sie gelernt haben, auf Ihre Fähigkeiten zu vertrauen, wenn sich die Dinge um Sie herum ändern.

17. Wie gehen Sie mit Kritik um?

Kritik birgt die Chance, sich weiterzuentwickeln. Im Arbeitskontext, mehr als im Studienkontext, werden Sie immer wieder das Gefühl haben, dass man Sie kritisiert. Viele Arbeitgeber haben mit Berufseinsteigern und Berufseinsteigerinnen die Erfahrung gemacht, dass diese wenig Kritik aushalten, sich gar verschließen und zurückziehen.

Personaler wollen auf diese Frage hören, dass Sie sich mit diesem Thema bereits bewusst auseinandergesetzt haben.

Personaler wollen auf diese Frage hören, dass Sie sich mit diesem Thema auseinandergesetzt haben.

Beispielformulierung Ich begrüße konstruktives Feedback sowohl von Vorgesetzten als auch von Kollegen. Nur dadurch kann ich mich weiterentwickeln. Kritik darf allerdings nicht persönlich werden oder unfair sein. Dann hake ich nach, bis ich den sachlichen Punkt der Kritik nachvollziehen kann.

18. Wie verhalten Sie sich bei Konflikten?

Ob im Arbeitskontext oder im Privaten: Konflikte gibt es immer und überall. Diese Frage in einem Vorstellungsgespräch aber könnte eine Fangfrage sein, mit der ein Personaler herausfinden will, ob Konflikte für Sie an der Tagesordnung sind. Weisen Sie deshalb besser darauf hin, dass Sie nicht allzu häufig in Konflikt geraten.

Konflikte gibt es immer und überall.

Beispielformulierung Ich kann nicht sagen, dass ich häufig in Konfliktsituationen gerate. Wenn aber doch und wenn es um etwas geht, das mir sehr wichtig ist, bin ich bereit, meinen Standpunkt sachlich zu verteidigen und gemeinsam mit dem anderen eine konstruktive Lösung zu suchen, die für alle vertretbar ist.

Vorstellungsgespräch

19. Hatten Sie schon einmal Differenzen mit einem Professor / einer Professorin oder einem Kommilitonen / einer Kommilitonin?

Wer diese Frage entrüstet mit »Nein, natürlich nicht!« beantwortet, macht sich unglaubwürdig. Denn Differenzen mit anderen gibt es immer wieder einmal. Weisen Sie lieber darauf hin, dass Sie zwar nie einen ernsthaften Konflikt mit Professoren oder Kommilitonen hatten, wohl aber sachliche Meinungsverschiedenheiten und fachliche Diskussionen. Beschreiben Sie auch, dass Sie diese Auseinandersetzungen konstruktiv geführt haben und was das Ergebnis war.

Wer diese Frage entrüstet verneint, macht sich unglaubwürdig.

20. Wann ist Teamarbeit für Sie effizient?

Die meisten Positionen setzen Teamfähigkeit voraus. Bei dieser Frage können Sie geschickt die Vorteile von Teamarbeit mit jenen Ihrer persönlichen Eigenschaften verknüpfen, die Sie persönlich teamfähig machen.

Beispielformulierung Für mich ist Teamarbeit effizient, wenn jeder im Team seine besonderen Kenntnisse und Kompetenzen einbringt und daraus etwas Neues entsteht. Wenn man gemeinsam auf ein Ziel hin arbeitet. Das ist sehr erfüllend für mich. Zu guter Teamarbeit gehört aber auch ein respektvoller Umgang miteinander und die Einigkeit über das gemeinsame Ziel.

21. Wie motivieren Sie sich selbst?

Weniger gut kommt eine Antwort an wie diese: »durch den Gehaltszettel am Ende des Monats«. Das klingt nicht nach dem engagierten Leistungsträger. Wie haben Sie sich im Studium motiviert? Haben Sie Herausforderungen angenommen? Haben Sie an das Ergebnis gedacht? Ziele verfolgt?

Beispielformulierung In erster Linie motiviere ich mich über meine Aufgabe und ihre Ziele. Wenn ich mir das Ziel immer wieder vor Augen halte, gibt mir das Kraft weiterzumachen. Diese Erfahrung habe ich auch im Studium gemacht. Da gab es manche Durststrecke. Aber auch die Arbeit im Team ist für mich motivierend. Das habe ich in meinen Lerngruppen gemerkt. Und wenn ich mal einen Durchhänger habe, dann hilft mir Sport am besten. Danach fühle ich mich wieder voller Energie.

Vorstellungsgespräch

22. Wie halten Sie es mit Überstunden?

Bei dieser Frage können Sie leicht in eine Falle tappen.

Vorsicht! Bei dieser Frage können Sie leicht in eine Falle tappen. Sagen Sie, dass Sie ein Arbeitstier sind und Überstunden selbstverständlich jederzeit und so viel wie nötig machen, können Personaler den Schluss ziehen, dass Sie kein Ende finden, keine Prioritäten setzen, ineffizient arbeiten und dadurch sogar burn-out-gefährdet sind.

Oder aber sie reiben sich die Hände, weil sie Ihnen so viele Überstunden wie möglich aufbürden können. Sagen Sie hingegen, dass Sie zu Überstunden eher nicht bereit sind, wird Ihnen eine mangelnde Einsatzbereitschaft zugeschrieben und Sie können die Stelle vergessen. Vermeiden Sie Extreme und finden Sie eine vermittelnde Antwort:

Beispielformulierung Ich halte viel von effizientem Arbeiten. Mit einer konsequenten Zeitplanung und Priorisierung bin ich bislang immer gut gefahren. Natürlich ist mir klar, dass ich am Anfang viel zu lernen habe und dass Flexibilität gefragt ist. Dafür haben Sie meine ganze Einsatzbereitschaft.

Mir ist es auch weniger wichtig, in Uhrzeiten zu denken als in Ergebnissen. Generell aber ist es mir auch wichtig, dass Arbeit und Freizeit auf lange Sicht ausgewogen sind, schließlich will ich gesund und leistungsfähig bleiben. Gegen heiße Phasen spricht das nicht.

23. Was sind Ihre persönlichen Stärken und Schwächen?

Seien Sie auf diese Frage vorbereitet!

Personalern geht es nicht allein um Ihre fachlichen Stärken und Schwächen. Sie wollen auch etwas über Ihre persönlichen Stärken und Schwächen erfahren. Seien Sie darauf vorbereitet!

Aber auch hier gilt, wie bei den fachlichen Stärken und Schwächen: Kein Mensch hat nur Stärken. Stehen Sie selbstbewusst zu Ihren starken, aber auch zu Ihren schwachen Seiten. Betonen Sie Ihre Schwächen nicht. Aussagen wie »Ich komme morgens nur schwer aus dem Bett« oder »Ich gerate leicht in Stress« sind tabu, auch wenn sie der Wahrheit nahekommen sollten. Am besten nennen Sie zwei, maximal drei Schwächen, die nicht stellenrelevant, aber glaubwürdig sind, und die im Grunde genommen auch positiv ausgelegt werden können.

Greifen Sie wieder auf Ihre Stärken-Schwächen-Analyse zurück. Nennen Sie eine Schwäche (z. B. »Manchmal bin ich zu wenig diplomatisch«) und beschreiben Sie sie selbstkritisch, aber nicht selbstzerfleischend, zum Beispiel: »In Lerngruppen habe ich immer geradeheraus gesagt, was mich gestört hat.«
Machen Sie sich aber auf Rückfragen gefasst! Zum Beispiel wollen viele Personaler wissen, wie sich diese Schwäche bislang in Ihrem Leben ausgewirkt hat. Dann können Sie relativieren: »Na ja, wer mich nicht kannte, reagierte erst einmal verschreckt, und manchmal dauerte es ein bisschen, bis die gute Kommunikation wieder aufgebaut war. Ich habe daraus auch gelernt, vorsichtiger zu sein. Aber ich glaube, mein Naturell ist eher geradeheraus.«

Greifen Sie auf Ihre Stärken-Schwächen-Analyse zurück!

24. Was machen Sie in Ihrer Freizeit? Welche Hobbys haben Sie?

Hobbys und Freizeitbeschäftigungen wecken Assoziationen und geben so Aufschluss über Ihre Persönlichkeit und Ihre Vorlieben. Sie erlauben es Personalern, Schlüsse zu ziehen, wie gut Sie zur ausgeschriebenen Stelle passen.
Sammler könnten als einzelgängerisch, eher detailverliebt gelten, Hobbyköche eher als kreativ, Sportler als dynamische Macher und Leseratten als Kopfarbeiter. Ganz so platt wird zwar niemand denken; deshalb können Sie Ihre Hobbys getrost nennen.
Seien Sie aber vorsichtig mit Hobbys, die mit Aggressionen, Gefahren oder Süchten in Verbindung gebracht werden können, zum Beispiel: »Ich züchte Kampfhunde«, »Ich bin aktiver Downhill Mountainbiker«, »Ich gehe häufig in die Spielbank« oder »Ich gehe gern mit meinen Freunden einen trinken«.
Beschränken Sie sich auf zwei bis drei Hobbys, sonst könnte sich die Frage stellen, wann Sie die Zeit zum Arbeiten finden wollen. Und beachten Sie auch, dass Ihre Angaben Nachfragen standhalten müssen. Wer behauptet, leidenschaftlich Klavier zu spielen, aber außer »Für Elise« kein Klavierstück nennen kann, macht sich unglaubwürdig, wenn nicht sogar lächerlich.

Ihre Hobbys geben Aufschluss über Ihre Persönlichkeit.

Weitere Persönlichkeitsfragen

- Welche Vorbilder haben Sie?
- Wovor haben Sie am meisten Angst?
- Was ist für Sie zu viel Arbeit?
- Wie sieht die optimale Arbeitsumgebung für Sie aus?
- Wie organisieren Sie Ihre Arbeit?
- Wie gehen Sie mit Belastung und Stress um?
- Welchen Stellenwert hat Freizeit für Sie?
- Wie wichtig ist für Sie Ihre Familie?

Organisatorische Fragen

25. Wie stellen Sie sich Ihren Einstieg / Ihre Einarbeitung vor?
Haben Sie sich bereits Gedanken über die ersten Tage und Wochen im ersten Job gemacht? Überlegen Sie, was für Sie besonders wichtig ist und vermitteln Sie Selbstsicherheit.

Beispielformulierung Ich habe schon einige Erfahrung durch meine Praktika und werde viele Tätigkeiten sicher reibungslos übernehmen können. Bei anderen werde ich aber auch Unterstützung brauchen. Es wäre schön, wenn Sie mir für Fragen einen erfahrenen Kollegen oder eine erfahrene Kollegin nennen können. Gibt es in Ihrem Unternehmen eine bestimmte Vorgehensweise, was die Einarbeitung von Mitarbeiten anbelangt? Haben Sie ein Onboarding- oder ein Mentorenprogramm?

26. Wann können Sie bei uns anfangen?
Mit dieser vermeintlich einfachen Frage klären Personaler zwei Dinge: Erstens, ob Ihr frühestmöglicher Eintrittstermin zu den Notwendigkeiten des Unternehmens passt. Zweitens, wie es mit Ihrer Bereitschaft steht, persönliche Belange hintanzustellen. Bei Bewerbern und Bewerberinnen, die auf der Suche nach der ersten Arbeitsstelle sind, sollte nichts gegen den sofortigen Arbeitseintritt sprechen.
Signalisieren Sie deshalb auf jeden Fall Bereitschaft, auf den Bedarf des neuen Arbeitgebers einzugehen. Das kann auch bedeuten, einen geplanten Urlaub abzusagen. Denn Vorsicht: So mancher Bewerber und so manche Bewerberin hat am Ende eines gelungenen Interviews den Erfolg zunichte gemacht, weil er

bzw. sie danach fragte, ob es möglich sei, vier Wochen später zu beginnen – um noch vorher in Urlaub fahren zu können. Personaler schließen daraus mangelnde Einsatzbereitschaft und stellen solche Bewerber und Bewerberinnen nicht ein.

27. Wie organisieren Sie Ihren Umzug hierher?

Bewerben Sie sich in einer anderen Stadt, will der Arbeitgeber wissen, ob und wie Sie einen Umzug planen. Ein Umzug oder – wenn Sie in einer Partnerschaft leben – eine Distanzbeziehung hat große Auswirkungen auf das Privat- und Familienleben. Personalverantwortlichen ist bewusst, dass ein erfülltes Privatleben für die Zufriedenheit und die Gesundheit Ihrer Mitarbeiter und Mitarbeiterinnen wichtig ist. Auch wenn Ihr Privatleben niemanden in einem Vorstellungsgespräch etwas angeht, gibt es kaum einen Grund, hier nicht offen und ehrlich zu sein.

Personalverantwortlichen ist bewusst, dass ein erfülltes Privatleben wichtig ist.

Die Gehaltsfrage

28. Was wollen Sie bei uns verdienen?

Die Antwort auf diese Frage ist eine der schwierigsten im Vorstellungsgespräch überhaupt. Viele Unternehmen verlangen, dass Bewerber ihre Gehaltswünsche bereits in der Bewerbung nennen. Wer das nicht gemacht hat, muss es spätestens im Vorstellungsgespräch tun. Setzen Sie Ihren Gehaltswunsch zu niedrig an, wird dies vielleicht als mangelndes Selbstbewusstsein ausgelegt oder Sie müssen damit rechnen, für die nächsten Jahre auf diesem Niveau zu verharren. Liegt Ihre Forderung weit über dem Marktüblichen oder dem Budget des Unternehmens, laufen Sie Gefahr, dass Sie damit als Mitarbeiter oder Mitarbeiterin nicht infrage kommen. Grund genug also für Sie, sich auf die Gehaltsfrage vor dem Vorstellungsgespräch sehr gut vorzubereiten.

Die Antwort auf diese Frage ist eine der schwierigsten im Vorstellungsgespräch.

Verhandeln ums Gehalt

In der Regel wird das Gehalt gegen Ende des ersten Interviews von der Unternehmensseite angesprochen. Bei zweistufigen Einstellungsverfahren wird es meist erst im zweiten Gespräch verhandelt. Haben Sie lange genug auf die Gehaltsfrage gewartet, können Sie sie auch selbst stellen, und zwar im Rahmen Ihrer abschließenden Fragen. Aber auch dort nicht zuerst, sondern nach ein, zwei fachlichen oder inhaltlichen Fragen. Sie können fragen: »Das Gehalt ist zwar nicht das Hauptkriterium, aber trotzdem bedeutsam. Soll dieses Thema heute noch angesprochen werden, oder haben Sie noch ein weiteres Gespräch vorgesehen?«

Manche Unternehmensvertreter und -vertreterinnen setzen auch auf die Überraschungsstrategie; sie überrumpeln die Kandidaten gleich zu Beginn des ersten Gesprächs. Wenn sie aber nicht nachdrücklich auf einer klaren Aussage mit Angabe von konkreten Zahlen insistieren, versuchen Sie besser, die konkrete Antwort ans Ende des Gesprächs zu schieben.

Denn wenn Sie in einer so frühen Phase – ohne zu wissen, welche Verantwortung und Aufgaben auf Sie zukommen –, einen eher niedrigen Betrag nennen, haben Sie es schwer, im weiteren Verlauf des Gesprächs das Gehalt noch hochzuverhandeln. Oder umgekehrt: Falls Sie mit Ihren Vorstellungen deutlich zu hoch liegen, werden Sie während des gesamten Gesprächs unter Rechtfertigungsdruck stehen. Mit folgenden Antworten können Sie sich aus der Affäre ziehen, wenn die Gehaltsfrage sehr früh kommt:

> Manche Unternehmensvertreter überrumpeln Kandidaten mit der Frage nach dem Gehaltswunsch.

Beispielformulierungen

- Das ist ein wichtiger Punkt. Darf ich zum Ende unseres Gesprächs darauf zurückkommen? Zunächst scheinen mir inhaltliche Fragen zur Aufgabe wichtig.
- Ich möchte leistungsgerecht bezahlt werden, so, wie Sie auch andere Berufseinsteiger und Berufseinsteigerinnen mit vergleichbarem Abschluss und Voraussetzungen bezahlen.
- Geben Sie mir erst Gelegenheit, Sie und die ausgeschriebene Position im heutigen Gespräch näher kennenzulernen?

Generell ist es günstig, eher später als früher über das Gehalt zu sprechen. Denn je länger Sie Zeit haben, sich selbst und Ihre Fähigkeiten möglichst vorteilhaft darzustellen, desto mehr steigt die Wahrscheinlichkeit, dass die Unternehmensvertreter/-innen dazu bereit sind, ihr Gehaltsangebot nach oben zu schrauben. Außerdem haben Sie Zeit, Fakten zu sammeln, um einzuschätzen, ob Sie eher die obere Grenze Ihres Gehaltswunschs nennen oder ob Sie besser weiter unten ansetzen.

Tipp

Die Gehaltsvorstellung formulieren

Wenn Sie Ihre Gehaltsvorstellung nennen, dann tun Sie das selbstsicher, aber nicht arrogant. Orientieren Sie sich allein an Ihrer Leistung. Sagen Sie z. B.: »Die Aufgaben, die Sie beschreiben, setzen ein hohes Maß an Verantwortung / ein langjähriges Studium … voraus. Ein Einstiegsgehalt von … € halte ich von daher für angemessen.« Was Personaler nicht hören wollen, sind Sätze wie: »Unter … arbeite ich nicht«, »… € brauche ich schon«, »… € muss ich auf alle Fälle haben«, weil sie von den Ansprüchen her gedacht sind, aber nicht von der Leistung. Aber auch allzu schüchtern vorgetragene Gehaltsvorstellungen werden nicht überzeugen: »… € würde ich schon gern verdienen«, »Ich hätte mir … € vorgestellt«, »Ich weiß nicht, sind … € angemessen?«

Es gibt auch Berufsnischen, die keine Gehaltstabelle abdeckt. Statt einen abwegigen Gehaltswunsch zu riskieren, sollten Sie das besser ehrlich sagen. Diese Strategie funktioniert aber nur, wenn sie glaubwürdig und nachvollziehbar ist. Sonst wird Ihnen Unwissenheit und mangelnde Vorbereitung unterstellt.

Es gibt auch Berufsnischen, die keine Gehaltstabelle abdeckt.

Beispielformulierung Ich habe mich zwar ausgiebig informiert und Berufseinstiegsgehälter recherchiert, es fällt mir jedoch sehr schwer, mich für die ausgeschriebene Stelle gehaltlich einzuordnen. Können Sie mir sagen, wie hoch die Stelle dotiert ist?

Grundsätzlich lassen sich höhere Studienabschlüsse, Praxis- und Auslandserfahrungen und zusätzliche Sprach- und Methodenkenntnisse in Euro und Cent aufwiegen. Wenn Sie wertvolle Zusatzqualifikationen und besondere Erfahrung haben, können Sie Ihren Gehaltswunsch höher ansetzen. Eine Gehaltsforderung an der oberen Grenze müssen Sie aber gut begründen können, denn mit großer Wahrscheinlichkeit wird die Frage kommen: »Womit rechtfertigen Sie eine so hohe Gehaltsforderung?«

Zum einen sprechen dafür mein sehr fundiertes Studium, meine passgenaue Abschlussarbeit und meine praktischen Erfahrungen mit den Aufgaben aus meiner Werkstudententätigkeit und meinen Praktika. Ich weiß dadurch, dass ich zügig produktiv arbeiten kann. Zum anderen bringe ich auch die gewünschte Auslandserfahrung und sehr gute Englischkenntnisse mit. Deshalb halte ich meinen Gehaltswunsch für angemessen.

Entscheidend beim Gehaltspoker ist Ihre Haltung.

Entscheidend bei der Gehaltsverhandlung ist Ihre Haltung. Treten Sie selbstbewusst, aber nicht arrogant auf. Schauen Sie dem Interviewer bzw. der Interviewerin in die Augen, sprechen Sie mit fester Stimme, bleiben Sie ruhig. Stammeln Sie nicht, senken Sie weder den Blick noch die Stimme und formulieren Sie nicht im Konjunktiv. Das lässt Ihr Gegenüber sofort auf Zweifel schließen, ob Sie sich den Job überhaupt zutrauen. Andererseits: Hüten Sie sich vor einem aggressiven Unterton. Das wäre nicht nur unhöflich, es ließe auch auf ein problematisches Sozialverhalten schließen, mit dem Sie auch im Berufsalltag anecken würden. Manche Personaler versuchen bewusst zu verunsichern, indem sie zum Beispiel auf den Gehaltswunsch mit Schweigen reagieren oder einer Bemerkung wie: »Tatsächlich, so viel?« Wenn Sie darauf vorbereitet sind und wissen, dass Sie sich im üblichen Rahmen bewegen, können Sie gelassen bleiben, das Schweigen aushalten und nachfragen, ob Sie mit Ihrem Gehaltswunsch im Budget der Stelle liegen. Oder antworten: »Ja, das halte ich für angemessen, was meinen Sie?« Begründen Sie Ihre Gehaltsvorstellungen nicht mit Umzugskosten oder hohen Lebenshaltungskosten. Diese Dinge spielen für Arbeitgeber keine Rolle.

Lassen Sie sich nicht verunsichern!

Ein hohes Einstiegsgehalt ist erfreulich, aber nicht alles. Wenn das Gehaltsangebot im Vorstellungsgespräch weniger hoch ausfällt als gewünscht, können Sie vielleicht Zusatzleistungen aushandeln.

Es kann sowohl für den Arbeitgeber als auch für Sie steuerlich günstig sein, zum Beispiel einen Firmenwagen, eine betriebliche Altersvorsorge, ein Firmenhandy, Bons für das Kantinenessen oder Benzingutscheine zu vereinbaren. Bei Einstiegspositionen im Vertrieb können sie eine höhere Vertriebsprovision ansprechen. Generell sind zusätzliche Urlaubstage frei verhandelbar,

Tipp

Souverän verhandeln

Verhandeln Sie souverän! Das heißt auch: Feilschen Sie nicht um Nebensächlichkeiten. Wenn Sie zu erkennen geben, dass Ihnen die Bezahlung das Wichtigste ist, machen Sie einen schlechten Eindruck. Wer um jeden Cent und jede Zusatzleistung feilscht wie auf dem Basar, läuft Gefahr, abgelehnt zu werden.

ebenso die finanzielle Unterstützung für Ihren Umzugs an den Ort des Firmensitzes.

Feilschen Sie nicht um jeden Cent und jede Zusatzleistung. In erster Linie geht es um Ihren beruflichen Einstieg, die spannenden Aufgaben und die beruflichen Perspektiven im Unternehmen. Das Einstiegsgehalt mit allen Zusatzleistungen sollte leistungsgerecht sein. Es ist jedoch nicht das wichtigste Merkmal beim Einstieg in Ihre berufliche Zukunft.

Abschlussfragen

29. Warum sind Sie der/die Richtige für diese Stelle?

Hier müssen Sie nicht noch einmal von vorn anfangen und alles erzählen, was für Sie spricht. Betonen Sie Ihre fachlichen, methodischen und sozialen Stärken, die zu den Anforderungen des Stellenprofils passen. Ganz nach dem Motto: »Ich will, ich kann und ich passe persönlich zu Ihnen.«

> Betonen Sie Ihre fachlichen, methodischen und sozialen Stärken.

30. Haben Sie noch Fragen an uns?

Spätestens jetzt zahlt sich Ihre gute Vorbereitung aus. Denn an dieser Stelle haben Sie die Chance, noch offene Fragen zu klären. Zudem signalisieren Sie durch eigene Fragen Ihrem Gegenüber Interesse an der ausgeschriebenen Stelle.

Stressfragen

Neben den Standardfragen im Vorstellungsgespräch werden Bewerber und Bewerberinnen häufig auch mit Stress- und Fangfragen oder provozierenden Fragen konfrontiert. Damit wollen Interviewer Kandidaten und Kandidatinnen aus der Reserve locken, wenn die Antworten zu glatt und auswendig gelernt klingen. Stressfragen werden auch deshalb gestellt, weil Sie im Arbeitsalltag immer wieder mit Stress konfrontiert werden und Ihre Stressstabilität getestet werden soll. Das erste Gebot bei einer besonders kritischen oder provokanten Frage für den Bewerber bzw. die Bewerberin heißt: Ruhe bewahren und sich nicht zu einer vorschnellen Antwort verleiten lassen! Auf die folgenden zehn Fragen sollte sich jeder Berufseinsteiger und jede Berufseinsteigerin vorbereiten.

Stressfragen dienen dazu, Ihre Stressstabilität zu testen.

31. Wir sind noch nicht von Ihnen überzeugt.

Diese Aussage soll Sie verunsichern und ihr Selbstbewusstsein prüfen. Reagieren Sie ruhig und aufrichtig. Überlegen Sie kurz, wie Sie selbst das Gespräch wahrgenommen haben. Wenn Sie das Gefühl haben, dass das Gespräch gut verlaufen ist, sagen Sie das.

Beispielformulierung Das überrascht mich. Denn ich habe bisher den Eindruck, dass unser Gespräch sehr positiv verlaufen ist und ich meine Fähigkeiten und meine Persönlichkeit verständlich darstellen konnte. Bitte sagen Sie mir doch genauer, was Sie damit meinen.

32. Wir sind mit allen Fragen durch. Erzählen Sie uns noch eine kleine Anekdote aus Ihrem Leben.

Achtung! Verspielen Sie jetzt nicht den Erfolg einer bis dahin guten Selbstpräsentation. Wer nicht den Geschmack oder Humor seines Gegenübers trifft oder unbedacht dem Interviewer oder der Interviewerin tiefe Einblicke in sein Privatleben gibt, kann sich buchstäblich in letzter Minute um die Zusage bringen. Antworten Sie am besten grundsätzlich ernst. Und dann berichten Sie über ein fachliches Thema, das mit Ihrem Studium und/oder mit der zu besetzenden Stelle zu tun hat.

>> **B**ei einem Vorstellungsgespräch kam jemand herein, der mir als Vorgesetzter der Abteilung vorgestellt wurde, in die ich mich beworben hatte. Nach einer kurzen Einleitung fing er an, Druck auf mich auszuüben. Es wurde eine sehr unangenehme Stimmung aufgebaut und es wurden Fragen gestellt, auf die ich überhaupt nicht vorbereitet war. Man kennt es ja eher so, dass eine Wohlfühlatmosphäre für den Bewerber aufgebaut wird, wo der frei antworten kann. Da wurde aber nicht locker gelassen und geguckt, wie ich reagiere. Scheine ich aber wohl gut gemacht zu haben – es ist die Stelle, wo ich heute arbeite.

Christoph L., 28 Jahre, Master Wirtschafts- und Ingenieurswissenschaften, Qualitätsingenieur bei einem großen Automobilzulieferer

Beispielformulierung Eine Anekdote, hm, so etwas habe ich gerade nicht parat. Aber ich kann Ihnen erzählen, was mich aktuell gerade besonders interessiert.

33. Beschreiben Sie die größten Missstände an Ihrer Hochschule und schildern Sie, wer dafür verantwortlich ist.

Mit Fragen wie dieser soll Ihre Loyalität geprüft werden. Personaler sind überzeugt: Wer heute schlecht über jemanden oder etwas spricht, wird morgen auch über seinen neuen Arbeitgeber schlecht sprechen oder sich häufig beschweren. Deshalb werden sie solche Bewerber und Bewerberinnen nicht einstellen.

Für Sie heißt das: Bleiben Sie loyal gegenüber Ihrer Hochschule, und äußern Sie sich generell zufrieden und positiv über Ihr Studium, Ihre Professoren und die Studienbedingungen. Allgemeine Verbesserungstipps können Sie natürlich sachlich nennen.

34. Warum haben Sie so lange studiert?

Im Nachhinein gibt es immer gute Gründe dafür, warum ein Studium länger als die Regelstudienzeit gedauert hat: Schwangerschaft und Geburt, die Pflege kranker Eltern, finanzielle Engpässe oder ein Reisejahr.

Klar, auch Bummelei kommt vor. Davon sagen Sie besser nichts, wenn Sie die Stelle wollen – auch wenn es der Wahrheit entspricht. Überlegen Sie für Ihre Antwort, ob Sie aus Ihrer langen Studienzeit einen Vorteil herausarbeiten können. Zum Beispiel zeigt eine Studienunterbrechung zur Pflege kranker Eltern soziale Verantwortung (»Meine Eltern haben immer für mich gesorgt. Jetzt wollte ich sie spüren lassen, dass ich das weiß«). Die Finanzierung Ihres Studiums durch Nebenjobs zeugt von Durchhaltevermögen, Ausdauer und Praxiserfahrung.

35. Ihr Studienabschluss liegt schon mehrere Monate zurück. Warum dauert es so lange, bis Sie eine Stelle finden?

Als Berufseinsteigerin oder Berufseinsteiger mit einem sozial- oder geisteswissenschaftlichen Studienabschluss befinden Sie sich auf einem Arbeitgebermarkt. Das heißt, es gibt mehr Bewerber und Bewerberinnen (Angebot an Arbeitskraft) als offene Stellen (Nachfrage nach Arbeitskraft). Suchen Sie nach Ihrem Studienabschluss bereits länger den beruflichen Einstieg, kann diese heikle Frage auf Sie zukommen. Antworten Sie nicht »Bisher hat mich keiner genommen« oder »Ich wollte nicht das erstbeste nehmen«!

Stellen Sie zweierlei klar: erstens, dass Sie aktiv und intensiv suchen und zweitens, dass Sie die Zeit seit Studienende produktiv genutzt haben, um zum Beispiel weiter Methodenkenntnisse (EDV, Sprachen, Präsentations-, Moderations- oder Fachkenntnisse) auszubauen.

Lassen Sie sich aber auf keinen Fall dazu hinreißen, über den Arbeitsmarkt zu jammern oder sich als Opfer darzustellen. Und geben Sie sich auch nicht als Diva mit einer solchen Aussage: »Eine Arbeit unter meinem Qualifikationsniveau habe ich nicht angenommen«.

Nach meinem Studienabschluss habe ich systematisch mit der Arbeitssuche begonnen. Ich habe Kontakte aufgebaut und auch einige Gespräche geführt. Aber es war noch nicht das passende dabei. Mir ist wichtig, dass ich meine berufliche Karriere in einem guten Unternehmen und einer Position mit Perspektive beginne. Deshalb freue ich mich auch sehr über dieses Gespräch. Ich kann mir gut vorstellen, dass das bei Ihnen hier gegeben ist.

36. Warum haben Sie schon mehrere Praktika absolviert und wurden nie übernommen?

Warum-Fragen sind deshalb gefährlich, weil man schnell dazu neigt, sich zu rechtfertigen. Seien Sie also auf der Hut, wenn eine Warum-Frage kommt. Bewahren Sie Ruhe und machen Sie sich bewusst, dass Sie sich nicht rechtfertigen müssen, wohl aber über die Gründe Auskunft geben sollten.

Beispielformulierung Ich habe zwei Praktika absolviert. Eines im Bereich X und eines im Bereich Y. Meine Praktikumsbetriebe und -betreuungen waren sehr gut, die Themen spannend. Und währenddessen habe ich entschieden, dass ich im Bereich Z beruflich einsteigen möchte. Deshalb kam eine Übernahme nicht infrage.

37. Eigentlich sind Sie für diese Einstiegsposition unter-/ überqualifiziert. Warum haben Sie sich dennoch beworben?

Sollen Sie provoziert werden? Unterqualifiziert wären Sie, wenn Sie sich zum Beispiel mit einem Bachelorabschluss auf eine Position für einen Master beworben hätten. Überqualifiziert, wenn Sie sich umgekehrt mit einem Masterabschluss auf eine Bachelorstelle beworben haben. Und dann stellt sich die Frage, warum Sie trotzdem eingeladen wurden.

Natürlich sollten Sie auf diese Frage nicht mit dieser Gegenfrage antworten: »Warum haben Sie mich eingeladen?« Aber Sie können sagen, dass Sie die Anforderungen, die nicht in der Stellenanzeige, aber jetzt im Gespräch genannt wurden, ganz gut erfüllen. Dass Sie die Aufgaben spannend finden. Dass Sie in die höhere Position wachsen werden oder in der niedrigeren Position gern bereit sind, schnell zusätzliche Verantwortung zu übernehmen, und dass es Ihnen jetzt darum geht, beruflich einzusteigen.

Sollen Sie provoziert werden?

38. Was ist Ihnen lieber: die Arbeit mit persönlichem Kundenkontakt oder Gespräche mit Kunden am Telefon?

Entweder-oder-Fragen sind immer gefährlich. Lassen Sie sich nicht in die Ecke drängen, sondern versuchen Sie, auf die Frage mit »sowohl … als auch« zu antworten.

Beispielformulierung Ich kann mit Kunden sowohl im persönlichen Gespräch als auch am Telefon ganz gut umgehen und mag beides sehr gern. Je nach Anliegen kann ein Telefonat oder eine E-Mail mehr Zeit sparen und damit effizienter sein. Aber manche Dinge sollte man eben im persönlichen Gespräch klären, auch um die Kundenbeziehung zu festigen.

39. Sie sagen, Sie arbeiten gern im Team. Warum können Sie nicht allein arbeiten?

Diese Frage dürfte bewusst provokativ formuliert sein; sie dreht dem Bewerber oder der Bewerberin das Wort im Mund um. Nehmen Sie das zur Kenntnis, aber gehen Sie nicht darauf ein. Ihr Gegenüber will herausfinden, wie Sie auf Provokationen generell reagieren und ob Sie schnell aus der Haut fahren. Bleiben Sie ruhig und antworten Sie freundlich auf der sachlichen Ebene: Betonen Sie, dass Sie beides wertschätzen.

Beispielformulierung Das eine schließt das andere nicht aus. Wenn ich gern im Team arbeite, heißt das nicht, dass ich nicht allein und eigenverantwortlich arbeiten kann. Es kommt immer auf die Aufgabe an. Die eine lässt sich besser im Team bewältigen, wie z. B. ein Projekt. Die andere löst man schneller und effizienter, wenn man sie allein anpackt, wie z. B. die rasche Erledigung einer Kundenreklamation.

40. Wie schätzen Sie Ihre Leistung in unserem Gespräch bisher ein?

Mit dieser Frage will Ihr Gegenüber klären, wie realistisch Sie sich selbst einschätzen können. Er oder sie dürfte inzwischen einen deutlichen Eindruck von Ihnen haben. Jetzt sollen beide Einschätzungen abgeglichen werden. Für Sie ist das nicht einfach, denn unter Anspannung wird das Selbstbeobachten schnell zur Überforderung.

Haben Sie bislang ein ganz gutes Gefühl und konnten auf alle Fragen präzise antworten, dann sagen Sie das auch selbstbewusst. Wenn Sie sehr aufgeregt waren und an der einen oder anderen Stelle ins Stottern kamen, dann sollten Sie genau das auch antworten. Ihr Interviewpartner bzw. Ihre Interviewpartnerin hat das sowieso wahrgenommen, und es wäre unglaubwürdig von Ihnen, wenn Sie Ihre Nervosität leugneten.

Beispielformulierung Sie haben sicherlich bemerkt, dass ich recht aufgeregt war und nicht immer sofort eine Antwort hatte. Es ist mein erstes Vorstellungsgespräch und es ist mir wichtig, deshalb bin ich so nervös.

Weitere Stressfragen

- Warum haben Sie kein Auslandssemester eingelegt?
- Wo haben Sie sich noch beworben?
- Was ist Ihnen wichtiger: Karriere oder Familie?
- Was müsste geschehen, damit Sie sich mit mir streiten?, Glauben Sie, sich in einem reinen Männerteam durchsetzen zu können?
- Was mögen Sie an Vorgesetzten/an Kollegen überhaupt nicht?
- Trauen Sie sich die Stelle überhaupt zu?
- Was würden Sie machen, wenn Sie eine Million im Lotto gewinnen?

Brainteaser-Fragen

Personaler lieben Brainteaser-Fragen.

Personaler lieben solche Fragen: »Wie schwer ist Manhattan?« oder »Warum sind Gullydeckel rund?« Würden Sie mit solchen Fragen im Vorstellungsgespräch rechnen? Es sind Brainteaser-Fragen. Damit wollen Unternehmen das analytische, logische und kreative Denkvermögen ihrer Bewerber und Bewerberinnen testen. Die Frage hinter der Frage lautet also, wie systematisch und analytisch Sie an ein scheinbar unlösbares Problem herangehen. Diese Fähigkeit wird im Berufsalltag oft gebraucht.

Mit Hintergrundwissen und der richtigen Strategie können Sie punkten.

Bewerber und Bewerberinnen kommen bei Brainteaser-Fragen ganz schön ins Schwitzen. Aber keine Angst. Mit Hintergrundwissen und der richtigen Strategie können Sie hier punkten. Zunächst ist es wichtig zu wissen, dass es auf diese Knobelfragen keine richtigen Antworten gibt, und darauf kommt es auch nicht wirklich an. Was zählt, sind Ihre Herangehensweise und Ihr Lösungsweg: Der Weg ist das Ziel. Für die Antworten brauchen Sie ein gutes Allgemeinwissen, gesunden Menschenverstand, Sicherheit im Kopfrechnen und den Mut, laut zu denken und Ihre Gedankenketten darzulegen.

Bleiben Sie ruhig!

Bleiben Sie also ruhig und lassen Sie sich nicht unter Druck setzen. Nehmen Sie sich Zeit, die Aufgabe zu analysieren. Stellen Sie Rückfragen, wenn Sie etwas nicht verstanden haben. Und dann denken Sie laut, das heißt, verbalisieren Sie Ihre Herangehensweise und Ihren Lösungsweg, und begründen Sie Ihr Ergebnis. Trauen Sie sich auch querzudenken und kreative Ansätze aufzugreifen. Eine gute Vorgehensweise ist es, die Aufgabe in Teile zu zerlegen und so eine plausible Lösung in mehreren Schritten systematisch zu ermitteln. Übung macht den Meister!

Beispiele Brainteaser-Fragen

- Wie viele Frühstückseier passen in ein olympisches Schwimmbecken?
- Wie viele Hunde gibt es in Deutschland?
- Wie würden Sie dafür sorgen, dass jeder Mensch auf der Welt Zugang zu frischem Trinkwasser erhält?

Mit unerlaubten Fragen umgehen

»Sind Sie schwanger?« oder »Sind Sie häufig krank?« Personalverantwortliche wollen möglichst viel über Sie erfahren und
schrecken auch nicht vor unerlaubten Fragen zurück. Doch der
Neugier des Arbeitgebers steht das Interesse des Bewerbers bzw.
der Bewerberin an der Wahrung der Privatsphäre und das Persönlichkeitsrecht gegenüber. Vor allem das Allgemeine Gleichbehandlungsgesetz (AGG) verbietet Diskriminierung und schützt
Sie vor Ungleichbehandlung aufgrund des Geschlechts, der Rasse
oder der ethnischen Herkunft, der Religion oder Weltanschau-
ung, des Alters, einer Behinderung oder der sexuellen Identität.
Generell gilt: Sie müssen nur die Fragen im Vorstellungsgespräch
wahrheitsgemäß beantworten, deren Inhalt direkt mit der Ausübung der künftigen Tätigkeit in Zusammenhang steht.
Auf unzulässige Fragen können Sie die Antwort verweigern – was
sich in der Regel nicht empfiehlt, wenn Sie die Stelle wollen –
oder die Frage mit einer eleganten Lüge beantworten. Nur in Ein-
zelfällen sind Fragen, die eigentlich unter den Diskriminierungs-
verdacht fallen, erlaubt, zum Beispiel dann, wenn eine Krankheit
oder Behinderung die Ausübung einer bestimmten Tätigkeit
unmöglich macht. Mit diesen zehn Fragen müssen Sie rechnen:

Die Wahrung Ihrer Privatsphäre ist gesetzlich geschützt.

Auf unzulässige Fragen können Sie die Antwort verweigern, was sich aber selten empfiehlt.

1. Sind Sie schwanger?
Grundsätzlich muss eine Bewerberin dem Arbeitgeber bei ihrer
Bewerbung eine bestehende Schwangerschaft nicht mitteilen.
Antworten Sie also ruhig und gelassen mit »Nein«.

2. Sind Sie häufig krank?
Fragen nach Ihrem gesundheitlichen Zustand sind nur zulässig,
soweit sie für die künftige Tätigkeit von Belang sind, zum Beispiel
Fragen nach Allergien gegen Stoffe, mit denen Sie als Chemiker
oder Chemikerin im Labor in Berührung kommen würden. Fragen
nach einer Akrophobie (Höhenangst), wenn Sie als Ingenieur
Inspektionen an Windkraftanlagen durchführen müssen, oder
Fragen nach einer HIV-Infektion, wenn Sie als Ärztin arbeiten wol-
len. Auf unerlaubte Fragen zu Ihrem Gesundheitszustand können
Sie deshalb souverän mit einem »Nein, alles gut« antworten.

3. Haben Sie eine Behinderung/Schwerbehinderung?

Auf diese generell unzulässige Frage können Sie mit »Nein« antworten, es sei denn, Ihre Behinderung hat Auswirkungen auf die künftig auszuführende Tätigkeit. Eine orthopädische Beeinträchtigung mit einem Grad der Behinderung (GdB) von 20, 30 oder gar 50, die keinen Einfluss auf Ihre Tätigkeit haben wird, können Sie mit einer Notlüge beantworten, wenn Sie befürchten, andernfalls die Stelle nicht zu bekommen.

4. Sind Sie vorbestraft, waren Sie vielleicht mal im Gefängnis?

Danach darf der Arbeitgeber nur fragen, wenn die Vorstrafe relevant für die auszuübende Tätigkeit sein könnte. Das ist bei Positionen mit einer besonderen Vertrauensstellung der Fall, etwa bei Assistenzpositionen im Vorstand oder der Geschäftsführung oder bei (Nachwuchs-)Positionen in staatlichen Institutionen.

5. Sind oder waren Sie schon einmal verschuldet?

Diese Frage ist unzulässig, es sei denn, die Vermögensverhältnisse eines Bewerbers bzw. einer Bewerberin können Einfluss nehmen auf die zu besetzende Stelle. Dies wäre zum Beispiel in einem Nachwuchsprogramm für Wirtschaftswissenschaftler in einer Bank der Fall, wo sie mit Geld in Berührung kommen.

6. Wie steht es mit Heirat und Familienplanung?

Die Frage nach den Eheplänen und der Familienplanung ist selbstverständlich unzulässig. Dennoch wird sie gern gestellt. Selbst wenn Sie planen, demnächst zu heiraten, auf diese Frage dürfen Sie elegant lügen: »Da steht nichts an. Jetzt ist erst einmal meine berufliche Karriere im Fokus.«

7. Gehören Sie einer Religionsgemeinschaft oder einer politischen Partei an?

Diese Frage ist generell unzulässig, es sei denn, es geht um einen Arbeitsplatz in einem Tendenzbetrieb. Tendenzbetriebe haben neben wirtschaftlichem Erfolg auch politische oder religiöse Ziele. Alle kirchlichen Einrichtungen und Parteien sind Tendenzbetriebe und dürfen bei der Personalauswahl die Religions- oder Parteifrage stellen. Wenn Sie sich in einem Tendenzbetrieb

Gewissenhaft entscheiden

Gut vorbereitete Bewerber/-innen wissen im Vorstellungsgespräch, welche Fragen zulässig sind und welche nicht. Ob Sie allerdings das künftige Arbeitsverhältnis auf einer Lüge aufbauen wollen, weil sie z. B. den Schuldenberg oder die Schwangerschaft verschweigen, sollte gut überlegt sein. Denn der Arbeitgeber erfährt in absehbarer Zeit ohnehin von der Schwangerschaft oder den Geldsorgen, etwa durch Gehaltspfändungen. Damit sind das Vertrauen und auch das gute Arbeitsverhältnis dahin.

beworben haben, ist das aber auch kein Problem, denn dann sind Sie logischerweise religions- oder parteiaffin. Sonst hätte man Sie gar nicht zum Vorstellungsgespräch eingeladen.

8. Wie steht es um Ihre Sexualität? Homo oder Hetero?

Danach darf ein Arbeitgeber selbstverständlich nicht fragen. Tut er es trotzdem, sollten Sie schlagfertig zurückfragen: »Und selbst?« Reagiert Ihr Gegenüber darauf nicht mit einem Lachen und der Antwort »Gute Reaktion, Sie sind schlagfertig«, sollten Sie überlegen, ob Sie für so ein Unternehmen überhaupt tätig werden wollen.

Ihr Sexualleben geht Arbeitgeber nichts an.

9. Was macht Ihr Partner beruflich?

Arbeitgeber geht es natürlich überhaupt nichts an, ob Sie Single sind oder einen Partner haben und wenn, was Ihr Partner beruflich macht. Allerdings ist eine Antwort auf diese Frage in den allermeisten Fällen nicht weiter dramatisch. Also können Sie entweder elegant lügen (»Ich bin Single«), wenn Sie nichts preisgeben wollen, oder einfach sagen, was Ihr Partner macht.

10. Wann wurden Sie das letzte Mal gewalttätig?

Kein Personaler erwartet ernsthaft, dass er einen Gewalttäter oder eine Gewalttäterin vor sich hat. Diese Frage dient allein dazu, herauszufinden, wie Sie reagieren. Bleiben Sie ruhig?

Werden Sie ungehalten? Empört? Lassen Sie sich durch eine suggestive Frage nicht in Bedrängnis bringen. Auch wenn diese Frage unzulässig ist, sollten Sie antworten, sachlich und gelassen.

Beispielformulierung Ich führe Auseinandersetzungen mit Worten, nicht mit Fäusten, und ich war noch nie gewalttätig. Wie kommen Sie auf diese Frage?

Offene oder geschlossene Frage?

Bleiben Sie bei unerlaubten Fragen also ruhig, und prüfen Sie, ob es sich um eine geschlossene oder um eine offene Frage handelt. Auf eine geschlossene Frage können Sie oft einfach mit »Nein« antworten. Durch das Schweigen des Interviewpartners sollten Sie sich nicht zu weiteren Ausführungen nötigen lassen. Möglicherweise reden Sie sich dann um Kopf und Kragen. Erkundigen Sie sich eher, ob es zu Ihrem »Nein« noch Fragen gibt.

Offene Fragen sind schwieriger zu beantworten.

Offene Fragen sind schwieriger zu beantworten. Aber keine Angst: Überlegen Sie, ob die Antwort für die angestrebte Tätigkeit nötig sein kann. Vielleicht soll auch nur geklärt werden, wie Sie mit Stresssituationen umgehen. Deshalb sollten Sie niemals bissig reagieren, sondern ruhig und sachlich bleiben. Lösen Sie die Situation mit Schlagfertigkeit, einer Gegenfrage oder einer (Not-)Lüge.

Ein Arbeitsvertrag ist gültig, auch wenn Sie auf eine unzulässige Frage gelogen haben.

Kommt es zu einem Arbeitsvertrag, ist dieser gültig, auch wenn Sie auf eine unzulässige Frage gelogen haben. Antworten Sie allerdings auf eine zulässige Frage wahrheitswidrig, dann müssen Sie damit rechnen, dass der Arbeitgeber den Arbeitsvertrag wegen Irrtums oder arglistiger Täuschung anfechten wird. Je nach Position, auf die Sie sich bewerben, sind Sie sogar dazu verpflichtet, unaufgefordert persönliche Informationen zu nennen. Bei einem Einstiegsjob in einer Branche, in der Sie direkt mit Bargeld in Berührung kommen, müssen Sie ungefragt angeben, falls Sie wegen Diebstahls oder Veruntreuung vorbestraft sind. Und wenn Sie unter einer infektiösen Krankheit wie Hepatitis C oder HIV leiden, müssen Sie dies bei Einstiegsjobs im medizinischen Bereich angeben. Sonst handelt es sich um eine arglistige Täuschung, die, wenn sie auffliegt, eine fristlose Kündigung nach sich ziehen und sogar strafrechtlich verfolgt werden kann.

FÜR EIN GEPFLEGTES ERSCHEINUNGS-BILD SORGEN

Dass man sich am Vorstellungstag ausgiebig Zeit nimmt für eine besonders sorgfältige Morgentoilette, ist eine Selbstverständlichkeit. Doch auch in Sachen Erscheinungsbild sind Vorbereitungen zu treffen. Hochschulabsolventen und -absolventinnen, die den Berufseinstieg planen, sollten sich die passende Ausstattung für Vorstellungsgespräche zulegen – lange bevor der erste Termin ansteht. So kommt keine Hektik auf, wenn man plötzlich zu einem Gespräch eingeladen wird.

Angemessene Kleidung und gepflegtes Äußeres

Wer sicher ist, das passende Outfit gewählt zu haben und einen gepflegten und stilsicheren Eindruck zu machen, fühlt sich gleich viel ruhiger und selbstbewusster. Und dieses Selbstbewusstsein können die Gesprächspartner sehen und spüren. Klären Sie folgende Fragen:

Wer sicher ist, das passende Outfit gewählt zu haben, fühlt sich ruhiger und selbstbewusster.

- Welches Outfit wähle ich für das Vorstellungsgespräch?
- Sind das Outfit und alle dazugehörigen Accessoires (Tücher, Krawatten, Strümpfe) in einem sauberen und ordentlich gebügelten Zustand? Muss etwas gekauft oder gereinigt werden?
- Sind die Schuhe geputzt, die Absätze und Schuhspitzen nicht abgelaufen? Oder müssen sie noch zum Schuster gebracht werden?
- Wie sitzt die Frisur? Sind die Haare ordentlich geschnitten? Ist (bei Kurzhaarfrisuren) der Nacken ordentlich ausrasiert?
- Sind die Fingernägel und Hände gepflegt?

Das Erscheinungsbild trägt zur Wirkung der Persönlichkeit bei und hat auch später Einfluss auf die weitere Karriere. Welches Outfit für das Vorstellungsgespräch angemessen ist, hängt von der ausgeschriebenen Position und vom Unternehmen ab. Wer sich bei einem Bauunternehmen bewirbt, von dem wird kein

eleganter Businessanzug erwartet, wohl aber ein ordentliches Jackett mit Hemd und passender Hose. Wer sich dagegen bei einer Bank oder Versicherung bewirbt, ist auf konservative Businesskleidung festgelegt.

Wenn Sie auf Nummer sicher gehen wollen, wählen Sie das Business-Outfit, wie es im Folgenden beschrieben wird. Das kommt Ihnen zu konservativ vor? Muss es nicht: Wenn Sie junge, modische Schnitte wählen, dann können Sie damit durchaus zeigen, dass Sie kein Langweiler sind! So oder so ist ein gepflegtes Erscheinungsbild unerlässlich.

Wer auf Nummer sicher gehen will, wählt das Business-Outfit.

Das Business-Outfit für Bewerber

- Der **Businessanzug** wird in den Farben Grau, Dunkelgrau, Dunkelblau oder auch Dunkelbraun gewählt. Diese Farben vermitteln Seriosität, Verlässlichkeit, Stärke, Autorität und Kompetenz. Wichtig ist, dass er gut passt. Ist er zu eng, wirkt er billig. Ist er zu weit, sieht er aus wie vom größeren Bruder ausgeliehen.
  Die Hose muss in der Länge richtig sitzen. Das Hosenbein verdeckt gerade die Schnürsenkel der Schuhe, der Saum fällt zum Absatz hin leicht ab bis zur oberen Kante des Schuhabsatzes.

Das Sakko sollte nicht zu kurz und nicht zu lang sein. Wenn man die Arme hängen lässt, sollte der Saum des Sakkos etwa auf Höhe der Handknöchel abschließen. Auch die Sakkoärmel müssen die richtige Länge haben. Die Manschette des Hemds muss einen guten Zentimeter herausschauen. Beim Knöpfen des Sakkos gilt folgende Faustregel: Hat das Sakko drei Knöpfe, wird der mittlere geschlossen, bei vier Knöpfen die mittleren beiden oder man lässt nur den untersten offen. Bei einem dreiteiligen Anzug mit Weste bleibt der unterste Westenknopf immer geöffnet.

- Das passende **Hemd** zum Anzug ist entweder weiß, blau oder pastellfarben. Farbige Hemden lockern die strenge Wirkung des Businessanzugs etwas auf. Weiß wirkt eher hart. Die Ärmellänge reicht bis zum Daumenansatz.
  Weil man im Vorstellungsgespräch allein aus Aufregung ins Schwitzen kommt, sollte das Hemd unbedingt aus Naturfasern bestehen. Hemden aus Chemiefasern saugen Hautfeuchtigkeit nicht auf, was schneller zu Geruchs- und Fleckenbildung führt. Zwischen Hemdkragen und Hals darf nicht mehr als ein Finger passen, und der oberste Knopf muss geschlossen sein. Kurzärmelige Hemden sind – auch im Sommer – tabu, ebenso karierte Hemden. Hemden mit Streifen sind mit Vorsicht zu genießen, weil nicht jedes gestreifte Hemd zum Businessanzug passt und zudem die Kombination mit der Krawatte schwierig wird. Abgewetzte Ärmel oder Kragen sind undenkbar.

- Die passende **Krawatte** ist ein schwieriges Thema. Wer nicht geschmackssicher ist, wählt am besten eine einfarbige Krawatte, die den Farbton des Hemdes oder des Anzugs aufgreift (eventuell auch ein in sich gemustertes Exemplar). Ein sorgfältiger Krawattenknoten ist ein Muss – er wird so gebunden, dass die Krawatte in der Länge genau bis zum Gürtel reicht.
  Der Knoten sollte immer das Kragenband verdecken. Wenn nicht, ist er zu lose gebunden. Nicht erlaubt sind bemalte Seidenkrawatten oder witzige Motive. Faustregel: Von den drei Teilen (Anzug, Hemd, Krawatte) sollten maximal zwei gemustert sein.

Das Business-Outfit muss nicht konservativ wirken.

Ein gepflegtes Erscheinungsbild ist im Vorstellungsgespräch unerlässlich.

- Der **Gürtel** ist aus Leder und hat die gleiche Farbe wie die Schuhe. Die Schnalle ist dezent.
- Die **Schuhe** sind ebenfalls aus Leder und schwarz oder braun. Mehrfarbige Schuhe kommen im Business nicht gut an. Wer bei Schmuddelwetter einen Vorstellungstermin hat, sollte ein Tuch dabeihaben, mit dem er, kurz bevor er das Unternehmensgebäude betritt, den Schmutz abwischt.
- Die **Socken** müssen farblich zum Anzug und zu den Schuhen passen (z. B. schwarze Socken zum schwarzen Anzug). Tennissocken oder dicke Sportsocken sind tabu, genauso wie starke Musterungen oder auffällige Designer-Embleme auf den Herrensocken. Die Schaftlänge der Socken muss die Behaarung am Männerbein vollständig bedecken, auch bei übergeschlagenem Bein.

- Im Prinzip sollte eine dezente **Uhr** mit Lederarmband (außer dem Ehering) der einzige Schmuck eines Mannes sein. Billiger Modeschmuck, aber auch protzige Golduhren machen einen schlechten Eindruck.
- Auch die **Tasche** ist aus braunem oder schwarzem Leder und besticht durch ein klassisches Design. Rucksäcke sind ungeeignet. Die Unterlagen in der Tasche sind in Ordnern zusammengeheftet. Die Schreibutensilien sind keine billigen Werbestifte! Visitenkarten sind so aufbewahrt, dass sie keinerlei Gebrauchsspuren zeigen.
- Ein dezentes **Aftershave** unterstreicht die Gepflegtheit. Eau de Toilette oder Parfüm sind zu aufdringlich.

Das Business-Outfit für Bewerberinnen

- Das Pendant zum Businessanzug des Mannes ist das **Businesskostüm** oder der **Hosenanzug** für die Frau. Mit dezenten Farben wie Schwarz, Blau, Grau, Braun oder auch Beige liegt die Bewerberin immer richtig. Auch hier dürfen die Hosenbeine nicht zu kurz oder zu lang sein, ebenso wenig wie die Ärmel. Beim Kostüm sollte der Rock knielang sein. Er darf auch länger sein, aber keinesfalls kürzer.
  Insgesamt gelten bei Frauen jedoch nicht ganz so starre Regeln wie bei Männern. Der Blazer muss z. B. nicht unbedingt geschlossen sein.

Tipp

In Sachen Kleidung recherchieren

Viele Unternehmen präsentieren auf Ihren Websites Mitarbeiterfotos, zum Teil sogar abteilungs- oder teamweise. Das können Sie für Ihr Vorstellungsgespräch nutzen. Prüfen Sie, ob der Arbeitgeber, der Sie eingeladen hat, solche Fotos veröffentlicht hat und orientieren Sie sich daran!

Beherzigen Sie dabei aber: Im Zweifel sollten Sie sich etwas formeller kleiden! Nehmen Sie sich also nicht die Person zum Vorbild, die am lockersten gekleidet ist, sondern im Gegenteil die am besten gekleidete.

- Die passende **Bluse** bzw. das dazugehörige Top ist am besten einfarbig. Wer unter der Jacke nur ein Top mit Spaghettiträgern anhat, darf die Jacke während des Gesprächs auf keinen Fall ausziehen. Auch bei der Bluse gilt: lieber Natur- als Chemiefasern, um Schweiß- und Geruchsbildung vorzubeugen.
- Hosen oder Röcke mit Gürtelschlaufen werden auch mit **Gürtel** getragen. Er ist aus Leder, dezent und passt farblich zu den Schuhen. Auf auffällige Gürtelschnallen wird verzichtet; gold- oder silberfarbige Schließen wirken am besten.
- Die **Schuhe** sind aus Leder und geschlossen. Selbst im Sommer werden – streng genommen – im Business weder zehen- noch fersenfreie Schuhe getragen. Schwere Stiefel im Winter sind ebenso wenig geeignet. Bei schlechtem Wetter wählt man elegante Stiefel oder eine Stiefelette. Der Absatz ist flach bis mittelhoch.

  High Heels haben im Business nichts zu suchen! Bei Frauen sind zweifarbige Schuhe erlaubt, solange es sich um dezente Farbkombinationen handelt. Die Schuhe sollten immer dunkler als die Kleidung sein oder gleichfarbig, aber nie heller. Bunte und auffällige Schuhe mit ungewöhnlichen Absätzen sind wie alles Schrille tabu.

Alles Schrille und Auffällige ist tabu.

219

- Auch im Hochsommer trägt die perfekte Businessfrau **Feinstrumpfhosen** und zeigt keine nackten Beine. Zum Hosenanzug sind Kniestrümpfe in Ordnung – aber weder Söckchen noch Socken. Es empfiehlt sich, zum Vorstellungstermin Ersatzstrümpfe oder -strumpfhosen dabeizuhaben, falls noch kurz zuvor eine Laufmasche auftaucht. Strümpfe mit Naht oder auffälliger Musterung sind tabu.
- Ein **Halstuch,** das die Farben der Bluse bzw. des Kostüms aufnimmt, kann das gesamte Outfit etwas auflockern. Aber Vorsicht vor Loops und langen Schals; sie sind tabu!
- Auch bei der Auswahl des **Schmucks** ist Zurückhaltung geboten. Lieber ein schönes Stück als eine Vielzahl von unterschiedlichen Stilen und Farben.

  Brillenträgerinnen wählen allenfalls kleine Ohrringe, um nicht zu sehr vom Gesicht abzulenken. Riesige auffällige Ohrringe sind für das Vorstellungsgespräch nicht geeignet. Wer etwas größere Ohrringe als Blickfang wählen will, verzichtet dafür auf die Kette, damit die schönen Stücke zur Wirkung kommen.

  Die klassische Schmuckausstattung für die seriöse Businessfrau: Armbanduhr, dezente Ohrringe, dezente Kette (wenn überhaupt) und einen, maximal zwei Ringe (außer dem Ehering). Der Schmuck muss im Material aufeinander abgestimmt sein. Piercings lehnen sehr viele Arbeitgeber ab.
- Die **Tasche** ist aus braunem oder schwarzem Leder und besticht durch ein klassisches Design. Rucksäcke sind ungeeignet. Die Unterlagen in der Tasche sind in Ordnern zusammengeheftet. Die Schreibutensilien sind keine billigen Werbestifte! Visitenkarten sind so aufbewahrt, dass sie keinerlei Gebrauchsspuren zeigen.
- Das **Make-up** ist unbedingt dezent; zu viel Kajal, Rouge und eine auffällige Lippenstiftfarbe wirken schnell ordinär. Auch knallig lackierte Fingernägel kommen nicht überall gut an.
- Ein dezentes **Parfüm** ist erlaubt; schweres, intensives Parfüm dagegen nicht, weil es zu aufdringlich riechen kann.
- Schrille **Haarfarben** wie z. B. Pink oder Orange widersprechen den Anforderungen an das Business-Outfit, das versteht sich von selbst. Wer seine Haare getönt oder gefärbt hat, sollte

*Für Schmuck gilt:
Weniger ist mehr.*

*Das Make-up
sollte dezent sein.*

dies vor dem Vorstellungsgespräch mit Sorgfalt wiederholen. Ist ein andersfarbiger Haaransatz sichtbar, wirkt das ungepflegt. Wer eine auffällige, wallende Haarmähne hat, sollte sie zum Bewerbungsgespräch zurückbinden.

- Die **Haut** ist – auch im Sommer – bis auf Gesicht, Hals und Hände bedeckt. Spaghettiträger und rückenfreie Tops, zu kurze oder mit Absicht bauchfreie Shirts sind im Business tabu. Der Ansatz des Busens darf nicht zu sehen sein. Auch Textilien, die Unterwäsche oder Körper durchscheinen lassen, sollten Sie vermeiden. Wer wirklich schöne, schlanke Beine hat, darf den Rock etwas kürzer tragen. Maximum: zwei Fingerbreit über dem Knie.

Alles besonders Körperbetonende ist unpassend.

Die Kleidung auf die Branche abstimmen

Das Business-Outfit ist der Standard, mit dem man im Vorstellungsgespräch kaum etwas falsch machen kann; schließlich lässt es sich auch sehr unterschiedlich umsetzen: von zweckmäßig bis exquisit, von zeitlos bis raffiniert modisch. Was das in Ihrem Fall Passende ist, sollten Sie rechtzeitig herausfinden. Orientieren Sie sich auch an Ihren Karrierezielen. Wer hoch hinaus will, kann das mit besonders ausgesuchter Kleidung signalisieren.

Das Business-Outfit lässt sich sehr unterschiedlich umsetzen.

Tipp

Wie präsentiert sich Ihr potenzieller Arbeitgeber?

An die Antwort auf die Frage, ob Sie sich besser klassisch im Business-Outfit zum Vorstellungsgespräch begeben oder etwas legerer kleiden, können Sie sich auch annähern, indem Sie die Selbstdarstellung Ihres potenziellen Arbeitgebers genauer untersuchen, z. B. auf der Website.
Wie wirkt die Website? Betont seriös und konservativ? Eher unkonventionell und innovativ? Oder kühl und technisch? Sogar hip und bunt? Klären Sie diese Fragen und überlegen Sie dann, wie sich dieser Stil in Ihrer Kleidung niederschlagen kann.

Holen Sie Informationen über die Bekleidungsgepflogenheiten bei Ihrem potenziellen Arbeitgeber ein. Wenn Ihnen das nicht gelingt, dann erweitern Sie den Blick auf die ganze Branche. Vielleicht gibt das Aufschluss.

In sehr jungen Unternehmen oder in Unternehmen der kreativen Branche, wie in Agenturen oder Modefirmen, wirkt das zweckmäßige Business-Outfit sogar unpassend, weil wahrscheinlich zu langweilig. Hier ist ein kreatives, aber geschmackvolles Erscheinungsbild erwünscht, hier muss es nicht das klassische Hemd oder die klassische Hemdbluse sein. Ein nagelneues Shirt zum Beispiel aus besonders edler Baumwolle oder – vor allem für Frauen – aus Seide, hervorragend verarbeitet und originell geschnitten, ist unter dem Jackett durchaus möglich. Nicht aber ein ausgewaschenes, ausgeleiertes T-Shirt!

In Ingenieurberufen und in Behörden können Sie die zweckmäßigere Form des Business-Outfits wählen, aber auch hier sind karierte Hemden oder Rucksäcke tabu.

Lassen Sie sich nicht davon beeindrucken, dass heutige Start-up-Gründer von sich reden machen, weil sie selbst in Aufsichtsratssitzungen geradezu nachlässig mit Kapuzenpulli und Flipflops auftreten. Das sind Ausnahmeerscheinungen! Nur deshalb wird über sie in den Medien so ausgiebig berichtet.

> In Unternehmen der kreativen Branche darf das Outfit auch origineller sein.

RHETORISCH ÜBERZEUGEN

> Eine lebendige, anschauliche Sprache hat viel Überzeugungskraft.

Es gibt rhetorische Talente, die ihre Gesprächspartner mit sprachlicher Gewandtheit und Brillanz beeindrucken. Das sind die Ausnahmen. Vor allem im Vorstellungsgespräch, wo Anspannung und Aufregung dominieren, kann es schon passieren, dass die Worte nicht so selbstverständlich fließen wie in der lockeren Runde im Freundeskreis. Aber: Eine gute Rhetorik und eine lebendige, anschauliche Sprache, die Begeisterung und Engagement ausstrahlt, hat viel Überzeugungskraft und kann andere Schwächen wettmachen.

Wem die Fähigkeit, andere Menschen mit außergewöhnlicher Eloquenz zu überzeugen, nicht in die Wiege gelegt wurde oder wer sich nicht durch Rhetorikkurse eine professionelle Sprechweise angeeignet hat, wird sich auch mit noch so viel Vorbereitung auf sein Vorstellungsgespräch nicht zu einem Rhetorikprofi wandeln. Das muss auch gar nicht sein. Es genügt, sich die Grundregeln erfolgreicher Rhetorik vor Augen zu führen.

Die Grundregeln erfolgreicher Rhetorik

- Die Botschaft muss klar sein. Schon vor dem Vorstellungsgespräch sollte man genau wissen, wie man sich präsentieren will. Welche Stärken und Qualifikationen, die besonders gut für die Position passen, sollen betont werden? Welche Alleinstellungsmerkmale? Was kann ich Besonderes in das Unternehmen einbringen? Was sind meine Ziele in der neuen Position? Wie will ich das Unternehmen in Zukunft mit meiner Mitarbeit unterstützen?

  Die Botschaft muss klar sein.

- Die Interviewer sind wichtig, nicht Sie. Das heißt: Was und wie Sie etwas sagen, muss Ihren Gesprächspartnern gefallen und nicht Ihnen. Deshalb sollten Sie sich bereits im Vorfeld über die Positionen und Aufgabengebiete der Anwesenden informiert haben.

  Die Interviewer sind wichtig, nicht die Bewerber.

- Rede weniger, sage mehr: Nur die für das Vorstellungsgespräch und die neue Aufgabe wichtigen Fakten sind Thema. Sie sollen Hand und Fuß haben und selbstbewusst vorgetragen werden.

- Zuhörenkönnen ist eine wichtige rhetorische Qualität. Wenn ein Unternehmensvertreter oder eine Unternehmensver-

Tipp

Wer die Wahrheit sagt, wirkt authentisch

Mit innerer Überzeugung vorgetragene Aussagen kommen glaubwürdig und überzeugend an. Es hat keinen Sinn, sich im Vorstellungsgespräch zu verstellen und Überzeugungen vorzutäuschen. Die Körpersprache und die Stimme sind verräterisch. Erfahrene Personaler entlarven solche Versuche sofort. Nur wer authentisch ist, kann andere von sich überzeugen.

treterin spricht, halten Bewerber/-innen interessiert Blickkontakt, hören aufmerksam zu und unterbrechen nicht.

- Emotionen gehören zu einer lebendigen Sprache. Wer
Begeisterung, Interesse und Willenskraft in seiner Sprache
ausdrücken kann, hat schon viel gewonnen. Aussagen wie
- »Es macht mir riesigen Spaß, mit Menschen in Kontakt zu
sein«, »Ich habe Zahlen immer schon geliebt« oder »Computer
sind meine Leidenschaft« dürfen sein. Sie zeigen, dass Sie
nicht nur mit dem Kopf, sondern auch mit dem Herzen dabei
sein werden.
- Eine klare, verständliche Sprache ist Voraussetzung für eine
gute Kommunikation. Branchenspezifische Fachbegriffe sind
selbstverständlich erlaubt, um die andere Seite von der eigenen fachlichen Kompetenz zu überzeugen.
- Monologe dagegen sollten Sie unbedingt vermeiden, auch
wenn der Gesprächspartner oder die Gesprächspartnerin
dazu neigt; sie laufen sonst leicht Gefahr, egozentrisch zu
wirken.
- Die direkte Ansprache schafft Verbindlichkeit. Konzentrieren
Sie sich daher immer auf ihr Gegenüber.
- Fragen vermeiden Missverständnisse. Wer unsicher ist, wiederholt das Gesagte mit eigenen Worten fragend, z. B. so:
»Sie sehen also einen wichtigen Schwerpunkt in der ... Habe
ich Sie das richtig verstanden?«
- Der erste Eindruck ist entscheidend, der letzte bleibt. Das
heißt: Die souveräne Vorstellung und Begrüßung ist ebenso
wichtig wie die Verabschiedung.

> Eine klare
> verständliche
> Sprache ist
> Voraussetzung
> für eine gute
> Kommunikation.

DIE KÖRPERSPRACHE

Wie schon gesagt, ist der erste Eindruck im Vorstellungsgespräch
von entscheidender Bedeutung. Aber er ist nicht alles. Sie müssen schon durchhalten. Zudem kommt es nicht nur auf Ihr Outfit
an oder auf das, was Sie sagen. Zum gelungenen Auftritt gehört
auch Ihre Gestik und Mimik. Unterschätzen Sie das nicht: Eine
Studie der Universität Darmstadt kommt zu dem Ergebnis, dass

für die Karriere generell das Auftreten, der äußere Eindruck und eine natürliche Souveränität wichtiger sind als alle Zeugnisse. Das bedeutet natürlich nicht, dass die fachliche Qualifikation unwichtig ist. Sie bildet die Voraussetzung, dass man überhaupt ins Vorstellungsgespräch kommt. Fachkompetenz ist also die Pflicht. Die Kür, sozusagen das Entscheidende, wer das Rennen in der Vorstellungsrunde macht, ist die Art, wie Sie sich im Vorstellungsgespräch präsentieren.

> Der erste Eindruck kann entscheidend sein.

Körpersprache »sprechen«

Die meisten Bewerber und Bewerberinnen achten im Vorstellungsgespräch viel zu wenig auf ihre Körpersprache. Dabei messen Personalverantwortliche den körpersprachlichen Signalen ihres Gegenübers oft viel mehr Bedeutung zu als dem Inhalt des Gesagten. Körperhaltung, Mimik und Gestik werden zum Teil sehr bewusst interpretiert, zum Teil werden die Signale auch unbewusst aufgenommen und verarbeitet. Bewerber und Bewerberinnen sollten ihre Körpersprache nicht unterschätzen. Zum ersten Eindruck und zur gesamten Selbstpräsentation gehört, wie jemand seinen Gesprächspartnern gegenübertritt.

> Die meisten Bewerber achten im Vorstellungsgespräch viel zu wenig auf ihre Körpersprache.

Selbstbewusst auftreten …

Wenn Sie einen Raum betreten, in dem sich die Personalverantwortlichen bereits versammelt haben, beachten Sie Folgendes: Nach dem Anklopfen und der Aufforderung zum Eintreten öffnen Sie die Tür, bleiben kurz im Türrahmen stehen, um sich zu orientieren, und gehen dann zielstrebig, aber nicht hastig auf die Personen im Raum zu. In diesem Augenblick ist ein offener Blick und ein freundliches Lächeln besonders wichtig. Das signalisiert Freundlichkeit und eine gesunde Selbstsicherheit. Und das macht sofort sympathisch.

Wer sich dagegen bereits beim Öffnen der Tür halb dahinter versteckt und schüchtern in den Raum lugt, muss – je nachdem, für welche Position er bzw. sie sich beworben hat – womöglich bereits Minuspunkte auf seinem Bewertungskonto verbuchen. Mitarbeiter und Mitarbeiterinnen mit Kundenkontakt zum Beispiel dürfen nicht zaghaft und schüchtern sein.

> Verhalten Sie sich zielstrebig, aber nicht hastig!

Während dieser wenigen ersten Sekunden, in denen eine Bewerberin oder ein Bewerber den Besprechungsraum betritt, werfen die Anwesenden bereits einen neugierigen Blick auf sie oder ihn. Dabei gewinnen sie – bewusst oder unbewusst – ihren ersten Eindruck, der – wie gesagt – maßgeblich sein kann. Umso wichtiger ist es, dass Sie auf eine selbstbewusste Körperhaltung achten. Gehen Sie aufrecht, lassen Sie die Schultern nicht hängen, sondern ziehen Sie sie eher etwas zurück, und halten Sie den Kopf gerade. Eine selbstbewusste Körperhaltung lässt sich zu Hause üben und mit ihr die positive Wirkung auf das persönliche Befinden spüren.

Gehen Sie aufrecht und halten Sie den Kopf gerade!

… wenn Sie Ihren Gesprächspartnern gegenüberstehen

- Belasten Sie beide Beine. Das gibt Ihnen Stehvermögen und Sicherheit.
- Knicken Sie nicht in der Hüfte ein, sondern stehen Sie aufrecht. Machen Sie sich also nicht klein.
- Stellen Sie die Füße leicht auseinander. Das vermittelt Ihrem Gegenüber den Eindruck, dass Sie einen festen Standpunkt haben.
- Lassen Sie die Schultern nicht nach vorn hängen, sondern ziehen Sie die Schulterblätter nach hinten und unten.
- Halten Sie den Kopf aufrecht.
- Unterstützen Sie Ihre Aussagen durch eine natürliche Gestik.
- Stützen Sie die Hände nicht ausladend auf den Hüften ab. Diese Körperhaltung demonstriert Macht- und Dominanzwillen, nach dem Motto: »Ich brauche mehr Platz, ich fühle mich überlegen.« Diese Geste wirkt sehr negativ, geradezu aggressiv.

… wenn Sie Ihrem Gesprächspartner gegenübersitzen

- Nehmen Sie die gesamte Sitzfläche des Stuhls ein, sitzen Sie also nicht auf der Kante.
- Stellen Sie die Beine nebeneinander und überkreuzen Sie sie nicht. Mit dieser Sitzhaltung wirken Sie selbstsicher.
- Legen Sie die Füße nicht um die Stuhlbeine. Das zeugt von Unsicherheit und Verkrampfung.
- Wippen Sie nicht mit den Füßen. Das kann sowohl Arroganz als auch Nervosität signalisieren.

- Achten Sie auf eine aufrechte, leicht nach vorn gebeugte und zu Ihrem Gesprächspartner hin offene Sitzposition.
- Sitzen Sie nicht zu breitbeinig. Das wirkt dominant und zeugt von schlechtem Stil.
- Achten Sie darauf, dass Ihre Beine nicht zum Ausgang weisen. Damit signalisieren Sie, dass Sie sich unwohl fühlen und gleich gehen wollen.
- Lehnen Sie sich nicht zurück, und verschränken Sie nicht die Arme. Das wirkt wie eine Barriere, die ein Gespräch behindern kann.

Körpersprache »lesen«

Nicht nur Ihre eigene Körpersprache ist aussagekräftig. Auch Ihr Gegenüber sendet Signale, die, richtig gedeutet, den Gesprächsverlauf beeinflussen können. Nehmen Sie die folgenden Beispiele allerdings nur als Anhaltspunkte für die Reaktion Ihrer Gesprächspartner. Im konkreten Einzelfall sollten Sie auch die Umgebung mit einbeziehen sowie das, was gesprochen wird. Erst aus allem zusammen ergibt sich ein schlüssiges Bild.

Achten Sie auf die Signale Ihres Gegenübers!

... im Sitzen
- Ein steifer Oberkörper: Anspannung und beginnende Ablehnung.
- Mit dem Oberkörper zurückweichen: Ich bin damit nicht einverstanden.
- Mehrmaliges Zurückwerfen des Kopfes: Ablehnung.
- Die Füße unter dem Stuhl zurücknehmen: sich distanzieren.
- Arme vor der Brust verschränken: Abweisung.

... im Stehen
- Einen Schritt zurücktreten: Distanz zum Gesprächspartner schaffen, Ablehnung.
- Blick über die Schulter, der Oberkörper wird dem Bewerber / der Bewerberin nicht voll zugewendet: Ablehnung.
- Eine Barriere aufbauen, z. B. hinter den Schreibtisch oder Besprechungstisch treten: Distanz herstellen.

Sympathie und Zustimmung bekunden

- Der Oberkörper des Gesprächspartners ist leicht nach vorn gebeugt: Aufmerksamkeit.
- Der Oberkörper des Gesprächspartners ist ganz zugewandt: Sympathie, Interesse.
- Das Gegenüber verringert die Distanz, tritt einen Schritt näher: Sympathie.
- Die Armhaltung ist offen, die Hände gestikulieren oberhalb der Gürtellinie: positive Einstellung, Sympathie.
- Interviewer und Bewerber gleichen gegenseitig ihre Körperhaltung immer wieder an, das heißt, sie spiegeln sich: Zustimmung, Sympathie.

Achten Sie beim Interviewer auf die Haltung seines Oberkörpers.

Selbstbewusste Körperhaltung für Frauen

Viele Frauen haben eine weniger selbstbewusste Körperhaltung als Männer. Deshalb ein paar wichtige Tipps speziell für Bewerberinnen. Typisch weibliche Körperhaltungen sind:

- übereinandergeschlagene Beine,
- verschränkte Arme,
- eingeknickte Hüfte,
- den Kopf schief halten,
- die Hände verbergen.

Die meisten Frauen haben eine weniger selbstbewusste Körperhaltung als Männer.

Wecken Sie keinen Beschützer-instinkt!

Das alles sind Schutzhaltungen, die Unsicherheit ausdrücken und unbewusst den Beschützerinstinkt beim Gegenüber wecken sollen. Im Vorstellungsgespräch wirken diese Signale unpassend. Denn hier sollten Frauen signalisieren, dass sie die ausgeschriebene Position, sowohl was ihre Qualifikation als auch was ihre Persönlichkeit anbelangt, sehr gut ausfüllen können. Um dies zu untermauern, sollten Bewerberinnen auch durch ihre Körperhaltung mehr Raum gewinnen und damit ein gesundes Selbstbewusstsein – keine Arroganz – vermitteln.

Wichtig ist deshalb, dass Bewerberinnen ihren Sitzplatz am Besprechungstisch selbstbewusst und selbstsicher einnehmen und die Beine im Sitzen nebeneinanderstellen. Damit »erden« sie sich. Dasselbe gilt für Gespräche im Stehen. Das Körpergewicht muss gleichmäßig auf beide Beine verteilt werden, ohne dass der

Körper in der Hüfte einknickt. Damit bleiben auch ganz automatisch Wirbelsäule und Kopf gerade.

Aber Vorsicht: Wie die männlichen Bewerber sollten auch Bewerberinnen weder breitbeinig sitzen noch stehen. Das gilt immer als schlechter Stil.

Gestik einsetzen

Für das Vorstellungsgespräch gilt generell: natürlich gestikulieren, aber eher sparsam als weit ausladend. Zu raumgreifende Gesten können unruhig und hektisch wirken und bei den Personalverantwortlichen den Eindruck erwecken, der Bewerber bzw. die Bewerberin sei sehr extravertiert und neige zu narzisstischer Selbstdarstellung. Diese Eigenschaften sprechen jedoch gegen die Teamfähigkeit. Sie sollten vielmehr versuchen, positive Aussagen durch positive – öffnende und harmonische – Gesten zu verstärken.

> Ihre Hände sagen möglicherweise mehr über Sie aus als Ihre Worte.

Interesse, Sympathie und Selbstbewusstsein signalisieren

- Im Stehen die Arme einfach locker neben dem Körper hängen lassen. Das signalisiert Offenheit und Sicherheit. Noch besser: Arme oberhalb der Taille anwinkeln und natürlich gestikulieren. Gesten in Höhe der Taille werden als neutral und oberhalb als positiv gewertet.
- Die Hände immer sichtbar lassen und nicht verstecken. Das lässt Vertrauen entstehen.
- Die Hände nach oben öffnen, die Handinnenflächen zeigen. Diese Geste demonstriert Offenheit und signalisiert, dass Sie bereit sind, etwas zu geben, z. B. Leistungsbereitschaft und Engagement.
- Handbewegungen und Armbewegungen, die von unten nach oben verlaufen, wirken ebenfalls besonders positiv und motivierend.
- Mit den Händen ein Spitzdach nach oben formen. Diese Geste signalisiert zum einen Sicherheit, aber auch Nachdenklichkeit.

Unangemessene Gesten vermeiden

- Hände in den Hosentaschen. Das wirkt unhöflich, unsicher, wenn nicht sogar verklemmt und inaktiv.
- Hand am Mund: Nicht nur, dass Sie so schlechter zu verstehen sind, so wird auch Ihr Gesicht verdeckt.
- Kratzen an den Fingernägeln oder Nagelhäuten: Das drückt ein hohes Maß an Nervosität aus.
- Verschränkte Arme: Das kann als Ablehnung und ein Übermaß an Distanz gedeutet werden.
- Mit den Fingern trommeln: Unsicherheit und Nervosität.
- Sich an die Nase fassen lässt Unsicherheit, Verwirrung oder Verlegenheit vermuten.

Mit Mimik spielen

Zur Körpersprache gehören nicht nur Haltung und Gestik, sondern auch die Mimik, also der Gesichtsausdruck.

Der Gesichtsausdruck mancher Menschen ist lebhaft, andere haben ein Pokerface. Ihre Mimik ist reduziert und lässt kaum Rückschlüsse auf ihr Gefühlsleben zu. Personalverantwortliche sind in der Regel Profis und werden versuchen, ihren eigenen Gesichtsausdruck so gut wie möglich im Griff zu haben. Der Bewerber bzw. die Bewerberin soll sich ja möglichst unverfälscht darstellen und nicht gleich am Gesichtsausdruck des Gegenübers erkennen können, ob seine oder ihre Aussagen und Selbstpräsentation gut ankommen oder nicht.

Menschen, denen die Gefühle normalerweise ins Gesicht geschrieben sind, werden sich in der Stresssituation des Vorstellungsgesprächs sehr schwertun, das zu verhindern. Wer es zwanghaft versucht, wirkt höchstens unecht und hinterlässt aus diesem Grund keinen guten Eindruck.

Menschen mit lebhafter Mimik wirken offen, lebhaft und vertrauenswürdig. Es ist also gar nicht notwendig, sich für das Bewerbungsgespräch ein Pokerface anzutrainieren oder zu versuchen, eine bestimmte Mimik an den Tag zu legen.

Zur Körpersprache gehören nicht nur Haltung und Gestik, sondern auch der Gesichtsausdruck.

DAS ZWEITGESPRÄCH

Gerade wenn Fach- und Führungspositionen oder Nachwuchs-
stellen dafür besetzt werden sollen, kommt es meist zu einem
Zweitgespräch. Die grundsätzliche fachliche und persönliche
Qualifikation sowie die Frage, ob beide Seiten zueinander passen,
sind dann schon grob geklärt.

Auf weitere Gesprächspartner einstellen

In der zweiten Runde lernen Sie in der Regel weitere Unterneh-
mensvertreter/-innen kennen, zum Beispiel Fachvorgesetzte,
Mitglieder der Geschäftsführung oder die Teamleitung. Diese
sind zwar über die Qualifikationen und über den Verlauf des ersten Vorstellungsgesprächs grob informiert. Aber jetzt lernen sie
Sie persönlich kennen, gewinnen ihren ersten eigenen Eindruck,
klären Details der fachlichen Eignung und fällen schließlich ihr
persönliches Urteil.
Zeigen Sie sich darum auch im zweiten Gespräch selbstbewusst
und verbindlich, und legen Sie viel Wert auf Ihr Outfit, das beim
zweiten Gespräch ein anderes sein sollte als beim ersten. Sonst
könnte der Eindruck entstehen, Sie hätten nur dieses eine Business-Outfit. Und glauben Sie nicht, Sie hätten den Sieg bereits in
der Tasche. Sie sind auch in der zweiten Runde nicht der oder die
Einzige. Auch Ihre Mitbewerber/-innen werden ihr Bestes geben.

> Im Zweitge-
> spräch lernen
> Bewerber wei-
> tere Unterneh-
> mensvertreter/
> -innen kennen.

Auf weitere Fachfragen einstellen

Auch auf das zweite Gespräch sollten Sie sich daher sehr gut
vorbereiten. Arbeiten Sie Ihre Antworten zu noch offenen Fragen
wieder detailliert aus, um souverän antworten zu können und
Ihren ersten guten Eindruck im zweiten Gespräch nicht wieder
zunichtezumachen. Auch eigene Fragen, für die Sie im ersten
Gespräch keine Gelegenheit hatten, gehören auf die Checkliste
für das zweite Gespräch.
Häufig sind es fachliche Fragen, die im zweiten Gespräch thema-
tisiert werden, vor allem, wenn jetzt Fachvorgesetzte anwesend

sind. Über Fachpresse, Literatur und Internet können Sie sich fachlich und branchenintern noch einmal auf den neuesten Stand bringen. Aber auch neue Fragen zum Lebenslauf, Details zum Gehalt, Zusatzleistungen, Prämien, Weiterbildungsmöglichkeiten und Einzelheiten, die sich auf den Arbeitsvertrag beziehen, können Gegenstand des Gesprächs werden. Möglicherweise haben erstmals Anwesende Fragen zu Ihren Unterlagen – das können die gleichen Fragen sein, aber auch ganz andere.

Erneut gründlich vorbereiten

Machen Sie sich vor allem Gedanken zu den Themen, die bisher noch nicht ausführlich besprochen wurden. Ihre Gesprächspartner sollen den Eindruck gewinnen, dass Sie wissen, was Sie wollen und dass Ihre gute Vorbereitung und Ihr souveräner Auftritt im ersten Gespräch kein Zufall war.

Weil im zweiten Vorstellungsgespräch meistens weitere Personen hinzukommen, kann sich die eine oder andere Frage aus dem ersten Gespräch genauso oder ähnlich wiederholen. Gehen Sie das erste Gespräch noch einmal Schritt für Schritt durch und vergegenwärtigen Sie sich, was Sie geantwortet haben. Sie müssen unbedingt genau so wieder antworten. Widersprüche können Sie sonst schnell ins Aus katapultieren. Machen Sie nicht den Fehler, sich an die Personen zu halten, die Sie schon vom letzten Mal kennen. Beziehen Sie die neuen Gesprächspartner in Ihre Antworten ein. Sie könnten Ihre direkten Vorgesetzten werden – oder diejenigen sein, die über Ihre Einstellung entscheiden.

Bewahren Sie Geduld!

Reagieren Sie niemals unwillig, wenn sich Fragen wiederholen, nach dem Motto: »Das habe ich Ihnen doch alles vor einer Woche schon einmal erzählt« oder »Das steht doch alles in meinem Lebenslauf«. Setzen Sie auch im zweiten Gespräch auf Verbindlichkeit und Höflichkeit, und beantworten Sie alle Fragen ruhig und geduldig.

Vergegenwärtigen Sie sich, dass Sie sich auch beim zweiten Mal genauso gut präsentieren müssen wie im ersten Gespräch und beachten Sie folgende Punkte:

- Verdeutlichen Sie erneut, warum Sie überzeugt sind, dass Sie genau die richtige Kraft für diese Position sind.
- Weisen Sie wieder auf Ihre wichtigsten Qualifikationen hin, die Sie befähigen, die Stelle optimal auszufüllen.
- Zeigen Sie unverändert Ihren Willen zum Engagement, Ihre Motivation und Ihre Begeisterung für die angebotene Aufgabe.
- Konzentrieren Sie sich darauf, vor allem auch diejenigen Anwesenden von sich zu überzeugen, die beim ersten Gespräch noch nicht dabei waren.
- Bedenken Sie: Alle wollen jetzt beim zweiten Gespräch ganz sicher bestätigt sehen, dass Sie mit Ihnen die richtige Wahl treffen werden.

Fehler vermeiden

Viele Bewerber und Bewerberinnen scheitern im Zweitgespräch, weil sie mit falschen Vorstellungen hineingehen. Sie meinen, es ginge nur noch um Detailfragen zur Vergütung oder um Fachfragen. Aus diesem Grund verhalten sich viele eher abwartend; ihr Elan aus dem ersten Gespräch ist nicht mehr sichtbar, oder sie treten plötzlich mit überzogenem Selbstbewusstsein auf und feilschen um jeden Urlaubtag und jeden Cent beim Gehalt. Fragen zu Gehalt, Urlaub, Firmenwagen, Sozialleistungen, Versicherungen und Firmenrenten sollten Bewerber/-innen aber auch beim zweiten Termin nicht gleich zu Beginn anschneiden. Besser ist es, auch hier auf die Initiative der Personalverantwortlichen zu warten.

Ein weiterer grober Fehler: Wenn Sie im zweiten Gespräch plötzlich ganz andere Sichtweisen und Vorstellungen darlegen als im ersten Gespräch, sorgt das für Irritation. Sie könnten unehrlich oder wankelmütig wirken und so an Glaubwürdigkeit verlieren. Deshalb ist es bei Vorstellungsgesprächen, ob in der ersten oder auch in der zweiten Runde, generell wichtig, dass sich Kandidaten so authentisch wie möglich darstellen. Je unverfälschter und ehrlicher Sie sich zeigen, desto weniger laufen Sie Gefahr,

> Bleiben Sie im Zweitgespräch bei Ihren zentralen Argumenten.

durch Widersprüche und Ungereimtheiten aus dem Rennen zu fallen. Besonders wer bei der Beschreibung seines Lebenslaufs ein paar Notlügen eingebaut hat, muss sich im zweiten Gespräch genau daran erinnern und sie detailgenau wiederholen, um nicht ertappt zu werden.

Grundsätzlich ist das Zweitgespräch eine Art Kontrolle und Festigung der gegenseitigen Eindrücke. Die Personaler prüfen, ob sie mit ihrer ersten Einschätzung richtig lagen. Aber auch Sie als Bewerber/-in können sich ein zweites Bild von dem Unternehmen, seiner Unternehmenskultur und Ihren potenziellen Vorgesetzten machen.

Fragen zum Erstgespräch artikulieren

Wenn Ihnen in der Zeit nach dem ersten Gespräch noch vertiefende Fragen zu den Aufgaben oder zu den Zielen gekommen sind, können Sie diese in der zweiten Runde getrost stellen. Das beweist, dass Sie sich mit den zukünftigen Aufgaben gründlich auseinandergesetzt haben und – so, wie es sich Unternehmensvertreter und -vertreterinnen wünschen – vor allem am Inhalt der Aufgaben interessiert sind. Alle Details zu Bezahlung und Arbeitsvertrag sind ohnehin Pflichtprogramm in der zweiten Runde, aber erst einmal nicht entscheidend dafür, wer diese erfolgreich absolviert.

Fazit: Wenn Sie beim Zweitgespräch den positiven Eindruck, den Sie im ersten Gespräch hinterlassen haben, bestätigen und anschließend bei der Verhandlung von Gehalt und Arbeitsvertrag etwas Flexibilität zeigen, statt sich an Details festzubeißen, haben Sie den Arbeitsvertrag so gut wie in der Tasche.

In einem Vorstellungsgespräch haben Unternehmen eine Vielzahl von Details zu berücksichtigen. Trotzdem hängt es immer vom Bewerber oder von der Bewerberin ab, welcher Gesamteindruck bleibt und ob die Personalverantwortlichen sich für sie oder ihn entscheiden. Niemand muss perfekt sein. Natürlichkeit kommt bei den meisten Personalern sehr gut an. Viele werden sogar misstrauisch, wenn jemand allzu professionell wirkt.

Das Zweitgespräch dient der Kontrolle und Festigung der Eindrücke.

Details zu Bezahlung und Arbeitsvertrag sind Pflicht im Zweitgespräch.

>> **I**ch habe als Werksstudentin schon bei der Bank gearbeitet, musste aber trotzdem den ganzen Bewerbungsprozess durchlaufen. Beim Einstellungsgespräch war ich durchaus aufgeregt. Zum einen kannte ich die beiden anwesenden Personen nicht, zum anderen war die Frage: Was soll ich ihnen erzählen, was sie nicht schon wissen? Man hat mich dann gefragt, welchen Aufgabenbereich ich wahrnehme, wie mein Wissensstand aktuell ist und ob ich das mein Leben lang machen möchte oder es als Karrieresprungbrett sehe. Nicht gefragt wurde ich, wie ich mir meine Zukunft hinsichtlich Familienplanung vorstelle.

Sandra W., 28 Jahre, Bachelor BWL, Master Business Administration, Firmenkundenbetreuerin bei einer Bank

Kleine Unsicherheiten: erlaubt

Kleine Unsicherheiten oder auch Fehler machen menschlichen Charme aus. Letztlich zählt bei erfahrenen Personalern, ob der Bewerber oder die Bewerberin glaubwürdig ist und begeistert von der Aufgabe, um die es geht. Unternehmen suchen Leistungsträger, die gern und überzeugt dazu beitragen, den Erfolg des Unternehmens zu steigern. Das ist ihr grundsätzliches Interesse.

Dafür sind sie bereit, eine Gegenleistung in Form von Gehalt und Zusatzleistungen zu bieten. Bewerber und Bewerberinnen, die überzeugend darstellen können, dass sie sich motiviert und engagiert mit all ihren Qualifikationen für die Ziele des Unternehmens einsetzen wollen, haben die besten Karten im Wettbewerb um eine neue Stelle. Wer dagegen nur an finanziellen Vorteilen bei geringem Einsatz interessiert ist, wird schnell entlarvt werden und dürfte schließlich Absagen erhalten.

> Kleine Unsicherheiten machen menschlichen Charme aus.

Einstellungs-
tests

Wie meistert man Einstellungstests? Welche Tests und welche Aufgaben gibt es eigentlich und wie bereitet man sich darauf vor? Als Hochschulabsolvent/-in müssen Sie in immer mehr Branchen mit umfassenden Einstellungstests rechnen. Machen Sie sich fit für Assessment-Center, Leistungs- und Fähigkeitstests, aber auch für Persönlichkeitstests.

Vor dem Eintritt ins Berufsleben und beim Wechsel zu einem neuen Arbeitgeber müssen Sie mit besonderen Prüfungen rechnen: den Einstellungstests. Etwa ein Viertel bis ein Drittel aller Unternehmen in Deutschland führt laut verschiedenen Studien Einstellungstests durch. Ähnliches gilt auch für Österreich und die Schweiz, wo sich Onlinetests sehr weit durchgesetzt haben.

MIT EINSTELLUNGSTESTS RECHNEN

Einstellungstests sind keine Frage der Unternehmensgröße.

Insgesamt nimmt der Anteil der Unternehmen, die auf Einstellungstests als Mittel der Bewerberauswahl setzen, zu. Dabei spielt, anders als man meinen könnte, die Unternehmensgröße keine entscheidende Rolle: Nur sehr kleine Unternehmen mit weniger als zehn sowie sehr große Unternehmen mit mehr als 5000 Mitarbeitern unterziehen ihre Bewerber sehr selten Einstellungstests, wohingegen bei Unternehmen mit elf bis 5000 Mitarbeitern der Anteil bei 25 bis 35 Prozent liegt.

Noch vor wenigen Jahrzehnten waren Einstellungstests vor allem für die Auswahl von Auszubildenden und bei der Einstellung von Führungs- und Nachwuchsführungskräften üblich. Heute werden auch Bewerberinnen und Bewerber für »ganz normale« Stellen in Banken, Versicherungen oder im öffentlichen Dienst getestet. Dazu kommen Institutionen wie die Bundeswehr (für die Offiziersanwärter), die Polizei oder das Auswärtige Amt, die aus einer sehr großen Anzahl von Bewerbern und Bewerberinnen wählen können und müssen und dabei schon seit Jahrzehnten auf Tests setzen.

Wo es viele Bewerber gibt, wird mehr getestet.

Grundsätzlich gilt: Je mehr Kandidaten sich um eine Stelle bewerben und je spezieller die gewünschten Fähigkeiten und Kenntnisse sind, desto eher müssen sie mit Einstellungstests rechnen. Die aus Arbeitgebersicht Besten sollen beim Einstellungstest ihre Eignung beweisen. Je nach Art der Stelle und der mit ihr verbundenen Aufgaben, Belastungen und Verantwortlichkeiten sind allerdings unterschiedliche Fähigkeiten und Eigenschaften gefragt. Daher gibt es ein sehr breites Spektrum an Tests.

FORMEN VON EINSTELLUNGSTESTS

Wenn eine Stelle bestimmte Fähigkeiten und Kenntnisse erfordert, werden Unternehmen ihre Einstellungstests diesen Anforderungen entsprechend konzipieren. Bewerber und Bewerberinnen, die sich vorab Gedanken machen, können in etwa abschätzen, was sie erwartet.
Viele Unternehmen legen Wert darauf, dass ihre Mitarbeiter und Mitarbeiterinnen belastbar und stressfest sind. Deshalb legen sie die Tests bewusst so an, dass sie unter Zeitdruck zu bearbeiten sind. Oder sie geben so viele Testaufgaben vor, dass kein noch so fähiger Bewerber, keine noch so fähige Bewerberin sie in der vorgegebenen Zeit schaffen kann.

Assessment-Center

Werden mit einer Gruppe von Bewerbern mehrere verschiedene Tests an einem oder zwei Tagen durchgehend absolviert, spricht man von einem Assessment-Center. Gerade bei diesen Gruppentests spielt das Vergleichen der Teilnehmer/-innen eine große Rolle. Wie aber die Tests in Assessment-Centern inhaltlich gestaltet sind, ist völlig offen.
Häufig kombinieren die Unternehmen verschiedene Tests, um ein aussagekräftigeres Bild der Bewerber und Bewerberinnen zu bekommen. Die Einstellungstests bestehen in der Regel aus vielen Bausteinen, die verschiedene Fähigkeiten, Kenntnisse, Verhaltensweisen und Eigenschaften bewerten sollen.
Dazu können Präsentationsübungen, Rollenspiele, Case Studies (auch »Fallstudien« genannt: der oder die Bewerber/-in muss eine Lösung für ein Problem finden und/oder eine knifflige Entscheidung fällen) oder Postkorbaufgaben gehören. Bei dem letztgenannten, sehr beliebten Testverfahren wird dem Bewerber bzw. der Bewerberin ein »Postkorb« mit einer größeren Zahl von Dokumenten übergeben, die alle eine Handlung nach sich ziehen. Unter Zeitdruck müssen Prioritäten gesetzt und Lösungen gefunden werden. Das ist Stress pur, und Sie müssen beweisen, dass Sie dem im Alltag gewachsen sind.

Leistungs- und Fähigkeitstests

Fach- und Allgemeinwissen, analytische Intelligenz und Gedächtnis sind für viele Berufe wichtig und tatsächlich vergleichsweise einfach zu testen. Welches Ergebnis in den Tests als gut bewertet wird, kann je nach Art der Arbeitsaufgabe variieren: Bei manchen Stellen (z. B. für Entwicklungsingenieure oder Versicherungsmathematiker) kommt es besonders auf die Fähigkeit an, formallogisch und analytisch denken zu können. Bei anderen Stellen, zum Beispiel im Journalismus oder in der Öffentlichkeitsarbeit, ist sprachliche Kompetenz wichtig.

Persönlichkeitstests

Mit Persönlichkeitstests werden Ihre Charaktereigenschaften geprüft.

Leistungen und Fähigkeiten allein genügen aber nicht, um sehr qualifizierte Stellen und insbesondere Nachwuchsführungspositionen erfolgreich auszufüllen. Für solche Aufgaben brauchen die Bewerber und Bewerberinnen bestimmte Charaktereigenschaften. Diese sollen mit Persönlichkeitstests geprüft werden.

Wann Persönlichkeitstests seriös sind

Was genau »Persönlichkeit« eigentlich ist, wie man sie messen kann und welche Eigenschaften in welcher Ausprägung beruflichen Erfolg bedingen, ist nicht eindeutig geklärt. Neben einigen Tests, die dem aktuellen Wissensstand der Psychologie entsprechen und wissenschaftlichen Teststandards genügen, gibt es in der Praxis eine Grauzone mit mehr oder weniger umstrittenen Tests.

Seriöse Unternehmen informieren ihre Bewerberinnen und Bewerber vorab darüber, welche Persönlichkeitstests sie durchführen werden und was sie damit messen wollen. Die Durchführung sollte möglichst in der Hand erfahrener Psychologen liegen. Unternehmen, die sich ihrer Verantwortung besonders bewusst sind, richten sich sogar nach eigens entwickelten Normen für eignungsdiagnostische Verfahren. Die DIN 33430, die auf Anregung des Berufsverbandes Deutscher Psychologinnen und Psychologen (BDP) entwickelt wurde, beschreibt, was heute im deutschsprachigen Raum State of the Art ist; für den internationalen Markt gibt es die ISO-Norm 10667. Bewerber und Bewerberinnen können sich vorab bei den Unternehmen informieren, ob die eingesetzten Verfahren diesen Normen entsprechen.

Nicht alle Persönlichkeitstests sind seriös

Manche Unternehmen arbeiten mit Tests, die nicht den aktuellen wissenschaftlichen Standards entsprechen, andere adaptieren Tests, die eigentlich ganz anderen Zwecken dienen.
So gibt es beispielsweise sogenannte projektive Verfahren, bei denen Probanden zu Bildern, Farben oder Texten freie Assoziationen bilden sollen. Ein bekanntes Beispiel dafür ist der Rorschachtest, bei dem »Klecksbilder« gedeutet werden sollen. Solche Verfahren werden heute noch ab und zu in der klinischen Psychologie eingesetzt. Es gibt aber auch Personalberatungen und andere Unternehmen, die sie im Rahmen von Einstellungstests nutzen, vor allem in Österreich und in der Schweiz. Für diesen Einsatzzweck wurden sie nicht entwickelt, und sie sind daher nicht dafür geeignet, außerdem lassen sie keine objektiv mess- und interpretierbaren Ergebnisse zu. Entsprechend wenig

Vorsicht vor freien Assoziationen!

Aussagekraft haben sie. Aufgeklärte Bewerberinnen und Bewerber werden überlegen, ob sie sich einem solchen Test überhaupt unterziehen wollen.

Vorsicht bei Typ-Zuordnungen!

Weit verbreitet sind Persönlichkeitstests, als deren Ergebnis Bewerber/-innen einem bestimmten Persönlichkeitstyp zugeordnet werden können. Das »Herrmann Brain Dominance Instrument« (HBDI) beispielsweise unterscheidet analytische, intuitive, strukturelle und strategische Denker.

Das ebenfalls sehr bekannte DISG-Persönlichkeitsprofil sortiert Kandidaten und Kandidatinnen dagegen nach den Verhaltensstilen dominant, initiativ, stetig und gewissenhaft.

Diese Verfahren sind wissenschaftlich umstritten, weil es keine gesicherten Nachweise dafür gibt, dass diese Typen so existieren und der »Typ« tatsächlich messbaren Einfluss auf das Verhalten hat bzw. Prognosen über zukünftiges Verhalten erlaubt.

Bewerberrechte und Persönlichkeitstests

Persönlichkeitstests sollen auf Ihren zukünftigen beruflichen Erfolg schließen lassen.

Persönlichkeitstests haben den Zweck, die Persönlichkeit der Kandidaten und Kandidatinnen zu beleuchten und aus den Ergebnissen auf den zukünftigen beruflichen Erfolg zu schließen. Damit erforschen sie einen sehr privaten Bereich und vermitteln Arbeitgebern einen tiefen Einblick in die Persönlichkeit der Bewerberinnen und Bewerber. Seriöse Unternehmen gehen mit den Tests und den sensiblen Daten entsprechend sorgfältig um. Darauf sollten Sie achten:

- Das einstellende Unternehmen muss Ihnen rechtzeitig mitteilen, ob im Rahmen des Bewerbungsverfahrens psychologische Tests eingesetzt werden, und wenn ja, welche das sind.
- Psychologische Tests im Rahmen von Einstellungsverfahren dürfen nur Fragen bzw. Aufgaben enthalten, die für die ausgeschriebene berufliche Position relevant sind.
- Fragen nach religiösen und politischen Einstellungen sind nicht erlaubt, auch nicht solche nach persönlichen moralischen Werten oder gar Fragen, die den Intimbereich betreffen. Darauf müssen Sie nicht bzw. nicht wahrheitsgemäß antworten.
- Sie haben ein Recht darauf, über die wichtigsten Testergebnisse informiert zu werden und sie erklärt zu bekommen.

Die Testergebnisse selbst muss Ihnen der Arbeitgeber aber normalerweise nicht zeigen.

- Wenn Sie es verlangen, muss das Unternehmen die Original-Testunterlagen vernichten, wenn Sie die Stelle nicht bekommen. Selbst wenn Sie eingestellt werden, können Sie verlangen, dass die Testergebnisse nur in Ihre Personalakte aufgenommen und nach Ihrem Ausscheiden aus dem Unternehmen vernichtet werden.

Bekannte und wissenschaftlich anerkannte Persönlichkeitstests

Bei den wissenschaftlich unumstrittenen Persönlichkeitstests ist die Auswahl nicht sehr groß. Dem aktuellen wissenschaftlichen Standard entsprechen beispielsweise:

- **Occupational Personality Questionnaire (OPQ32):** Er erfragt Angaben zu Wissen, Fähigkeiten, Motivation und Persönlichkeitsmerkmalen in 32 verschiedenen Skalen. Aus den Angaben wird ein Potenzialprofil erstellt und dieses dem Anforderungsprofil der Stelle gegenübergestellt. Der OPQ32 ist international sehr verbreitet.

> OPQ32: Wissen, Fähigkeiten, Motivation und Persönlichkeitsmerkmale

- **Bochumer Inventar zur berufsbezogenen Persönlichkeitsbeschreibung (BIP):** Es stellt in der Kurzform 210 Fragen aus 14 Dimensionen. Hauptbereiche des BIP sind die berufliche Orientierung, das Arbeitsverhalten, die sozialen Kompetenzen und die psychische Konstitution. Bei der beruflichen Orientierung geht es darum, wie stark Leistungs-, Gestaltungs- und Führungsmotivation ausgeprägt sind. Beim Arbeitsverhalten beschäftigen sich drei Skalen mit Gewissenhaftigkeit, Flexibilität und Handlungsorientierung. Die soziale Kompetenz umfasst die fünf Skalen Sensitivität, Kontaktfähigkeit, Soziabilität, Teamorientierung und Durchsetzungsstärke und die psychische Konstitution die drei Skalen emotionale Stabilität, Belastbarkeit und Selbstbewusstsein. Das BIP gilt als besonders objektives Testverfahren.

> BIP: berufliche Orientierung, Arbeits- und Sozialverhalten und psychische Konstitution

- **Leistungsmotivationsinventar (LMI):** Es enthält 17 verschiedene Verhaltensdimensionen, die für den Berufserfolg relevant sind. Diese »Leistungsdimensionen« werden mit jeweils zehn Items gemessen: Beharrlichkeit, Dominanz,

Engagement, Erfolgszuversicht, Flexibilität, Flow, Furchtlosigkeit, Internalität, kompensatorische Anstrengung, Leistungsstolz, Lernbereitschaft, Schwierigkeitspräferenz, Selbstständigkeit, Selbstkontrolle, Statusorientierung, Wettbewerbsorientierung und Zielsetzung.

- **NEO-Fünf-Faktoren-Inventar (NEO-FFI):** Es basiert auf der derzeit gängigsten Persönlichkeitstheorie, die »Big Five« genannte fünf Hauptdimensionen der Persönlichkeit annimmt. Diese fünf Dimensionen sind Neurotizismus, Extraversion, Offenheit für neue Erfahrungen sowie Gewissenhaftigkeit und Verträglichkeit. Das NEO-FFI prüft diese Dimensionen mit 60 Items ab.

NEO-FFI: Neurotizismus, Extraversion, Offenheit, Gewissenhaftigkeit und Verträglichkeit

Die wissenschaftlichen Grundlagen dieser Tests sind öffentlich zugänglich und damit überprüfbar. Wer mal einen solchen Test gemacht hat, dürfte einiges über sich selbst erfahren haben, was für weitere Bewerbungen bzw. die weitere Karriereplanung wertvoll sein kann.

Wichtig: Oft werden auch im Vorfeld von Vorstellungsgesprächen Onlinetests durchgeführt. Egal ob Sie von zu Hause aus einen Einstellungstest absolvieren müssen oder dazu eingeladen werden: Bereiten Sie sich gut darauf vor!

DIE VORBEREITUNG: STRUKTUREN VERSTEHEN LERNEN

So mancher Bewerber, so manche Bewerberin stöhnt innerlich, wenn er oder sie die Einladung zu einem Einstellungstest erhält, handelt es sich doch um eine weitere Hürde auf dem Weg zur Arbeitsstelle. Aber: Die Einladung ist ein erster Erfolg! Viele Mitbewerber und Mitbewerberinnen haben statt einer Einladung eine Absage bekommen. Zum Einstellungstest eingeladen werden nur Kandidaten und Kandidatinnen, die grundsätzlich infrage kommen.

>> **I**ch hatte mal ein Online-Assessment bei einer Fluggesellschaft, das war ganz spannend, da wurde mein Ehrgeiz geweckt. Da ging's um ganz verschiedene Aufgaben, Mathe, Logik, räumliches Denken. Hinterher wurde mir gleich gesagt, wo ich mich im Vergleich zu meinen Mitbewerbern befinde. Ich lag so ziemlich in der Mitte. Bei meinem jetzigen Arbeitgeber habe ich einen Probetag gearbeitet; die wollten mich noch näher kennenlernen. Da habe ich Aufgaben bekommen und es wurde geguckt, wie ich arbeite und wie das Miteinander ist.

Daniel W., 28 Jahre, Bachelor Evangelische Theologie und BWL / Master Angewandte Ethik, kaufmännischer Angestellter für Implementations & Projects bei einem IT-Dienstleister

Wer die Einladung zu einem Einstellungstest in der Hand hält, kann daher aus gutem Grund selbstbewusst und positiv an die Sache herangehen. Der Test ist eine Chance, sich aus der Masse der Bewerber und Bewerberinnen abzuheben, die eigenen Fähigkeiten und Kenntnisse zu demonstrieren und damit zu beweisen, dass man für genau diese Stelle hervorragend geeignet ist.

Genug Zeit einplanen

Gerade Hochschulabsolventen und -absolventinnen können von Einstellungstests profitieren. Denn bei ihnen liegt die Zeit der Prüfungen noch nicht lange zurück. Sie sind noch in Übung, was Leistungsdruck und Prüfungsstress angeht. Und dennoch: Wie bei jeder Prüfung bedarf es auch beim Einstellungstest einer sorgfältigen Vorbereitung. Sie und die richtige innere Haltung helfen dabei, den Einstellungstest souverän zu bestehen und sich damit die gewünschte Stelle zu sichern.

Gerade Hochschulabsolventen können von Einstellungstests profitieren.

245

Einen Einstellungstest erfolgreich zu bestehen, ist kein Hexenwerk. Schließlich gibt es unzählige Arbeitnehmerinnen und Arbeitnehmer, die diese Herausforderung bereits gemeistert haben. Allerdings ist es ratsam, sich mit dem Thema im Vorfeld der Bewerbung eingehend zu beschäftigen. Weil viele Bewerber/-innen nicht mit einem Einstellungstest rechnen, sind Sie von der Einladung erst einmal völlig überrascht.

Wenn die Einladung zum Einstellungstest dann kommt, mischt sich üblicherweise die Freude über den ersten Erfolg auf dem Weg zur begehrten Stelle mit zunehmender Nervosität.

Ein paar Tage reichen nicht zur Vorbereitung!

Meist sind dann nur noch ein paar Tage Zeit, um sich auf die Testfragen vorzubereiten. Das ist zu wenig. Sie werden zwangsläufig mit dem Gefühl in den Test gehen, sich nur ungenügend vorbereitet zu haben, und das wirkt sich nicht nur auf Ihr Selbstvertrauen in der Testsituation selbst aus, sondern auch auf das womöglich gleich anschließende Bewerbungsinterview.

Die beste Strategie besteht darin, sich ausreichend Vorbereitungszeit zu nehmen. Wer nicht noch in den Abschlussprüfungen der Uni oder der Hochschule steckt, sollte sich schon zu Beginn der Bewerbungsphase mit den Charakteristika von Einstellungstests befassen. Je realistischer und konkreter die Vorstellungen dazu sind, desto gelassener können Sie die Tests absolvieren. Höchstwahrscheinlich mit Erfolg.

Die Fragemuster erkennen

Viele Fragen folgen einem Muster.

Viele Fragen in den verschiedenen Einstellungstests tauchen immer wieder auf oder folgen einem Muster, das sich wiederholt, auch wenn die Fragen nicht identisch sind. Wer mehrere Einstellungstests kennengelernt hat, wird Fragen zum logischen Denken viel leichter richtig beantworten können, weil klar ist, worauf diese Fragen zielen.

Wer mehrere, vielleicht sogar viele Tests vorbereitet hat, dürfte umso wahrscheinlicher den einen, wichtigen Einstellungstest erfolgreich bestehen.

Kleine Lerneinheiten bilden

Am besten ist es, sich in den Wochen der Vorbereitung täglich ein bestimmtes Arbeitspensum vorzunehmen, zum Beispiel eine Trainingseinheit Allgemeinwissen und am nächsten Tag eine Einheit logisches Denken. Eine so gründliche Vorbereitung trägt dazu bei, dass die Lerninhalte gut im Gedächtnis haften bleiben. Dieser Effekt ist in nur wenigen Tagen nicht zu erreichen.
Dabei braucht man nicht acht Stunden am Tag zu lernen. Eine tägliche Trainingseinheit von ca. zwei Stunden reicht völlig. Damit gelingt es, sich über einige Wochen hinweg – ohne übermäßige Anstrengung – das notwendige Wissen zu erarbeiten.

Nicht nur auswendig lernen

Viele meinen, auf der sicheren Seite zu sein, wenn sie bei der Vorbereitung auf Einstellungstests die Lösungen zu einzelnen Aufgaben auswendig lernen. Das aber ist die falsche Strategie. Sicher wird im Test die eine oder andere bereits bekannte Frage aufkommen. In der Regel ähneln sich die Aufgaben lediglich in ihrer Art; die Fragen sind aber nicht identisch.
Das heißt: Das Ansammeln von Wissen ist zwar wichtig, stures Einpauken von Lösungen, ohne tieferes Verständnis für den Sachverhalt, bringt dagegen in der Regel noch kein wirklich gutes Testergebnis. Ganz ohne zu lernen, gelingt die Vorbereitung auf einen Einstellungstest also nicht. Insbesondere in den Testbereichen Allgemein- und Fachwissen werden solide Kenntnisse vorausgesetzt. Dabei geht es aber nicht nur um Daten und Fakten, sondern auch darum, ob die Zusammenhänge in ihrer jeweiligen Komplexität verstanden und verinnerlicht wurden.
Noch entscheidender aber ist es, spontan den Hintergrund von Aufgaben zu verstehen, in der Lage zu sein, um die Ecke zu denken und auf völlig Neues mit Kreativität zu reagieren.
Und das schaffen Sie am besten, wenn Sie zahlreiche, verschiedene Tests im Vorfeld durchgearbeitet haben. Stöbern Sie dazu in der Literatur und im Internet! Dort finden Sie Übungstests, die Ihnen ein Gefühl für die Fragemuster und die Bearbeitungsstrategie geben.

Meist geht es darum, ob Zusammenhänge verstanden und verinnerlicht wurden.

Die Zusage

Sie haben den Job! Aber was

jetzt? Wollen Sie ihn überhaupt? Wie treffen Sie eine sichere Entscheidung dafür oder dagegen? Und wie reagieren Sie professionell? Eine Zusage ist erst einmal ein Grund zur Freude. Dennoch gilt es, einiges zu beachten, bevor Sie den Arbeitsvertrag unterschreiben und sich an ein Unternehmen binden.

»Wir freuen uns Ihnen mitteilen zu können, dass wir uns für Sie entschieden haben …« Herzlichen Glückwunsch! Sie haben es geschafft. Ihre Bewerbung und Ihre Selbstpräsentation im Gespräch waren erfolgreich. Sie halten den Arbeitsvertrag in Händen. Aber wollen Sie die Stelle wirklich? Vielleicht haben Sie noch etwas Besseres in Aussicht, sind sich aber noch nicht sicher? Wer zu lange pokert, steht am Ende ohne Stelle da. Aber das Berufsleben mit einer Stelle zu beginnen, die nicht richtig passt, ist auch keine gute Idee. Überlegen Sie sich daher gut, ob sie wirklich mit Ihnen und Ihren beruflichen Pläne in Einklang steht.

AUF DIE ZUSAGE REAGIEREN

Wie reagieren Sie professionell auf ein Angebot?

Die ganze Mühe hat sich endlich gelohnt. Nach mehr oder weniger vielen und aufwendigen Bewerbungen und mehr oder weniger gelungenen Vorstellungsgesprächen und Tests finden Sie endlich eine Zusage in Ihrem E-Mail-Account. Doch was nun? Wie reagieren Sie professionell und wie treffen Sie eine Entscheidung für oder gegen das Angebot?

Manchmal ist es ganz einfach: Wenn Sie keine andere Zusage haben und ein anderes Angebot nicht einmal in Aussicht ist, wenn Ihr Eindruck vom Unternehmen ganz okay oder sogar spitze ist, dann nehmen Sie das Angebot an.

Wenn Ihnen aber schon im Vorstellungsgespräch klar wurde, dass Sie auf gar keinen Fall und für kein Geld dieser Welt für dieses Unternehmen arbeiten wollen, dann lehnen Sie ab. Was aber, wenn Sie unsicher sind und vielleicht sogar noch ein weiteres Angebot in Aussicht haben?

Beachten Sie auf jeden Fall, dass Ihr Entscheidungsprozess erst einmal nichts damit zu tun hat, wie Sie gegenüber Ihrem potenziellen Arbeitgeber auftreten. Trennen Sie das eine vom anderen und gehen Sie wie folgt vor:

1. Reagieren Sie professionell: umgehend, am besten telefonisch, höflich und verbindlich.
2. Treffen Sie danach Ihre Entscheidung, ob Sie das Angebot wirklich annehmen oder ob Sie absagen wollen.

Umgehend anrufen

Sobald Sie eine Zusage erreicht, setzen Sie sich umgehend mit dem Unternehmen in Verbindung, das Sie einstellen will. Man will Sie haben! Machen Sie das nicht kaputt. Spätestens am Folgetag sollten Sie das Telefon in die Hand nehmen und in der Personalabteilung anrufen. Wenn Sie bereits definitiv entschieden haben, dass die Stelle für Sie nicht in Frage kommt, dann danken Sie für das Angebot und sagen freundlich (!) ab. Vergessen Sie nie: Man sieht sich immer zweimal im Leben!

Rufen Sie an!

Beispielformulierung … Vielen Dank für den Bewerbungsprozess und das angenehme und interessante Vorstellungsgespräch. Ich freue mich sehr über Ihre Zusage. Die Entscheidung, ob ich das Angebot annehme, habe ich mir nicht leicht gemacht. Es spricht vieles dafür, aber ich habe noch ein weiteres Angebot, das noch besser zu meinen Vorstellungen und zu meinen beruflichen Zukunftsplänen passt. Ich wollte Ihnen das so schnell wie möglich mitteilen, damit Sie weiter planen können.

Auf Fragen, von wem Sie ein Angebot erhalten haben und was daran attraktiver ist, gehen Sie nicht ein. Hier gilt Diskretion! Antworten Sie beispielsweise: »Bitte haben Sie Verständnis dafür, dass ich darüber nicht sprechen darf.« Lassen Sie sich nicht in die Ecke drängen. Wenn Sie den angebotenen Job nicht wollen, wollen Sie ihn nicht. Sie sind niemandem Rechenschaft schuldig. Viel leichter fällt der Anruf, wenn es die Zusage zum Traumjob ist und man keinen Zweifel daran hat, zuzusagen. Rufen Sie also an, bedanken sich für die Zusage und fragen Sie, wie es jetzt weitergeht. Vermutlich wird man Sie einladen, den Arbeitsvertrag zu unterschreiben. Möglicherweise schickt man ihn Ihnen auch vorab per Mail zu. Dann haben Sie etwas Zeit, um ihn gewissenhaft zu lesen und eventuell prüfen zu lassen.

Viele Bewerber und Bewerberinnen wissen nicht, ob sie ein Angebot ablehnen oder annehmen wollen. So oder so: Rufen Sie umgehend an! Denken Sie daran: Trennen Sie die – möglichst professionelle – Form der Reaktion vom Inhalt Ihrer Entscheidung (für oder gegen die Stelle). Das heißt: Lassen Sie den potenziellen Arbeitgeber nicht warten!

Wenn Sie den angebotenen Job nicht wollen, sind Sie keine Rechenschaft schuldig.

Wenn Sie warten, könnte er seine Entscheidung überdenken und seine Zusage zurückziehen. Dann macht jemand anderes das Rennen. Sagen Sie daher erst einmal zu:

Beispielformulierung … Vielen Dank für den Bewerbungsprozess und das angenehme und interessante Vorstellungsgespräch bei Ihnen. Ich freue mich sehr über Ihre Zusage. Die Entscheidung fällt mir nicht schwer, ich nehme Ihr gutes Angebot gern an. Wie wird es jetzt konkret weitergehen?

Erfahrungsgemäß erhalten Sie bereits im Telefongespräch einige Informationen und einige Tage danach einen ersten Entwurf Ihres Arbeitsvertrags. Den gilt es dann zu prüfen und binnen drei bis fünf Tagen unterschrieben zurückzusenden. Sie haben also noch ein wenig Zeit, bevor Sie Ihre Entscheidung definitiv treffen und den Vertrag unterschreiben. Erst danach wird es schwer, den Rückzieher zu machen.

Selbst wenn Sie telefonisch zugesagt haben, müssen Sie den Arbeitsvertrag nicht unterschreiben. Haben Sie sich mittlerweile dagegen entschieden, dann greifen Sie erneut zum Telefon und teilen das persönlich mit. Zugegeben, das fällt nicht leicht. Aber: Willkommen in der Berufswelt! So geht es hier zu.

Beispielformulierung … Vielen Dank für den Arbeitsvertrag; ich habe ihn vorgestern erhalten. Dieser Anruf fällt mir nicht leicht, aber ich muss Ihnen mitteilen, dass ich mittlerweile ein sehr attraktives Angebot habe, das noch besser zu meinen Kompetenzen und zu meinen beruflichen Plänen passt. Deshalb muss ich Ihnen leider absagen. Es tut mir sehr leid, wenn ich Ihnen damit Arbeit mache. Aber es geht um nichts Geringeres als meine berufliche Zukunft. Bitte haben Sie Verständnis für meine Situation.

Niemand wird erfreut sein über eine nachträgliche Absage, klar. Aber wenn Sie professionell und höflich kommunizieren, müssen Sie weder ein schlechtes Gewissen noch die Sorge haben, Ihren Gesprächspartnern oder -partnerinnen in anderem Zusammenhang zu begegnen. Sie wissen nicht, ob das Unternehmen, dem Sie absagen, in Ihrer späteren Berufslaufbahn nicht noch eine

>> *E*s war meine Wunschfirma, die Stelle pass-
te zu dem, was ich studiert hatte, und es
war vor Ort, so dass ich nicht umziehen musste.
Es ist eine große Firma, wo ich dachte, das ist
eine gute Referenz; von da kann man sich später
auch gut weiter bewerben. Die Zusage kam mit-
ten im sechsten Semester, noch kurz vor meiner
Bachelorarbeit, weil ich schon früh angefangen
hatte, mich zu bewerben. Es war einfach eine
Sicherheit: Ich hab jetzt erstmal was, ich hab
keinen Stress mehr und kann ganz in Ruhe meinen
Abschluss machen.

**Andreas S., 25 Jahre, Bachelor BWL, IT-Projektleiter
in einem mittelständischen Lager- und Logistik-
Unternehmen**

Rolle spielen wird – und wer wen aus welchen anderen Unternehmen kennt. Wie aber können Sie herausfinden, ob der angebotene Job der richtige für Sie ist?

Die Stelle annehmen. Oder nicht?

Recherchieren Sie, um Sicherheit zu gewinnen: Was sagen Arbeit-
geber-Bewertungsportale wie zum Beispiel www.kununu.de
über Ihren zukünftigen Arbeitgeber aus? Wie stellt sich das Unternehmen im Internet dar? Hat es gute oder schlechte Presse? Auf
welchem Platz liegt es bei Arbeitgeberrankings wie Great Place to
Work oder Top-100-Unternehmen?
In diesen Arbeitgeberrankings werden Firmen anhand von Kriterien wie Unternehmenskultur, Personalpolitik, Karrieremöglichkeiten, Familienfreundlichkeit, betrieblichem Gesundheitsmanagement, Umweltfreundlichkeit, Sozialverantwortung etc.
bewertet. Diese Informationen sind nicht immer objektiv. Deshalb sollten Sie damit vorsichtig umgehen und versuchen, die
Fakten von den Meinungen zu trennen. Aber es sind wichtige
Informationen, die Ihnen beim Entscheiden helfen können.

**Recherchieren
Sie zum
Arbeitgeber!**

Tipp

Welchen Eindruck haben Sie vom Unternehmen?
Hat das Unternehmen im Vorstellungsgespräch die Informationen aus der Stellenausschreibung bestätigt oder widersprüchlich gewirkt? Welchen Eindruck vom Unternehmen haben Sie aus dem Vorstellungsgespräch gewonnen? Wie wurden Sie empfangen? Wie haben Sie sich gefühlt, als Sie den Personalverantwortlichen gegenüber saßen? Wie hat sich der Ablauf des gesamten Stellenbesetzungsprozesses gestaltet? Wurden z. B. Zusagen eingehalten?

Selbstverständlich spielt noch vieles andere eine Rolle. Für die meisten Berufseinsteiger und Berufseinsteigerinnen ist entscheidend, inwieweit der erste Job zu den eigenen Vorstellungen vom Leben passt. Können Sie Ihre Kompetenzen einsetzen und perspektivisch Ihre beruflichen Vorstellungen und Ziele erreichen? Lässt sich die Stelle mit Ihrem Privatleben vereinbaren? Die Entscheidung für einen Job ist nicht einfach. Denn damit treffen Sie gleichzeitig eine Entscheidung gegen andere Möglichkeiten. Aber wer gar keine Entscheidung trifft, tritt auf der Stelle.

Erstellen Sie eine Präferenzliste!

Wenn Sie zu einem Stellenangebot nicht aus vollem Herzen »Ja« oder »Nein« sagen können, sollten Sie eine Präferenzliste erstellen. Welche Faktoren sind für Sie besonders wichtig und welche davon hat die angebotene Stelle zu bieten? Wenn Sie akribisch vorgehen wollen, können Sie die Faktoren auch gewichten. Zum Beispiel auf einer Skala von 1 bis 6:

6 = Dieser Faktor ist für mich unverzichtbar.
5 = Das ist mir sehr wichtig.
4 = Es ist mir wichtig.
3 = Es wäre schön, muss aber nicht unbedingt sein.
2 = Das ist mir nicht so wichtig.
1 = Das hat kaum Bedeutung für mich.

PRÄFERENZLISTE: WAS IST MIR IM JOB BESONDERS WICHTIG?

Karriereziele	Gewichtung
Berufliche Entwicklungsmöglichkeiten im Unternehmen	
Abwechslungsreiches, interessantes Aufgabengebiet	
Sprungbrett für meine weitere Karriere	
Weiterbildungsmöglichkeiten	
Gutes Betriebsklima	
Flexible Arbeitszeiten	
Gute Sozialleistungen, Altersvorsorge	
Überdurchschnittliche Bezahlung	
Familienfreundlichkeit, Zeit für Privatleben	
Wenig Überstunden	
Möglichkeit zu Auslandsaufenthalten	
Unternehmensimage	
Kurzer Arbeitsweg	
Wenig Stress	

Anschließend erstellen Sie eine Pro-und-Kontra-Liste: Stellen Sie die Punkte, die für die neue Stelle sprechen, den Nachteilen gegenüber, die mit der neuen Aufgabe verbunden sind. Orientieren Sie sich dabei an Ihrer Präferenzliste, die zum Beispiel so aussehen könnte:

ENTSCHEIDUNG: IST DER JOB DER RICHTIGE FÜR MICH?

Pro	Gewichtung	Kontra	Gewichtung
Berufliche Entwicklungsmöglichkeiten im Unternehmen		Gehalt an der unteren Grenze, aber Prämien	
Abwechslungsreiches, interessantes Aufgabenfeld		Unregelmäßige Arbeitszeiten und viele Überstunden	

Pro	Gewichtung	Kontra	Gewichtung
Weiterbildungs-möglichkeiten		Sehr hohe Leistungs-anforderungen	
Möglichkeit zu Auslandsaufenthalten		Ungünstig für Privat-leben	
Kurzer Arbeitsweg		Kein ideales Sprung-brett für die weitere Karriere, weil relativ kleines Unterneh-men	
…		…	

Unabdingbar: ein gutes Gefühl

Wie sieht es nach Abwägung der Pros und Kontras aus? Tendieren Sie nun dazu, die Stelle anzunehmen? Fragen Sie sich auf jeden Fall auch: Haben Sie Lust auf den Job? Ist Ihnen das Unternehmen sympathisch? Haben Sie Vertrauen zu ihm und ein gutes Gefühl bei der Sache? Hören Sie auf Ihre Gefühle, aber prüfen Sie sie auch kritisch. Denn Gefühle können trügen. Stellen Sie sich deshalb zum Beispiel folgende Fragen:

- Warum finde ich die potenziellen Vorgesetzten so sympathisch / so unsympathisch? Erinnern sie mich vielleicht an jemanden von früher, den ich mochte oder nicht mochte?
- Warum habe ich ein so schlechtes Gefühl bei der Beschreibung der wirklich interessanten Aufgabe? Habe ich vielleicht Angst, die Herausforderung nicht zu bewältigen?

Gefühle weisen nicht immer den richtigen Weg. Oft sind es Ängste oder schlechte Erfahrungen, die uns blockieren. Deshalb lohnt es sich, sie zu untersuchen. So wichtig es ist, die Gefühle ernstzunehmen, so wichtig ist es auch, ihnen nicht blind zu folgen. Wo es um die entscheidenden Weichenstellungen im Leben geht, ist beides gefragt.

Sowohl die Gefühle als auch der Verstand sind gefragt.

256

>> Ich hatte drei Zusagen und konnte wählen. Mir war klar, dass ich in einer superguten Situation bin. Die Entscheidung war aber gar nicht so leicht, denn inhaltlich waren die Jobs alle sehr ähnlich. Ich habe mich dann für den entschieden, bei dem mir die Rahmenbedingungen am besten gefielen. Bei einem Unternehmen gab es viele Umstrukturierungen, das wirkte auf mich nicht so angenehm. Das zweite war relativ weit weg, das fiel wegen meiner Familiensituation fast schon raus. Das dritte Unternehmen kannte ich, ich hatte dort meine Masterarbeit geschrieben. Ich habe mich also auf das verlassen, was ich kannte.

Christoph L., 28 Jahre, Master Wirtschafts- und Ingenieurswissenschaften, Qualitätsingenieur bei einem großen Automobilzulieferer

Zügig entscheiden

Pokern Sie nicht zu lange! Wenn Ihnen ein Arbeitgeber eine Zusage gibt, dann will er Sie haben. Sie sollten umgehend, das heißt am nächsten Tag, telefonisch reagieren. Wenn Sie den Arbeitsvertrag erhalten haben, sollten Sie ihn binnen drei bis fünf Tagen prüfen, unklare Punkte besprechen und unterschrieben zurückschicken.

Das ist genau die Frist, die Sie haben, um sich zu entscheiden. Später ist womöglich zu spät. Den potenziellen Arbeitgeber anzurufen und mitzuteilen, dass man noch eine Einladung zu einem anderen Vorstellungsgespräch habe und deshalb abwarten wolle, ist keine gute Idee. Das wäre in etwa so, als wenn Sie Ihrem Partner bzw. Ihrer Partnerin beim dritten Date sagten, dass eigentlich alles passt, aber …: »Du, alles super, aber ich treffe morgen noch jemand anderes. Ich gebe Dir nächste Woche Bescheid.«

Das kommt nicht gut an. Der Arbeitgeber wird seine Zusage zurückziehen. Und Sie werden vielleicht ohne Job dastehen.

Pokern Sie nicht zu lange!

Der Arbeitsvertrag: Fragen klären

Sie haben noch Fragen zum Vertrag?

Die Zusage kommt. Sie reagieren professionell und rufen gleich an. Den Arbeitsvertrag erhalten Sie einige Tage später und Sie wollen unterschreiben. Aber Sie haben noch Fragen zum Vertrag. Die meisten Arbeitsverträge sind Standardverträge, die den gesetzlichen Bestimmungen des Arbeitsvertragsrechts entsprechen. Dennoch sollten Sie Ihren Vertrag prüfen:

- Sind die Zusagen aus dem Vorstellungsgespräch zu Aufgaben, Arbeitsbeginn, Arbeitsort, Arbeitszeit, Arbeitsentgelt, Urlaub etc. korrekt festgehalten?
- Sind Probezeit, Kündigungsfristen, ein etwaiges Wettbewerbsverbot etc. rechtlich zulässig?

Eine solche Prüfung zeugt nicht von Misstrauen, sondern ist das normale geschäftliche Gebaren. Im Zweifel ziehen Sie einen Fachanwalt für Arbeitsrecht hinzu. Wenn Sie ein Auto kaufen, prüfen Sie den Kaufvertrag auch. Wenn Sie Details im Arbeitsvertrag besprechen, vielleicht sogar nachverhandeln wollen, rufen Sie in der Personalabteilung an und klären Sie die Punkte persönlich.

Beispielformulierung … Vielen Dank für den Arbeitsvertrag. Ich habe ihn vorgestern erhalten und mittlerweile durchgelesen und geprüft. Die meisten Punkte sind verständlich. Bei drei Punkten habe ich noch Fragen. Haben Sie gerade Zeit?

Und dann besprechen Sie diese Punkte. Wurden mündliche Zusagen nicht schriftlich festgehalten und ist der Arbeitgeber nicht bereit, dies nachzubessern, heißt es: Obacht! Geben Sie dem Unternehmen die Chance, die Sache richtigzustellen. Aber wenn Sie das Gefühl haben, dass Sie über den Tisch gezogen werden, sollten Sie Ihre Entscheidung revidieren!

Einen Rückzieher machen?

Wie das Leben so spielt. Kaum haben Sie den Arbeitsvertrag unterschrieben, kommt ein besseres Angebot. Ihr Arbeitsvertrag dürfte eine Regelung zur Kündigung vor Arbeitsantritt enthalten.

Üblich sind in Arbeitsverträgen solche Vereinbarungen:

- Eine Kündigung ist erst nach Aufnahme der Tätigkeit am ersten Arbeitstag möglich (Kündigungsbeschränkung).
- Eine Vertragsstrafe droht für den Fall, dass Sie nicht mit der Arbeit beginnen – meist in Höhe eines Bruttomonatsgehalts. Eine gesetzliche Grenze gibt es nicht. Das Bundesarbeitsgericht (BAG) hält eine Vertragsstrafe in Höhe des Gehalts, das der Arbeitnehmer bzw. die Arbeitnehmerin bis zum Ende der Kündigungsfrist verdient hätte, für angemessen.

Was tun? Prüfen Sie zunächst, ob das zweite Angebot sicher und wirklich wert ist, dafür den Arbeitgeber, dem Sie bereits zugesagt haben, zu verprellen. Wenn ja, dann greifen Sie zum Hörer:

==Beispielformulierung== … Bei mir hat sich etwas Neues ergeben, worüber ich Sie sofort persönlich informieren möchte. Dieser Anruf fällt mir nicht leicht. Ich habe ein anderes Angebot, das noch besser zu meinen Kompetenzen und zu meinen beruflichen Plänen passt. Ich weiß, dass ich mich Ihnen gegenüber bereits vertraglich verpflichtet habe. Und doch möchte ich mit Ihnen besprechen, wie wir vorgehen könnten.

Sie ahnen es. Ihr Gegenüber wird überhaupt nicht erfreut sein. Aber was kann passieren? Entweder lässt sich die Auflösung des Arbeitsvertrags vereinbaren. Dann sind Sie fein aus der Sache raus und Sie sollten sich bedanken. Oder Sie stoßen auf Granit. Dann müssen Sie die Stelle antreten und am ersten Arbeitstag kündigen; in der Probezeit beträgt die Kündigungsfrist lediglich 14 Tage. Treten Sie die Stelle aber an! Sonst sind Sie schadensersatzpflichtig.

> Wenn Sie die Auflösung des Arbeitsvertrags vereinbaren können, sind Sie fein raus.

Sobald Sie sich für eine Stelle entschieden und den Arbeitsvertrag unterschrieben haben, ziehen Sie andere offene Bewerbungen telefonisch oder per E-Mail zurück. Geben Sie Freunden und Bekannten Bescheid, die Sie während der vergangenen Wochen unterstützt haben. Und dann klären Sie die Frage, mit wem Sie Ihren Erfolg feiern werden. Sie haben sich ein Fest verdient!

Der neue Job

Wie übersteht man die ersten Tage im neuen Job? Worauf muss man in den ersten Wochen besonders achten? Und worauf am Ende der Probezeit? In Unternehmen, Behörden und Organisationen ticken die Uhren anders als an der Hochschule oder an der Uni. Erfahren Sie auf den nächsten Seiten, wie Sie den Einstieg schaffen und wie Sie langfristig erfolgreich bleiben.

Die erste Arbeitswoche ist anstrengend. Die Arbeitstage sind lang. Alles ist neu, auch der Tagesrhythmus. Der nächtliche Schlaf ist unruhig. Sind Sie dafür gut gerüstet?

DIE ERSTE ARBEITSWOCHE

Unternehmen funktionieren anders als Hochschulen. Es herrschen andere Regeln, beispielsweise eine mehr oder weniger strikte Arbeitszeitregelung und damit ein völlig anderer Tagesrhythmus als im Studium, eine formelle oder informelle Kleiderordnung, ein neuer Umgangston mit Chefs, Kollegen und Kunden, eine andere Arbeitsweise. Und dann sind da noch viele unterschiedliche, offene oder verdeckte Erwartungen.

Dies alles spüren Sie ab dem ersten Arbeitstag. Denn diese Neuerungen berühren Ihre Primärbedürfnisse schlafen, essen, trinken, sich bewegen und Freunde treffen. Sie werden Ihr Privatleben um eine Vierzigstundenwoche herum organisieren müssen. Ihre Arbeit bestimmt, wann Sie einkaufen, wann Sie schlafen gehen und wann Sie Ihre Freunde anrufen. Anders als an der Hochschule, wo Sie im Hörsaal oft nur zuhören, stehen Sie im Unternehmen im direkten Kontakt mit Menschen, die etwas von Ihnen wollen. Sie können nicht einfach mal innehalten, sondern müssen aufmerksam und konzentriert bleiben. Den ganzen Tag.

Achten Sie auf Ihre Primärbedürfnisse: schlafen, essen, trinken, Bewegung, Freunde.

Die Vorbereitung: planen und organisieren

Die Realität ist manchmal ernüchternd: Erster Arbeitstag. Keiner erwartet Sie. Ihre Chefin ist auf Dienstreise. Ein Büro ist für Sie nicht vorbereitet. Die Kollegen und Kolleginnen haben viel zu tun. Keiner kümmert sich um Sie. Sie stehen da und denken: »Na klasse, bin ich hier überhaupt erwünscht?« Um dem vorzubeugen, sollten Sie im Vorfeld mit der Personalabteilung und Ihrer oder Ihrem direkten Vorgesetzten telefonieren und fragen, was für Ihren ersten Arbeitstag und für die erste Arbeitswoche geplant ist. Gibt es einen Einarbeitungsplan für Sie?

Bei uns ist es so, dass man das Produkt etwa drei Monate kennen muss, um gut mitarbeiten zu können. Von daher war am Anfang sehr viel Lernen angesagt, auch sehr viel Anleitungen lesen. Ich habe auch gemerkt, dass jeder seinen eigenen Stil hat, mich anzulernen. Deshalb bin ich auf jeden anders zugegangen und habe meine Fragen gestellt. Generell ist es gut, die Mittagspausen zu nutzen, um die Kollegen kennenzulernen und ein gutes Niveau zu finden, wie man über Berufliches und Privates redet.

Daniel W., 28 Jahre, Bachelor Evangelische Theologie und BWL/ Master Angewandte Ethik, kaufmännischer Angestellter für Implementations & Projects bei einem IT-Dienstleister

Nicht alle Unternehmen setzen effiziente Instrumente ein, um neue Mitarbeiter und Mitarbeiterinnen zu begrüßen, einzuarbeiten und zu integrieren. Clevere Unternehmen aber haben ein Interesse an einer professionellen Einarbeitung der Neuen. Denn je schneller Sie produktiv arbeiten, desto besser für das Unternehmen.

Konzerne und innovative Mittelständler halten für ihre Berufseinsteiger/-innen deshalb einen strukturierten Einarbeitungsplan mit Begrüßungsprozedur parat. Die bekannteste Begrüßungsprozedur ist der Laufzettel, den Neulinge mit einem Begrüßungsschreiben vor ihrem ersten Arbeitstag erhalten: »Sehr geehrte Frau XY, wir freuen uns, Sie am 1. September um 8.00 Uhr zu Ihrem ersten Arbeitstag in unserem Unternehmen am Standort Hannover begrüßen zu dürfen. Anbei finden Sie einen Laufzettel mit allen Stationen für Ihren ersten Arbeitstag …«

Dem Begrüßungsschreiben kann ein Willkommenspaket beiliegen mit Informationen über den Ablauf der ersten Arbeitswoche, einer Liste mit den Namen der Ansprechpartner, Unternehmensrichtlinien, vielleicht sogar einer Kaffeetasse mit Unternehmenslogo, einem Firmenhandy, Kugelschreiber und vielem mehr.

Was erwartet Sie am ersten Arbeitstag?

263

Der neue Job

Manche Arbeitgeber beginnen mit einer Art Schnitzeljagd durch das Unternehmen. Dazu erhalten die Neuen Karten mit Aufgaben, die sie in den ersten Arbeitstagen erledigen sollen, zum Beispiel: »Gehen Sie in die Abteilung Werkschutz und besorgen Sie sich einen Chip für die Eingangstür. Lassen Sie sich in der IT-Abteilung die Zugangsdaten für Ihren Rechner geben. Informieren Sie sich beim betriebsärztlichen Dienst über unsere Gesundheitsregeln.« Neue Mitarbeiter/-innen werden so ermutigt, sich durchzufragen und so das Unternehmen und das Kollegium kennenzulernen.

Um eine schnelle und gute Einarbeitung zu gewährleisten, nutzen viele Unternehmen ein Mentorenprogramm. Dabei steht den Neuen ein Mentor oder eine Mentorin zur Seite, der oder die für die Einarbeitungskoordination und die geplanten Einarbeitungsschritte verantwortlich ist. Die Mentoren halten in der Regel engen Kontakt zur Personalabteilung, die gemeinsam mit der Fachabteilung die Themen und Reihenfolge der Einarbeitung, die Aufgaben, Ziele und den Zeitrahmen festgelegt hat.

Welche Variante sich Ihr Unternehmen für Sie ausgedacht hat oder ob es Ihren Einstieg mehr oder weniger verschlafen hat, haben Sie nicht in der Hand. Versuchen Sie selbst, sich so gut wie möglich vorzubereiten. Je besser Ihnen das gelingt, desto gelassener werden Sie durch die erste Arbeitswoche gehen. Nutzen Sie dazu die Checkliste!

Mit Unsicherheit umgehen

Bei aller guter Vorbereitung dürfte eine Restunsicherheit bleiben. Das ist ganz normal, denn unbekannte Situationen sind riskant und somit verunsichernd. Schulen Sie deshalb Ihre Ungewissheitstoleranz und damit die Fähigkeit, mit unvorhergesehenen Vorkommnissen und uneindeutigen Situationen konstruktiv umzugehen.

Nutzen Sie dazu einen Sieben-Punkte-Plan und führen Sie ein Mentaltraining durch. Sportler machen das vor Wettkämpfen, Schauspieler vor ihren Auftritten und Topmanager vor wichtigen Verhandlungen. Sie können das auch. Spielen Sie jede neue Herausforderung im Geiste durch. Die Kraft Ihrer Gedanken dürfte Sie überraschen.

Gibt es in Ihrem Unternehmen ein Mentorenprogramm für Berufseinsteiger?

Führen Sie ein Mentaltraining durch!

Checkliste

Die erste Arbeitswoche vorbereiten

○ Ich habe Arbeitsvertrag, Sozialversicherung, Lohnsteuer-
karte usw. vorbereitet.

○ Ich habe ausreichend angemessene Kleidung gekauft,
Probe getragen, gewaschen und gebügelt.

○ Ich habe angemessene Accessoires wie Arbeitstasche,
Schreibutensilien oder Uhr gekauft und ausprobiert.

○ Ich habe den Weg zur Arbeit mit dem Auto / dem Fahrrad /
zu Fuß / mit öffentlichen Verkehrsmitteln zurückgelegt
und die Zeit gestoppt.

○ Ich habe meine Vorstellung und Selbstpräsentation vorbereitet und geübt: »Guten Tag, mein Name ist Michael
Muster, ich bin …, ich kann …, ich will …«

○ Ich habe dafür gesorgt, dass ich in der ersten Arbeitswoche keine zusätzlichen belastenden Termine habe.

○ Ich habe dafür gesorgt, dass mein Kühlschrank gefüllt ist,
weil ich nicht viel Zeit haben werde, einzukaufen.

○ Ich habe meinen Freunden und Verwandten Bescheid
gegeben, ab wann ich privat wo erreichbar bin.

○ Ich habe für kleine Belohnungseinheiten gesorgt: Nach
den anstrengenden Arbeitstagen werde ich etwas unternehmen, das mir Spaß macht und Kraft gibt.

○ Ich habe mir das Wochenende nach der ersten Arbeitswoche frei gehalten.

○ Ich habe alle für mich zugänglichen Unternehmensinfor-
mationen gewissenhaft durchgearbeitet und daher eine
erste Orientierung, was mich erwartet.

○ Ich weiß, an welchem Tag und zu welcher Uhrzeit ich mich
wo einzufinden habe und wer mich in Empfang nimmt.

Nicht nur der Job will vor-bereitet sein, sondern auch …

… das neue Privatleben!

- Nutzen Sie die Macht innerer Bilder. Spielen Sie den ersten Arbeitstag vor Ihrem inneren Auge wieder und wieder durch. Wann gehen Sie am Vorabend zu Bett? Wann stehen Sie auf? Was frühstücken Sie? Welche Snacks nehmen Sie sich mit? Was ziehen Sie an? Wie stellen Sie eine pünktliche Ankunft sicher? Wo werden Sie sich zuerst melden? Bei wem stellen Sie sich vor? Wie wird der Tag verlaufen?

- Ersetzen Sie Angstbilder, zum Beispiel: »Mir bleibt bei der Vorstellung die Stimme weg« durch positive Bilder: »Ich stelle mich bei Kollegen ruhig und sicher vor.«

- Machen Sie eine Risikoanalyse. Was kann Ihnen am ersten Arbeitstag und in der ersten Arbeitswoche schlimmstenfalls passieren? Und dann bewerten Sie, wie wahrscheinlich es ist, dass gerade Ihnen das passieren sollte.

- Setzen Sie hilfreiche Gedanken ein, zum Beispiel: »Ich habe mich gut vorbereitet. Ich habe einiges zu bieten.« Rufen Sie sich Ihre Leistungen und Erfolge aus der Vergangenheit in Erinnerung. Das stärkt Ihr Selbstbewusstsein.

- Denken Sie daran, dass auch die andere Seite angespannt ist. Ihr Berufseinstieg ist sowohl für Sie als auch für die Mitarbeiter und Mitarbeiterinnen im Unternehmen eine Herausforderung.

- Schreiben Sie Ihre Ängste auf. So können Sie mit etwas Abstand eine realistischere Einschätzung der Situation und Ihrer Person entwickeln.

- Lösen Sie Ihre Anspannung durch regelmäßiges Entspannungstraining, Sport und ausreichend Schlaf.

Ihre Aufgaben

Viele Unternehmen bilden in personenneutralen Stellenbeschreibungen ab, auf welcher Position im Unternehmen welche Aufgaben zu erledigen sind. Eine Stellenbeschreibung beinhaltet Ziele, Aufgaben, Tätigkeitsmerkmale, Kompetenz- und Verantwortungsbereiche sowie die Beziehungen zu anderen Stellen in der Abteilung und im Unternehmen und damit die Einordnung der Stelle in die betriebliche Hierarchie und Entgeltgruppe.

>> **D**a ich mit Kollegen in einem Team arbeite und auch eingearbeitet wurde, hatte ich gute Möglichkeiten, erstmal ganz viel zuzuhören und für mich zu überlegen, wie ich etwas machen würde. Da konnte ich mich so langsam einfühlen und mich entwickeln. Ich glaube, es ist schon schwierig, wenn einer kommt und ganz offensiv auftritt und so tut, als wisse er, wie alles geht. Das ist sicherlich nicht unbedingt von Vorteil.

Mathias S., 32 Jahre, Bachelor Soziale Arbeit / Master International Social Sciences, Fachkraft in der sozialpädagogischen Familienhilfe

Außerdem werden darin Anhaltspunkte zur Leistungserwartung beschrieben, die sowohl Ihrem Chef oder Ihrer Chefin als auch Ihnen eine objektive Grundlage für die spätere Leistungsbeurteilung bieten.

In vielen Unternehmen sind Stellenbeschreibungen Bestandteil des Arbeitsvertrags. Wie ist das bei Ihnen? Sollte es in Ihrem Unternehmen keine Dokumentation Ihrer Position geben, können Sie aktiv werden. Fertigen Sie sich selbst eine Beschreibung Ihrer Stelle an.

Schauen Sie sich dazu das folgende Muster einer klassischen Stellenbeschreibung an. Lesen Sie in Ihrem Arbeitsvertrag nach, welche Details bereits definiert sind, und suchen Sie das Gespräch mit Ihrem Chef oder Ihrer Chefin, um nach weiteren Einzelheiten Ihrer Aufgaben zu fragen.

Mit der Konkretisierung Ihrer Stellenanforderungen schaffen Sie sich ein erstes Orientierungsinstrument für Ihren Einstieg in den Beruf.

Der Grundriss Ihrer Stelle gibt Ihrer Tätigkeit eine Struktur. Ohne das konkrete Wissen darüber, wofür im Detail Sie zuständig sind, agieren Sie im grenzenlosen Raum. Und das ist zum einen für Sie schwierig, weil Sie keinen Überblick darüber haben, was Sie können und leisten müssen. Zum anderen ist es aber auch für

> Wenn es für Ihre Stelle keine Stellenbeschreibung gibt: Fertigen Sie (sich) eine an!

267

1. Stellenbezeichnung:

2. Beschäftigungsumfang (Std./Woche):	3. Arbeitszeit:
	☐ Frühdienst von ... bis ...
	☐ A-Dienst von ... bis ...
	☐ Z-Dienst von ... bis ...
	☐ Spätdienst von ... bis ...
	☐ Flexibler Dienst von ... bis ...
	☐ Wochenenddienst von ... bis ...
	☐ Bereitschaftsdienst von ... bis ...

4. Ziel der Stelle:

5. Stellenbezeichnung des direkten Vorgesetzten:

6. Der/die Stelleninhaber/-in vertritt:	7. Der/die Stelleninhaber/-in wird vertreten von:

8. Spezielle Vollmachten und Berechtigungen des Stelleninhabers / der Stelleninhaberin:

Bankvollmacht ☐   ... ☐   ... ☐

9. Informationspflicht Stelleninhaber/-in (wo muss sich der/die Stelleninhaber/-in worüber informieren?):	10. Informationsbedarf Stelleninhaber/-in (wer muss den/die Stelleninhaber/-in worüber informieren?):

11. Verwendete Arbeitsmittel:	12. Teilnahme/Mitwirkung an:
	☐ Teambesprechungen
	☐ Teamsupervision
	☐ Projekt XYZ ...
	☐ Sonstiges ...

13. Beschreibung der Tätigkeiten, die der Stelleninhaber / die Stelleninhaberin selbstständig durchzuführen hat. Aufführung in der Reihenfolge der Wichtigkeit, mit zeitlicher Gewichtung in Prozent:

Datum Unterschrift Leitung	Unterschrift Stelleninhaber/-in

Ihren Chef oder Ihre Chefin schwierig, weil er bzw. sie keine Grundlage für die Bewertung Ihrer Arbeit hat. Sinnvoll ist es, am Anfang zu klären, was am Ende herauskommen soll, damit man prüfen kann, ob man das, was man wollte oder sollte, auch erreicht hat.

Bislang haben Sie etwas über Ihre innere Haltung, die Realität in Unternehmen und die Vorbereitung auf die erste Arbeitswoche erfahren. Im folgenden Crashkurs können Sie Ihre Wirkung auf andere testen und Ihre Selbstdarstellungsfähigkeit trainieren. Eine positive Wirkung auf andere ist für Ihren beruflichen Erfolg unerlässlich.

CRASHKURS SELBSTDARSTELLUNG

Die Fähigkeit, sich selbstbewusst zu präsentieren, ist nicht die wichtigste Karrierekompetenz. Aber einmal im Unternehmen angekommen, werden Sie mit anderen Menschen zusammentreffen und sich darstellen müssen, ob Sie wollen oder nicht. Gerade beim Berufseinstieg ist die Fähigkeit, sich selbst überzeugend zu präsentieren, entscheidend, denn Sie begegnen den Kollegen und Kolleginnen und den Vorgesetzten nur einmal das erste Mal. Und für den ersten Eindruck gibt es bekanntlich keine zweite Chance. Eine gute Selbstdarstellung kann Türen öffnen und ist deshalb für Ihren beruflichen Erfolg wichtig.
Menschen, die sich selbstbewusst und aussagekräftig darstellen, überzeugen andere und hinterlassen einen guten Eindruck. Ihnen fällt es leichter, etwas zu bewirken, mit anderen zu kommunizieren und Netzwerke aufzubauen. Wer gut arbeitet und darüber redet, kann auf sich aufmerksam machen. Wem es dagegen schwerfällt, selbstsicher aufzutreten, wird Probleme haben, andere zu überzeugen. Wie steht es um Ihre Selbstdarstellungsfähigkeit? Testen und trainieren Sie Ihre Wirkung auf andere.

269

Ihre Wirkung auf andere

Wie schätzen Sie sich ein?

Die folgenden zehn Fragen sollen Ihnen helfen, Ihre Selbstdarstellungsfähigkeit einzuschätzen. Nehmen Sie das Ergebnis als Anregung und als Grundlage für weitere Überlegungen. Es gibt keine richtigen oder falschen Antworten. Überlegen Sie daher nicht, womit Sie den besten Eindruck machen könnten. Kreuzen Sie spontan das an, was Ihrer Einstellung und Empfindung entspricht. Dann profitieren Sie am meisten von dem Test.

Nach der Auswertung klären Sie: Wie haben Sie sich selbst eingeschätzt? Verfügen Sie über eine eher stark ausgeprägte Selbstdarstellungsfähigkeit? Dann heißt es: Achtung! Überschätzen Sie sich nicht und übertreiben Sie nicht. Berufseinsteiger/-innen mit einer eher schwach ausgeprägten Selbstdarstellungsfähigkeit dagegen sollten sich nicht unterschätzen.

Zehn Fragen zur Selbstdarstellung		Trifft zu	Trifft nicht zu
1	Es fällt mir leicht, sicher vor einer Gruppe zu sprechen.		
2	Ich bekomme häufig Feedback, dass ich gut angezogen sei.		
3	Viele Menschen, denen ich einmal begegnet bin, erinnern sich an mich.		
4	Ich bin eher gelassen, wenn ich mit Vorgesetzten rede.		
5	Mir sind die gängigen Business-Benimmregeln bekannt und ich fühle mich darin sicher.		
6	Mit meinem Aussehen und meiner Stimme bin ich zufrieden.		
7	Ich kann mich auch in gehobenen Kreisen sicher bewegen.		
8	Die meisten Menschen reagieren positiv auf mich.		
9	Mich vorzustellen fällt mir leicht.		
10	Ich achte auf mein Äußeres und darauf, dass ich gepflegt aussehe und rieche.		

Auswertung

Weniger als fünfmal »Trifft zu«: Sie haben eine eher schwach ausgeprägte Selbstdarstellungsfähigkeit und halten sich meistens unauffällig im Hintergrund.

Ihre Wirkung auf andere ist dadurch eher gering und Sie wirken wenig überzeugend. Sie hinterlassen keinen bleibenden Eindruck und wenn doch, dann eher einen weniger guten.

Mehr als fünfmal »Trifft zu«: Sie haben eine eher stark ausgeprägte Selbstdarstellungsfähigkeit und treten meistens sicher auf. Sie wirken überzeugend auf andere. Damit hinterlassen Sie einen in der Regel positiven, bleibenden Eindruck.

Trainingsprogramm Selbstdarstellung

Sie können einiges tun, um Ihre Wirkung auf andere zu verbessern. Das Training beginnt damit, dass Sie sich Gedanken darüber machen, wodurch Sie auf andere wirken. Ihre Wirkung auf andere beginnt mit Äußerlichkeiten, Ihrem Erscheinungsbild: Innere Werte, Einstellungen und Kompetenzen lassen sich erst im Laufe der Zeit erkennen. Die Wirkung Ihres Äußeren setzt sich aus sechs Faktoren zusammen: der Kleidung, dem Auftreten, Ihrem Verhalten, der Ausdrucksweise, Ihrer Stimme und dem Aussehen.

> Ihre Wirkung auf andere beginnt mit Äußerlichkeiten.

Die Kleidung

Wie kleiden Sie sich und welche Accessoires haben Sie im Gepäck? Stilvoll oder (nach-)lässig, teuer oder billig, sportlich oder elegant? Ihre Kleidung ist Ihre zweite Haut, und Kleider machen Leute. Sie erzielen damit die größte Wirkung auf andere, einfach deshalb, weil Ihre Kleidung viel über Sie aussagt. Unterschätzen Sie das nicht. Achten Sie immer auf eine angemessene Kleidung. Wer sich unangemessen kleidet, wird nicht ernst genommen und beruflich nicht oder nur mäßig erfolgreich sein.

Als Berufseinsteiger/-in müssen Sie den richtigen Griff in den Kleiderschrank erst lernen. Schauen Sie sich dazu die Businesskleidung verschiedener Berufsgruppen in unterschiedlichen Branchen einmal im Internet bewusst an. In einer Werbeagentur können Jeans und Sakko okay sein, in einer Bank ist der dunkle Anzug Pflicht. Beim Kundentermin sind Sie anders angezogen

> Wer sich unangemessen kleidet, wird nicht ernst genommen.

als an einem Casual Friday im Büro. In einer Managementkarriere tragen Sie von Anfang an Anzug und Krawatte.

Das Auftreten

Wie treten Sie anderen gegenüber auf? Zurückhaltend oder forsch, freundlich oder kühl, unterwürfig oder dominant? Selbstbewusstes Auftreten heißt, Sie sind sich Ihrer selbst bewusst. Wie jeder Mensch machen auch Sie sich ein Bild von sich selbst und schätzen sich im Vergleich zu anderen ein.

TIPP

Schätzen Sie sich realistisch ein!

Achten Sie auf eine möglichst realistische Selbsteinschätzung. Wenn Sie sich überschätzen und denken, dass Sie schon alles wissen und für viele einfache Aufgaben überqualifiziert sind, werden Sie schnell für einen arroganten Schaumschläger gehalten. So ein Eindruck lässt sich später schwer wieder gutmachen.

Unterschätzen Sie sich und denken, dass Sie eigentlich noch gar nichts können und deshalb jede Anweisung blind befolgen müssen, trauen Ihnen andere nichts zu und nehmen Sie nicht ernst. Sie haben einen Hochschulabschluss und einen Arbeitsvertrag in der Tasche. Irgendetwas müssen Sie also können. Die Selbstüberschätzer aber machen sich klar: Es ist noch lange nicht so weit, den Vorgesetzten zu sagen, wie sie ihren Laden zu führen haben.

Das Verhalten

Wie benehmen Sie sich anderen gegenüber? Höflich oder unhöflich, aufmerksam oder unaufmerksam, angemessen oder unangepasst? Ihr Verhalten sagt etwas über Ihre Kinderstube aus. Achten Sie darauf, wie die Menschen im Unternehmen miteinander umgehen und passen Sie sich daran an.
Grüßen Sie Ihre Kollegen und Kolleginnen, lächeln Sie, schauen Sie Ihrem Gegenüber in die Augen, halten Sie eine Tür auf, kommen Sie vorbereitet und pünktlich zu Terminen, machen Sie keine

anzüglichen Bemerkungen gegenüber Frauen oder Männern und seien Sie freundlich zu Vorgesetzten, Kollegen, Kolleginnen, Kunden und Kundinnen. Denn wer sich betont unangepasst und unhöflich verhält, wird schnell abgelehnt.

Die Ausdrucksweise

Wie drücken Sie sich anderen gegenüber aus? Kultiviert oder ordinär, präzise oder ausschweifend, der jeweiligen Situation angemessen oder unangemessen? Die Sprache verrät Ihre Herkunft und Ihre Einstellung. Achten Sie auf die sprachlichen Gepflogenheiten im Unternehmen und in der Branche, in der Sie arbeiten. Durch eine unangemessene Ausdrucksweise fallen Sie unangenehm auf.

»Hi, ich bin der Alex, wie läuft's denn so?« oder »Susa ist auf'm Klo, die kann nicht ans Telefon« oder »Das weiß ich doch nicht, dafür bin ich nicht zuständig«, sind Ausdrucksweisen, die vielleicht ins Hochschulumfeld passen. In einem Unternehmen gelten andere Regeln. Achten Sie auch auf eine präzise Ausdrucksweise. Wer nicht auf den Punkt kommt, gilt als Schwätzer und Zeiträuber.

Ihre Sprache verrät Ihre Einstellung.

Die Stimme

Wie klingt Ihre Stimme? Tief oder hoch, ruhig oder aufgeregt, melodiös oder monoton? Die Stimme verrät Ihre Stimmung. Sie ist Ihre klingende Visitenkarte und deshalb nicht zu unterschätzen. Forschungsergebnisse von Verhaltensbiologen belegen, dass eine hohe, gepresste, piepsige Stimme dem Gegenüber Unsicherheit, Aufregung und Unterwerfung signalisiert. Dagegen wird eine ruhige und tiefe Stimme als Ausdruck von Selbstsicherheit und als angenehm wahrgenommen. Besonders Frauen, die meistens eine höhere Stimme haben, sollten darauf achten, in Situationen, in denen sie sich selbst präsentieren, so ruhig und so tief wie möglich zu sprechen. Das wirkt sehr viel überzeugender.

Ihre Stimme verrät Ihre Stimmung.

Das Aussehen

Wie sehen Sie aus? Sind Sie groß oder klein, dick oder dünn, blond oder schwarzhaarig? An Ihrem Körper können Sie nicht viel ändern. Aber Sie haben Einfluss darauf, ob Sie gepflegt oder ungepflegt wirken. Wer nicht auf sein Äußeres achtet, signalisiert

Wer fit und ausgeschlafen zur Arbeit kommt, wirkt kompetenter.

einen nachlässigen Umgang mit sich selbst. Und wer nachlässig mit sich selbst umgeht, der wird auch nachlässig mit anderen Menschen und Dingen umgehen. So lautet jedenfalls ein oft berechtigtes Vorurteil.

Achten Sie deshalb auf Ihre Frisur, auf die Rasur, Ihre Mundhygiene, auf Ihr Hautbild, die Fingernägel, den Körpergeruch und auch auf Ihren körperlichen Zustand. Wer fit und ausgeschlafen zur Arbeit kommt, wirkt kompetenter.

BILANZ ZIEHEN NACH DER PROBEZEIT

Nach sechs Monaten im Unternehmen endet in der Regel Ihre Probezeit. Spätestens jetzt steht für das Unternehmen und für Sie die Entscheidung an, ob das Arbeitsverhältnis weitergeführt werden soll.

Wie läuft Ihr Berufseinstieg? Fühlen Sie sich wohl? Bringen Sie die geforderte Leistung? Hält das Unternehmen, was es versprochen hat? Oder fühlen Sie sich überfordert, unterfordert oder frustriert? Haben Sie vielleicht immer wieder mit dem Gedanken gespielt, das Unternehmen noch während der Probezeit zu verlassen?

> **I**ch hatte einen sehr guten Start, mir wurde es sehr leicht gemacht. Das Kollegium ist sehr offen und hat mich gleich gut eingebunden. Es ist, glaube ich, immer ratsam, offen und freundlich aufzutreten. Das hat mir geholfen. Die Kollegen waren per se schon sehr aufgeschlossen, aber ich glaube, wenn man das selbst auch so ausstrahlt, hat man einen angenehmen Start.

Stefanie A., 34 Jahre, Master für Lehramt/ Referendariat, Lehrerin für Deutsch und Englisch an einer Oberschule

Bleiben oder gehen?

Die Entscheidung zu bleiben oder zu gehen sollten Sie nicht aus dem Bauch heraus treffen. Beide Seiten – Arbeitgeber wie Arbeitnehmer/-in – sollten den Erfolg der Einarbeitung messen und die Entscheidung mit kontrollierbaren Fakten vorbereiten und absichern. Unternehmen mit innovativer Personalpolitik haben für die Bewertung der Einarbeitung ihrer Berufseinsteiger/-innen bereits ein System von Kennzahlen entwickelt.

In solchen Kennzahlen spiegeln sich zum einen kontrollierbare, positionsabhängige Kriterien wie zum Beispiel die Zahl und Qualität der Kundenkontakte und der erzielte Umsatz bei einem Berufseinstieg als Betriebswirt/-in im Vertrieb. Oder die Zahl erfolgreich in Betrieb genommener Produktionsanlagen bei einem Start als Ingenieur/-in im Bereich der Servicetechnik. Für eine Juristin oder einen Juristen im öffentlichen Dienst kann die Zahl abgeschlossen betreuter Mandanten als Kennzahl dienen. Außerdem soll anhand von Kennzahlen auch dargestellt werden, wie gut Sie und das Unternehmen zusammenpassen. Hier wird Ihre Persönlichkeit bewertet und mit Adjektiven beschrieben. Beispielsweise wird beurteilt, ob sie eher unorganisiert oder gewissenhaft arbeiten, ob Sie sich eher introvertiert oder extravertiert verhalten, eher freundlich oder unfreundlich.

Bleiben oder gehen: Sie müssen sich entscheiden!

275

So gehen viele Arbeitgeber vor, wenn sie Ihre Leistung während der Probezeit bewerten und eine Entscheidung über die Fortsetzung des Arbeitsverhältnisses treffen wollen. Andere arbeiten nicht mit Kennzahlen, sondern haben individuelle Kriterienkataloge. Wieder andere entscheiden einfach nur nach Gefühl. Das sollten Sie nicht tun. Aber wie können Sie vorgehen, um Ihre Entscheidung, zu bleiben oder zu gehen, bewusst zu treffen?

Prüfen Sie sich nach den entscheidenden Kriterien.

Mit großem Idealismus und Euphorie gestartet, holt so manchen die Realität ein, und einige kommen damit nicht gut zurecht. Prüfen Sie in so einer Situation zuerst, ob Sie eine Art Kulturschock erlitten haben und übersteigert abwehrend reagieren. Wenn dem nicht so ist, können Sie sich eine Liste mit wichtigen Entscheidungskriterien und Fragen erstellen, zum Beispiel nach folgendem Muster:

BLEIBEN ODER GEHEN NACH DER PROBEZEIT

Entscheidungskriterien	Selbsteinschätzung
Allgemeiner Anforderungsgrad	unterfordert – gefordert – überfordert
Allgemeine Grundstimmung	Zuversicht – Unruhe – Sorge – Angst – Panik
Allgemeines Wohlbefinden	fühle mich wohl – geht so – fühle mich unwohl
Wie gut passen Sie zur Position?	zu 0 % – 20 % – 40 % – 60 % – 80 % – 100 %
Kontrollierbare positionsabhängige Faktoren sind z. B.	Zahl aufgebauter Kundenkontakte: 30 Ziel 30 = passt Zahl gelöster Produktionsprobleme: 10 Ziel 20 = passt nicht
Wie gut passen Sie zum Unternehmen?	zu 0 % – 20 % – 40 % – 60 % – 80 % – 100 %
Kontrollierbare unternehmensbezogene Faktoren sind z. B.	Persönlichkeitseigenschaft gewissenhaft Unternehmenskultur Bank = passt Persönlichkeitseigenschaft introvertiert Unternehmenskultur Vertrieb = passt nicht

Ergänzen Sie die kontrollierbaren positionsabhängigen und unternehmensbezogenen Faktoren entsprechend Ihrer individuellen Situation bei Ihrem Arbeitgeber und auf Ihrer Position. Allein die Tatsache, dass Sie sich mithilfe Ihrer Entscheidungsliste Gedanken über die zurückliegenden Arbeitswochen machen, trägt zu einer stabileren Entscheidungsbasis bei.

Besser ein paar Monate durchhalten

Die Probezeit ist zum gegenseitigen Kennenlernen da. Mit einer Kündigungsfrist von in der Regel 14 Tagen ohne Angabe von Gründen ist eine Auflösung des Arbeitsvertrags für beide Seiten relativ problemlos möglich. Aber wählen Sie den richtigen Zeitpunkt! Halten Sie auf jeden Fall einige Monate durch, schauen Sie sich alles in Ruhe an, auch wenn Ihre Erwartungen nicht erfüllt werden. Wenn Sie gegen Ende der Probezeit merken, dass zum Beispiel Versprechungen aus dem Vorstellungsgespräch trotz mehrfacher Nachfragen nicht gehalten werden oder dass Sie doch nicht so gut auf eine bestimmte Position passen wie gedacht, sollten Sie nicht zögern und kündigen.

Vier oder fünf Monate im ersten Unternehmen gewesen zu sein, alles versucht zu haben, in die Position und die Unternehmenskultur hineinzuwachsen, aber doch festzustellen, dass Sie sich mit dem Spielfeld geirrt haben, das ist keine Schande. Damit können Sie in einem späteren Vorstellungsgespräch argumentieren. Wenn Sie allerdings schon nach wenigen Wochen das Handtuch werfen, entsteht der Eindruck, dass Ihnen Durchhaltevermögen fehlt. Aber wenn Sie zwei Jahre im falschen Unternehmen auf der falschen Position verweilen, versteht das erst recht keiner. Zeichnet sich ab, dass Sie das Unternehmen auf eigenen Wunsch verlassen wollen, sollten Sie das nicht fluchtartig tun. Denn aus einem Anstellungsverhältnis heraus finden Sie leichter eine neue Arbeit als aus der Arbeitslosigkeit. Sondieren Sie deshalb bereits parallel zur Restlaufzeit der Probezeit den Arbeitsmarkt und bewerben Sie sich bei potenziellen Arbeitgebern am Markt. Vergessen Sie auch nicht, sich zumindest eine Arbeitsbestätigung für die Zeit im Unternehmen geben zu lassen. Dann können Sie in Würde gehen und einen nächsten Versuch starten, ohne sich übermäßig zu grämen.

> Die Probezeit ist zum gegenseitigen Kennenlernen da.

> Wenn es sein muss, sollten Sie nicht zögern und kündigen.

277

Liegen die Dinge umgekehrt, und das Unternehmen trennt sich von Ihnen, ist erfahrungsgemäß erst einmal Krisenmanagement angesagt.

Krisen managen

Obwohl Sie als Young Professional mit akademischem Abschluss keine allzu großen Sorgen haben müssen, einen neuen Arbeitgeber zu finden, nachdem Sie in der Probezeit gekündigt wurden, wird so eine Erfahrung von den meisten Berufseinsteigern dennoch als persönliches Scheitern empfunden. Da helfen auch die schlauen Sprüche von Freunden oder Eltern nicht, dass in jedem Ende ein neuer Anfang stecke, dass »Krise ein produktiver Zustand ist, wenn man ihm den Beigeschmack der Katastrophe nimmt« (Max Frisch), oder dass es immer irgendwie weitergeht. Eine Kündigung zieht für die meisten Menschen zunächst Selbstzweifel nach sich. Das ist auch bei sehr selbstbewusst auftretenden Menschen so, die nach einer Kündigung erst mal trotzig werden, der anderen Seite die alleinige Schuld geben und lautstark betonen, dass das Unternehmen gar nicht weiß, was es sich durch die Lappen gehen lässt. Hinter der Fassade bröckelt es. Denn eine Kündigung heißt Ausschluss. Man will Sie nicht dabei haben. Das tut weh.

Professionell vorgehen

Egal zu welcher Gruppe Sie sich zählen, zu den eher Leisen, die an der Kündigung echt zu knabbern haben, oder zu den eher Lauten, die das nicht zugeben, gehen Sie professionell vor: Suchen Sie das Gespräch mit Ihrem Chef oder Ihrer Chefin und eventuell sogar mit Ihren Kollegen und Kolleginnen, um herauszufinden, was nicht gepasst hat. Nur so können Sie sich weiterentwickeln und es beim nächsten Mal besser machen. Ziehen Sie sich nicht lautlos zurück, gehen Sie aufrecht aus dem Unternehmen. Und vor allem: Machen Sie sich nicht zu große Vorwürfe. Damit blockieren Sie sich nur. Arbeiten Sie die Situation stattdessen professionell auf. Fordern Sie eine ehrliche Rückmeldung zu Ihrer Performance ein, zum Beispiel anhand einer Liste wie der folgenden.

BEWERTUNG IHRER ARBEITSLEISTUNG

Bewertungskriterien	Fremdeinschätzung (Soll-Ist-Vergleich)
Arbeitsergebnisse	1. Arbeitsqualität 2. Arbeitsmenge
Verhalten	3. Arbeitsschnelligkeit 4. Arbeitsweise (z.B. Sauberkeit) 5. Umgang mit Kunden, Kollegen, Kolleginnen, Chefs
Kenntnisse/Fähigkeiten	6. Umfang und Tiefe des Fachwissens 7. Umfang und Tiefe der Fähigkeiten
Eigenschaften/Einstellungen	8. Verantwortungsbewusstsein 9. Zuverlässigkeit 10. Leistungsmotivation 11. Dienstleistungsmentalität 12. Weitere relevante Kriterien

Ergänzen Sie die Bewertungskriterien um solche, die in Ihrer Berufsgruppe, Ihrer Branche und in Ihrem Unternehmen als relevant angesehen werden.

Bei den Kriterien mit der größten Diskrepanz zwischen Ihrer Leistung und den Soll-Werten des Unternehmens müssen Sie aufmerksam werden. Aus Kenntnissen und Fähigkeiten, Eigenschaften und Einstellungen werden Verhalten und Arbeitsergebnisse. Das heißt, wenn Sie bei den Ergebnissen und in Ihrem Verhalten hinter den Erwartungen bleiben, liegen die Gründe meist tiefer. Vielleicht passen Sie mit Ihren Eigenschaften und Einstellungen einfach nicht zur Branche. Als sensibler Schöngeist passen Sie zum Beispiel nicht in die Haifischbranchen der Finanz- oder der Versicherungswelt. Oder Ihnen fehlt der Zugang zur Unternehmenskultur. Ein inhabergeführtes, mittelständisches Unternehmen auf dem Land kommt für den Großstadtmenschen mit großem Autonomiebedürfnis eher nicht infrage. Vielleicht haben Sie aber auch eine unpassende Einstiegsposition gewählt, in der Sie Ihre Kenntnisse und Fähigkeiten nicht wie erwartet entwickeln und einbringen konnten.

Soll-Ist-Vergleich: Was wurde erwartet, und was haben Sie geleistet?

Und noch einmal ganz deutlich: Schuldige zu suchen, bringt Sie nicht weiter. Es hat nicht gepasst. Punkt. Bei einem oder mehreren Bewertungskriterien haben Sie in diesem Unternehmen nicht gepunktet. Ob das eher daran lag, dass Sie nicht eingearbeitet wurden oder eine Einarbeitung nicht eingefordert haben, daran, dass Vorgesetzte nie da und die Kollegen und Kolleginnen immer beschäftigt waren oder Sie sich nicht getraut haben, auf Ihre Ansprechpartner zuzugehen, spielt jetzt keine Rolle mehr, es hat nicht gepasst.

Die Kündigung bedeutet nicht, dass Sie generell nichts können oder ein schwieriger Mensch sind. Lernen Sie aus der Situation und schauen Sie nach vorn. Noch brauchen Sie keinen Ratgeber zur Kunst des erfolgreichen Abstiegs oder zum Thema Scheitern als Chance. Haben Sie keine Gelegenheit zu Gesprächen mit Vorgesetzten und Kollegen oder Kolleginnen, sollten Sie zumindest einen professionellen Coach aufsuchen, um mit ihm das Erlebte zu reflektieren und zu strukturieren. Familie und Freunde sind nicht objektiv und werden Ihre Sicht teilen. Das mag erst einmal angenehm für Sie sein, aber es bringt Sie nicht weiter.

Lernen Sie aus der Situation. Wenn Sie diese erste berufliche Krise meistern, werden Sie gestärkt daraus hervorgehen. Wer im Leben einmal gescheitert ist und dieses Scheitern bewältigt hat, kann spätere Tiefs besser überwinden. Und jetzt führen Sie sich vor Augen: Ihre Karriere fängt gerade erst an.

Die langfristige Karriere sichern

Auch wenn es toll ist, auf Anhieb den Traumjob oder zumindest eine gut Einstiegsstelle gefunden zu haben – eigentlich geht es darum, langfristig glücklich zu sein, und zwar beruflich und privat. Viele junge Menschen zwischen 16 und 35 Jahren wollen einen tollen Job und eine Familie, Kinder und Karriere. Doch Wunsch und Wirklichkeit klaffen oft weit auseinander. Zwischen Ihren persönlichen Ansprüchen und den Anforderungen im Beruf können Sie schnell zerrieben werden.

Sichern Sie sich Ihre langfristige Karriere, indem Sie planvoll vorgehen, statt blauäugig und unreflektiert ins Berufsleben zu stolpern. Dadurch vermeiden Sie auch, in eine Sackgasse zu geraten, aus der Sie, wenn überhaupt, nur mit viel Aufwand wieder herausfinden. Außerdem verringern Sie so das Risiko, den richtigen Zeitpunkt zu verpassen, zu dem Sie Entscheidungen treffen müssen. Beachten Sie am besten die folgenden Punkte:

Eigene Einsatzbereitschaft definieren

Überlegen Sie, was Sie selbst tun können und müssen, um Ihre Ziele zu erreichen. Was können und wollen Sie einsetzen? Damit sind nicht nur Überstunden, Nachtschichten, Lernbereitschaft und Ihre intellektuelle Fähigkeit gemeint. Zu beachten sind auch Durchsetzungsvermögen, Wahrnehmungsfähigkeit und Gespür für den richtigen Moment sowie der Mut, zu kündigen, wenn es bei einem Arbeitgeber zum Beispiel nicht weitergeht und Sie sehr unzufrieden sind.

Außerdem sollten Sie den Weg zu Ihrem Ziel in realistisch große Schritte einteilen. Denn wer zu schnell zu viel will, kann blindlings in die Irre laufen. Die Definition Ihres Einsatzpotenzials gelingt am besten mit einer gesunden realistischen Selbsteinschätzung. Unterstützend können Sie bei einem Diplom-Psychologen auch verschiedene Tests absolvieren, um eine Basis für Ihre Selbsteinschätzung zu erhalten.

Was können und wollen Sie einsetzen?

Ziele im Auge behalten

Über Ihren beruflichem Erfolg und Misserfolg entscheidet die Konsequenz, mit der Sie Ihre Karriereziele verfolgen. Trotz immer schnellerem Auf und Ab der (Arbeits-)Märkte sollten Sie Ihr Ziel im Auge behalten. Geben Sie nicht vorschnell auf und nehmen Sie auch nicht übereilt Jobangebote an, von denen Sie nicht überzeugt sind.

Die Angst vor der Zukunft bringt so manchen dazu, Dinge für den Lebenslauf zu tun statt für sich, und vieles auszuhalten, statt zu handeln. Tun Sie das nicht! Der demografische Wandel arbeitet für Sie. Als gut ausgebildeter Akademiker werden Sie zunehmend bessere Chancen auf dem Arbeitsmarkt haben. Bereits heute können viele Stellen nur schwer besetzt werden, weil die Fach- und Führungskräfte fehlen.

Behalten Sie Ihre Ziele im Auge!

Personalpolitik des Arbeitgebers prüfen

Achten Sie bei Ihrem ersten und allen weiteren Arbeitgebern darauf, dass das Unternehmen klare Aussagen zur Personalpolitik macht. Sei es durch die Teilnahme an einem Arbeitgeberwettbewerb, in welchem sich Unternehmen hinsichtlich verschiedener Kriterien messen und ihre Qualität als Arbeitgeber bewertet wird, oder durch Information auf der Firmenhomepage oder Antworten auf Ihre Fragen im Vorstellungsgespräch.
Wichtige Bewertungskriterien sind beispielsweise: Aufstiegschancen, Weiterbildungsmöglichkeiten, verantwortungsvolle Aufgaben, angenehmes Arbeitsklima, gute Sozial- und Vergütungsleistungen, Vereinbarkeit von Berufs- und Familienleben, betriebliches Gesundheitsmanagement und viele mehr. Ihr Arbeitgeber bietet Ihnen einen mehr oder weniger guten Rahmen für Ihre Ziele. Erinnern Sie sich daran, dass Sie, einmal in einem Umfeld angekommen, dieses so gut wie nicht verändern können. Gehen Sie deshalb sofort dort hin, wo Sie hinpassen.

Den eigenen Karriereentwurf reflektieren

Die Welt verändert sich, und Karriereziele sollten stetig auf Aktualität und Machbarkeit geprüft werden. So sinnvoll es ist, nicht gleich beim ersten Widerstand aufzugeben, so wichtig ist es, seine Ziele regelmäßig mit der Realität abzugleichen. Denn das Leben lässt sich nicht zu 100 Prozent durchorganisieren. Wer diesen Anspruch hat, den wird der kleinste Windhauch der Unwägbarkeit in eine schwere Krise stürzen. Bedenken Sie die verschiedenen Wechselfälle des Lebens: Tod der Eltern, Trennung vom Partner, Krankheit, Insolvenz des Arbeitgebers und viele mehr.

Boxenstopp beim Karriereberater

Haben Sie während Ihres Studiums die Unterstützung eines Career Centers der Hochschule in Anspruch genommen? Immer mehr Hochschulen bieten diese Dienstleistung nach amerikanischem Vorbild an. Warum sollte man mit einer Berufswahlberatung warten, bis das Studium beendet ist? Es wäre schlimm, wenn man sich dann erst darüber klar werden würde, dass man mit seiner Studienrichtung eigentlich weder eine befriedigende Arbeit noch, langfristig, die persönlichen Lebensziele erreichen kann.

Tipp

Ein Coach kann helfen!

Im globalen Kapitalismus des 21. Jahrhunderts gibt es derart viele berufliche Möglichkeiten und Chancen, aber auch Gefahren, dass es in unübersichtlichen Situationen sehr sinnvoll sein kann, die Dienstleistung eines professionellen Coachs in Anspruch zu nehmen. Die »Reparaturkosten« unreflektierter Entscheidungen sind viel höher als die vorbeugende Investition in eine ordentliche Beratung.

Überlassen Sie Ihr Berufsleben nicht dem Zufall. Auch wenn die nächsten Jahre, die Mitte und auch das Ende Ihrer Karriere noch in weiter Ferne liegen, lohnt es sich, nach der amerikanischen Managementlehre »Begin with the end in mind« vorzugehen. Denn immer häufiger lässt sich ein bestimmtes Phänomen beobachten: die Midjob-Crisis analog zur Midlife-Crisis. Immer häufiger ereilt beruflich erfolgreiche Menschen um das 40. Lebensjahr herum eine Sinnkrise. Sie stellen sich die Fragen: »Ist es das wirklich, was ich tun will? Will ich diesen Job wirklich noch 20 Jahre weiter machen? War das schon alles? Und was kommt jetzt?«

Warten Sie nicht darauf, bis Sie diese Sinnkrise überrascht. Wer berufliche Ziele verfolgt, die nicht aus der eigenen Persönlichkeit kommen, und wer daher den Weg unzufrieden, vielleicht sogar frustriert geht, auf den warten Leere, Sinn- und Bedeutungslosigkeit. Ein mehr oder weniger rastloses Rennen kann die Folge sein: Es geht gehetzt und atemlos von einem Ziel zum nächsten. Im späteren Rückblick hat keines dieser Ziele die Mühe wirklich gelohnt.

Ziele, die zu Ihnen passen, die etwas mit Ihnen zu tun haben und die Sie zufrieden machen, reihen sich sinnvoll aneinander, wie die Perlen einer Kette. So wird aus den vor Ihnen liegenden Berufsjahren etwas Wertvolles, etwas Bleibendes.

> Von der Midlife-Crisis zur Midjob-Crisis, das muss nicht sein!

REGISTER

Register